내신 1등급 문제서

절대등급

절대등급

Time Attack

137

절대등급으로
수학 내신 1등급 도전!

- 1등급을 위한 **최고 수준 문제**
- 실전을 위한 **타임어택 1, 3, 7분컷**
- 기출에서 pick한 **출제율 높은 문제**

이 책의 검토에 참여하신 선생님들께 감사드립니다.

김문석(포항제철고), 김영산(전일고), 김종서(마산중앙고), 김종익(대동고)
남준석(마산가포고), 박성목(창원남고), 배정현(세화고), 서효선(전주사대부고)
손동준(포항제철고), 오종현(전주해성고), 윤성호(클라이매쓰), 이태동(세화고), 장진영(장진영수학)
정재훈(금성고), 채종윤(동암고), 최원욱(육민관고)

이 책의 감수에 도움을 주신 분들께 감사드립니다.

권대혁(창원남산고), 권순만(강서고), 김경열(세화여고), 김대의(서문여고), 김백중(고려고), 김영민(행신고)
김영욱(혜성여고), 김종관(진선여고), 김종성(중산고), 김종우(우신고), 김준기(중산고), 김지현(진명여고), 김헌충(고려고)
김현주(살레시오여고), 김형섭(경산과학고), 나준영(단대부고), 류병렬(대진여고), 박기현(울산외고)
백동훈(청구고), 손태진(풍문고), 송영식(혜성여고), 송진웅(대동고), 유태혁(세화고), 윤신영(대륜고)
이경란(일산대진고), 이성기(세화여고), 이승열(제일고), 이의원(인천국제고), 이장원(세화고), 이주현(목동고)
이준배(대동고), 임성균(인천과학고), 전윤미(한가람고), 정지현(수도여고), 최동길(대구여고)

이 책을 검토한 선배님들께 감사드립니다.

김은지(서울대), 김형준(서울대), 안소현(서울대), 이우석(서울대), 최윤성(서울대)

내신 1등급
문제서

절대등급

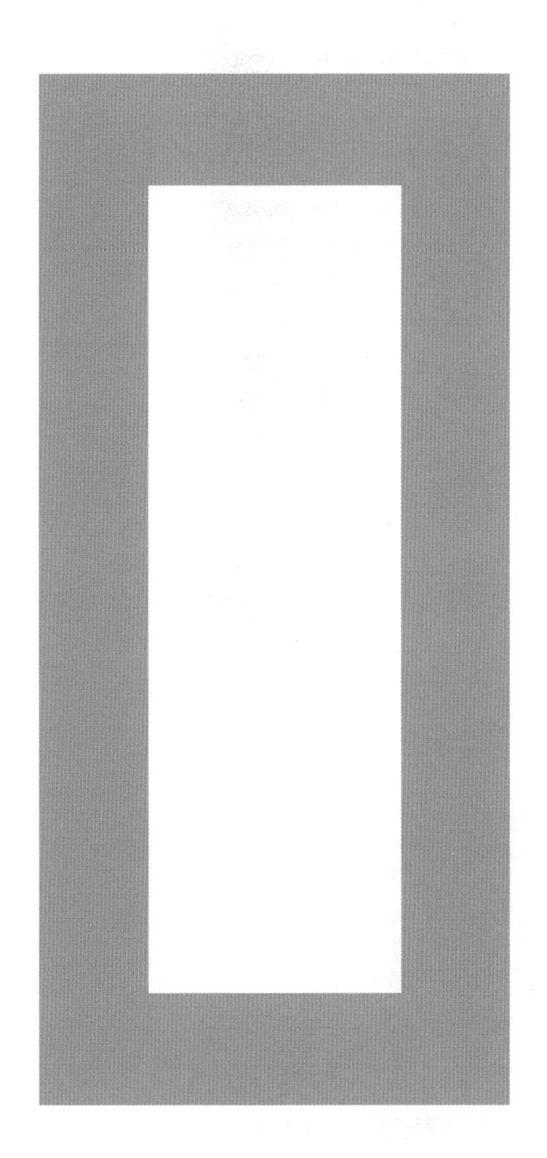

확률과 통계

진실은 복잡함이나 혼란 속에 있지 않고,
언제나 단순함 속에서 찾을 수 있다.

By 뉴턴

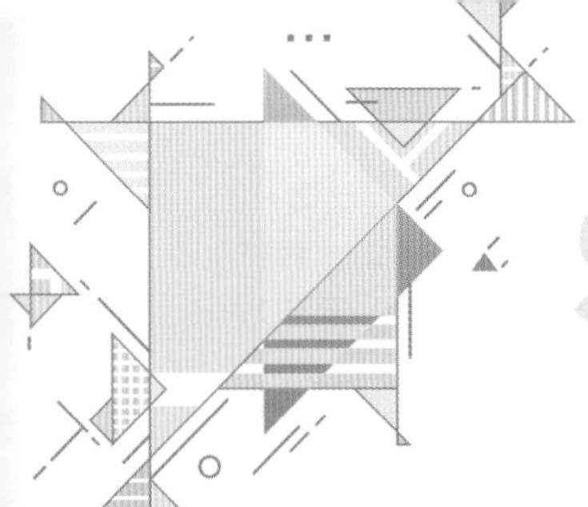

structure 이 책의 특장점

절대등급은

전국 500개 최근 학교 시험 문제를 분석하고 내신 1등급이라면 꼭 풀어야 하는 문제들만을 엄선하여 효과적으로 내신 1등급 대비가 가능하게 구성한 상위권 실전 문제집입니다.

간단 명료한 **개념 정리**

단원별로 꼭 알아야 하는 필수 개념을 읽기 편하고 이해하기 쉽게 구성하였습니다.
문제를 푸는 데 있어 기본적인 바탕이 되는 개념들이므로 정리하여 익히도록 합니다.

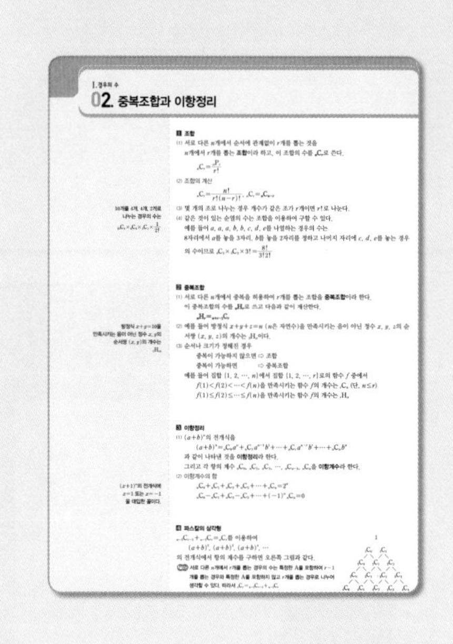

첫째, 타임어택 1, 3, 7분컷!

학교 시험 문제 중에서
출제율이 높은 문제를 기본과 실력으로 나누고
1등급을 결정짓는 변별력 있는 문제를 선별하여
[기본 문제 1분컷], [실력 문제 3분컷],
[최상위 문제 7분컷]의 3단계 난이도로 구성하였습니다.
제한된 시간 안에 문제를 푸는 연습을 하여
실전에 대한 감각을 기르고, 세 단계를 차례로 해결하면서
탄탄하게 실력을 쌓을 수 있습니다.

둘째, 격이 다른 문제!

원리를 해석하면 감각적으로 풀리는 문제,
다양한 영역을 통합적으로 생각해야 하는 문제,
최근 떠오르고 있는 새로운 유형의 문제 등
계산만 복잡한 문제가 아닌 수학적 사고력과
문제해결력을 기를 수 있는 문제들로
구성하였습니다.

셋째, 차별화된 해설!

[전략]을 통해 풀이의 실마리를 제시하였고,
이해하기 쉬운 깔끔한 풀이와
한 문제에 대한 여러 가지 해결 방법,
사고의 폭을 넓혀주는 친절한 Note를
다양하게 제시하여 문제, 문제마다
충분한 점검을 할 수 있습니다.

step A 기본 문제

학교 시험에 꼭 나오는 Best 문제 중 80점 수준의 중 난이도 문제로 구성하여 기본을 확실하게 다지도록 하였습니다.

- **code** 핵심 원리가 같은 문제끼리 code명으로 묶어 제시하였습니다.

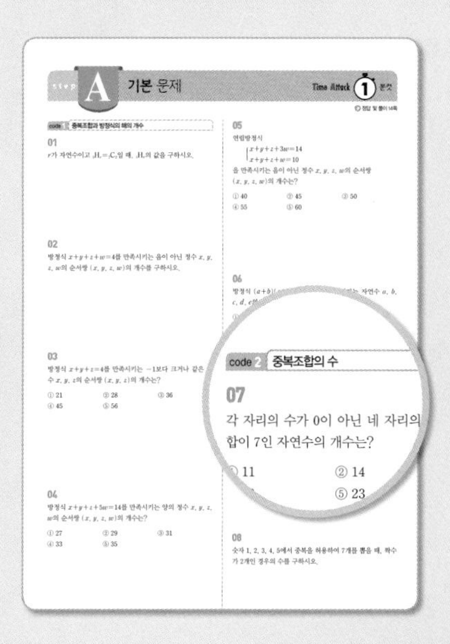

step B 실력 문제

학교 시험에서 출제율이 높은 문제 중 90점 수준의 상 난이도 문제로 구성하였습니다.
1등급이라면 꼭 풀어야 하는 문제들로 실력을 탄탄하게 쌓을 수 있습니다.

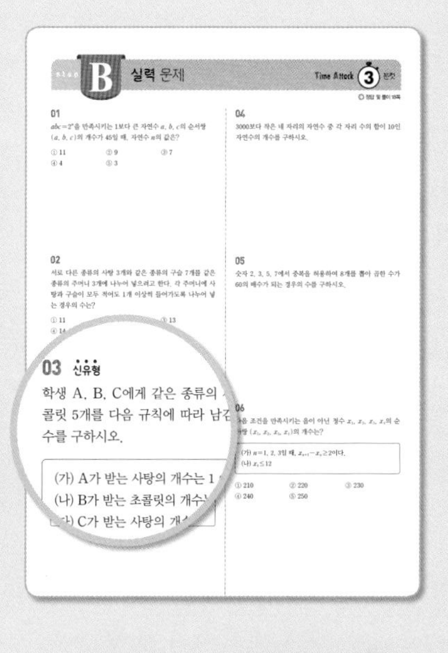

step C 최상위 문제

1등급을 넘어 100점을 결정짓는 최상위 수준의 문제를 학교 시험에서 엄선하여 수록하였습니다.
고난이도 문제에 대한 해결 능력을 키워 학교 시험에 완벽하게 대비하세요.

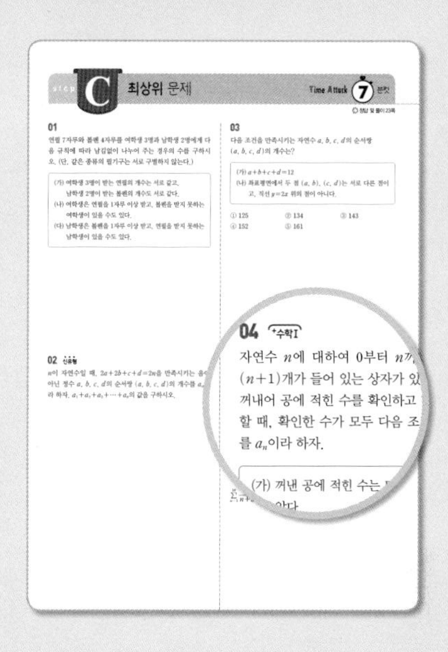

- **step B**, **step C**에는 번뜩 아이디어, 개념 통합, 신유형 문제를 수록하여 다양한 문제를 접할 수 있도록 구성하였습니다.

정답 및 풀이

- **[전략]** 풀이의 실마리, 문제를 해결하는 핵심 원리를 간단 명료하게 제시하여 해결 과정의 핵심을 알 수 있도록 하였습니다.
- **Note** 풀이 과정 외에 더 알아두어야 할 내용, 실수하기 쉬운 부분 등에 대해 보충 설명을 추가하여 풀이에 대한 이해력을 높여 줍니다.
- **절대등급 Note** 풀이를 통해 도출된 개념, 문제에 적용된 중요 원리, 꼭 알아두어야 할 공식 등을 정리하였습니다. 반드시 확인하여 문제를 푸는 노하우를 익히세요.
- **번뜩** 좀 더 생각하여 다른 원리로 접근하면 풀이가 간단해지는 문제는 노트와 다른 풀이를 통해 번뜩 아이디어를 제시하였습니다.

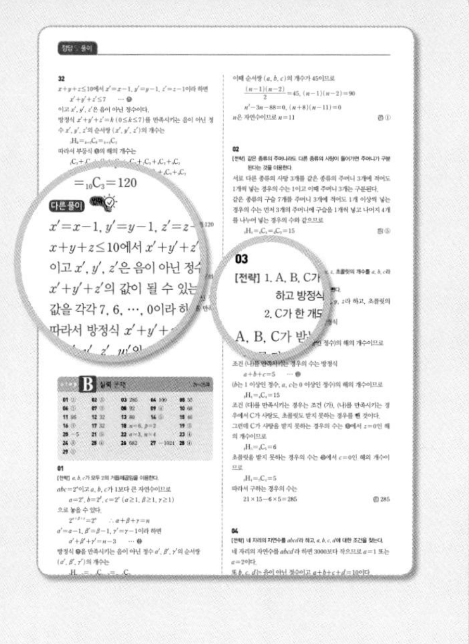

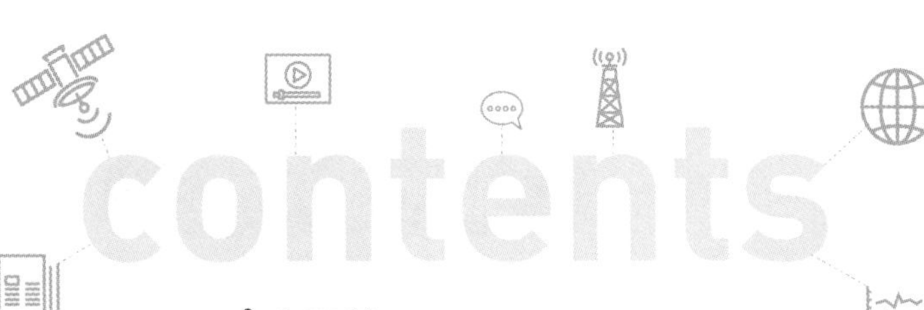

이 책의 차례

확률과 통계

Ⅰ. 경우의 수

Ⅱ. 확률

Ⅲ. 통계

Ⅰ. 경우의 수

01. 여러 가지 순열

02. 중복조합과 이항정리

01. 여러 가지 순열

1 순열

(1) 서로 다른 n개에서 r ($r \le n$)개를 뽑아 일렬로 나열하는 것을 n개에서 r개를 뽑는 **순열**이라 하고, 이 순열의 수를 ${}_n\mathrm{P}_r$로 쓴다.

$${}_n\mathrm{P}_r = \underbrace{n(n-1)(n-2)\cdots(n-r+1)}_{r\text{개}} = \frac{n!}{(n-r)!}$$

곱의 법칙: 사건 A, B가 일어나는 경우의 수가 각각 m, n이면 A와 B가 동시에 또는 잇달아 일어나는 경우의 수는 $m \times n$이다.

(2) 다음과 같이 생각하고 곱의 법칙을 이용해도 된다.

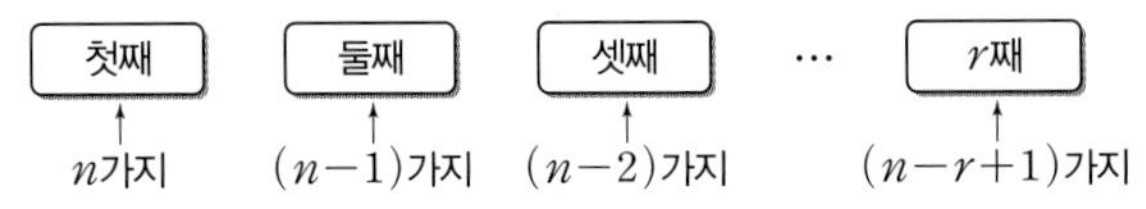

(3) n 이하인 모든 자연수의 곱을 $n!$로 나타내고 n의 계승이라 한다.

$n! = n(n-1)(n-2) \times \cdots \times 2 \times 1$

서로 다른 n개에서 n개를 모두 뽑는 순열의 수 ${}_n\mathrm{P}_n$은 $n!$이다.

${}_n\mathrm{P}_0 = 1$, $0! = 1$

2 중복순열

예를 들어 1, 2, 3, 4, 5에서 중복을 허용하여 3개를 뽑는 경우의 수는 $5 \times 5 \times 5 = 5^3$
1, 2, 3에서 중복을 허용하여 5개를 뽑는 경우의 수는 $3 \times 3 \times 3 \times 3 \times 3 = 3^5$

(1) 서로 다른 n개에서 중복을 허용하여 r개를 뽑아 일렬로 나열하는 것을 n개에서 r개를 뽑는 **중복순열**이라 하고, 이 순열의 수를 ${}_n\Pi_r$로 쓴다.

${}_n\Pi_r = n \times n \times n \times \cdots \times n = n^r$

(2) 다음과 같이 생각하고 곱의 법칙을 이용해도 된다.

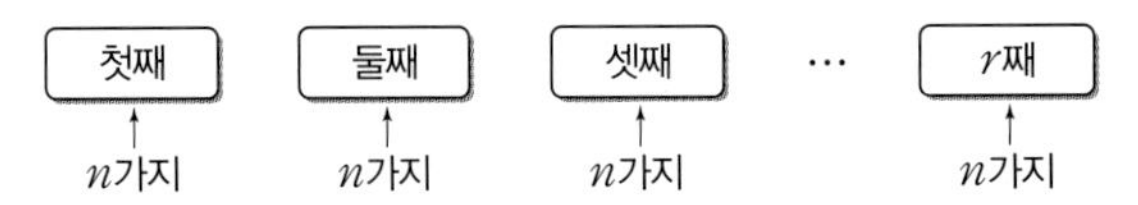

3 같은 것이 있는 순열

(1) n개 중 같은 것이 $\underbrace{a, a, \cdots, a}_{p\text{개}}$, $\underbrace{b, b, \cdots, b}_{q\text{개}}$, $\underbrace{c, c, \cdots, c}_{r\text{개}}$, d, e, $\cdots$일 때,

n개를 일렬로 나열하는 경우의 수는 $\dfrac{n!}{p!q!r!}$

(2) 같은 것이 있는 순열의 수는 다음과 같이 생각할 수 있다.

a_1, a_2, a_3, b, c를 나열하고 a_1, a_2, a_3을 a로 바꾸면 a_1, a_2, a_3의 위치만 바뀐 경우는 모두 같은 경우이다.

따라서 a, a, a, b, c를 나열하는 경우의 수는 a_1, a_2, a_3, b, c를 나열하는 경우의 수를 a_1, a_2, a_3을 나열하는 경우의 수로 나눈 $\dfrac{5!}{3!}$이다.

4 원순열

원순열에서 다음은 모두 같은 경우이다.

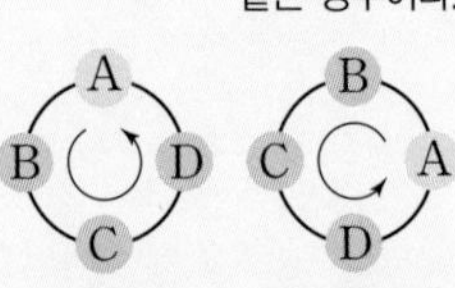

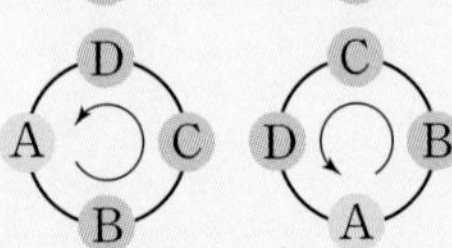

(1) 서로 다른 것을 원 모양으로 나열하는 것을 **원순열**이라 한다.

원순열에서는 회전하여 일치하는 경우를 모두 같은 것이라 생각한다.

(2) 서로 다른 n개를 원 모양으로 나열하는 원순열의 수는 $(n-1)!$이다.

(3) 원순열은 특정한 한 개를 고정하고 나머지를 나열하는 경우라 생각해도 된다.

예를 들어 A, B, C, D를 원 모양으로 나열하는 경우 A를 그림에서 색칠한 부분에 고정시키고 나머지 세 명을 나열하는 경우라 생각해도 된다. 따라서 경우의 수는 $(4-1)! = 3!$이다.

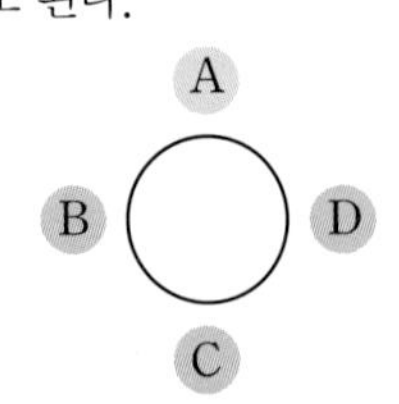

정답 및 풀이 4쪽

code 1 중복순열

01

서로 다른 노트 4권을 학생 3명에게 나누어 주는 경우의 수는? (단, 노트를 받지 못하는 학생이 있을 수도 있다.)

① 4 ② 24 ③ 32
④ 64 ⑤ 81

02

서로 다른 과자 5개를 두 사람에게 나누어 주는 경우의 수는? (단, 두 사람 모두 한 개씩은 받는다.)

① 14 ② 16 ③ 30
④ 32 ⑤ 64

03

시각장애인을 위한 브라유 점자는 그림과 같은 점 6개 중에서 볼록 튀어나온 점의 개수와 위치를 이용하여 문자를 나타내는 문자 체계이다. 이때 점 6개로 표현 가능한 문자의 개수를 구하시오.
(단, 적어도 한 점은 볼록 튀어나와야 한다.)

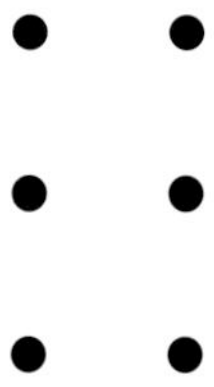

04

서로 다른 과일 6개를 A, B, C, D, E 5명에게 나누어 줄 때, A, B에게는 과일을 한 개씩만 나누어 주는 경우의 수는?
(단, 과일을 받지 못하는 사람이 있을 수도 있다.)

① 2400 ② 2430 ③ 2460
④ 2490 ⑤ 2520

05

1, 2, 3, 4, 5에서 중복을 허용하여 4개를 뽑아 네 자리 자연수를 만들 때, 5의 배수의 개수는?

① 115 ② 120 ③ 125
④ 130 ⑤ 135

06

0, 1, 2, 3, 4에서 중복을 허용하여 4개를 뽑아 네 자리 자연수를 만들 때, 홀수의 개수를 구하시오.

07

전체집합 $U=\{1, 2, 3, 4, 5, 6\}$의 두 부분집합 A, B에 대하여 $A\cap B=\{1, 2\}$, $n(A\cup B)=5$일 때, 순서쌍 (A, B)의 개수는?

① 24 ② 28 ③ 32
④ 36 ⑤ 40

08

집합 $X=\{1, 2, 3, 4, 5\}$에서 X로의 함수 f 중에서 다음 조건을 만족시키는 f의 개수는?

> $n\in X$이면 $n+f(n)$이 홀수이다.

① 54 ② 60 ③ 66
④ 72 ⑤ 108

09

집합 $A=\{1, 2, 3, 4, 5\}$에서 A로의 함수 f 중에서 다음 조건을 만족시키는 f의 개수를 구하시오.

(가) $f(1)=5$
(나) $x\in A$인 x에 대하여 $f(x)$의 최솟값은 3이다.

code 2 **같은 것이 있는 순열**

10

흰색 깃발 5개, 파란색 깃발 5개를 일렬로 나열할 때, 양 끝에 흰색 깃발이 오는 경우의 수는?
(단, 같은 색의 깃발은 서로 구분하지 않는다.)

① 56 ② 63 ③ 70
④ 77 ⑤ 84

11

1, 1, 2, 3, 4, 5를 모두 사용하여 만들 수 있는 여섯 자리 자연수 중 홀수의 개수는?

① 120 ② 150 ③ 180
④ 210 ⑤ 240

12

0, 1, 1, 2, 2, 2를 모두 사용하여 만들 수 있는 여섯 자리의 자연수 중 짝수의 개수를 구하시오.

13

museum의 6개 문자를 일렬로 나열할 때, u끼리 이웃하는 경우의 수는?

① 24 ② 48 ③ 60
④ 90 ⑤ 120

14

CLASSIC의 7개 문자를 일렬로 나열할 때, A와 L이 이웃하는 경우의 수는?

① 180 ② 240 ③ 300
④ 360 ⑤ 420

15

banana의 6개 문자를 일렬로 나열할 때, 양 끝에 같은 문자가 오는 경우의 수는?

① 12 ② 16 ③ 20
④ 24 ⑤ 28

16

a, a, a, b, b, c, c를 일렬로 나열할 때, c끼리 이웃하지 않는 경우의 수는?

① 110 ② 120 ③ 130
④ 140 ⑤ 150

17

function의 8개 문자를 일렬로 나열할 때, 모음은 알파벳 순서대로 나열하는 경우의 수는?

① 1120　② 1680　③ 3360
④ 5040　⑤ 6720

18

1, 2, 3, 4, 5, 6의 숫자가 각각 하나씩 적힌 카드 6장을 일렬로 나열할 때, 다음 조건을 만족시키는 경우의 수를 구하시오.

> (가) 2가 적힌 카드는 4가 적힌 카드보다 왼쪽에 위치한다.
> (나) 홀수는 작은 수가 적힌 카드가 왼쪽에 위치한다.

19

집합 $X=\{1, 2, 3, 4, 5\}$에서 X로의 함수 f 중에서 $f(1)\times f(2)\times f(3)\times f(4)\times f(5)=4$를 만족시키는 f의 개수는?

① 15　② 16　③ 17
④ 18　⑤ 19

20

그림과 같은 도로망이 있다. A 지점에서 출발하여 P 지점을 거쳐 B 지점까지 최단 거리로 가는 경우의 수는?

A　P　B

① 16　② 18　③ 20
④ 22　⑤ 24

21

그림과 같이 마름모 모양으로 연결된 도로망이 있다. A 지점에서 B 지점까지 최단 거리로 가는 경우의 수를 구하시오.

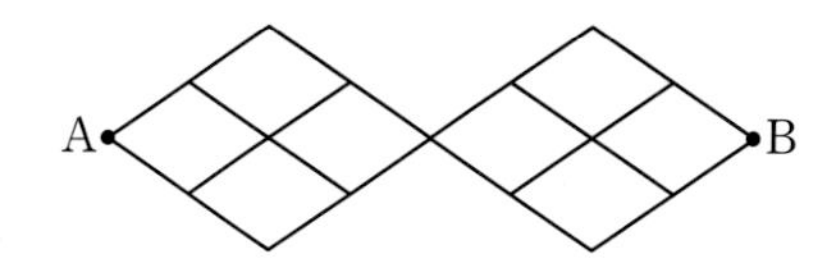

22

그림과 같은 도로망이 있다. 거리 축제로 인하여 색칠한 부분에서 차량 이동이 통제된다고 할 때, A 지점에서 B 지점까지 최단 거리로 가는 경우의 수는?

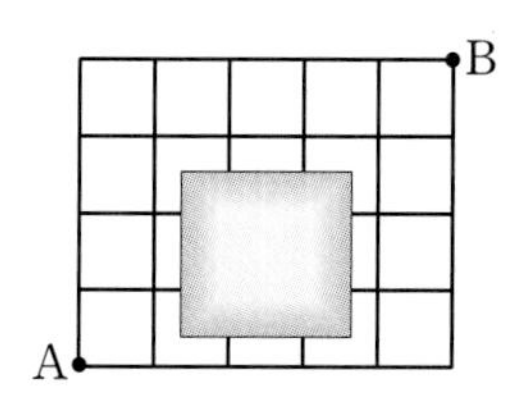

① 25　② 26　③ 27
④ 28　⑤ 29

23

그림과 같은 도로망이 있다. A 지점에서 B 지점까지 최단 거리로 가는 경우의 수는?

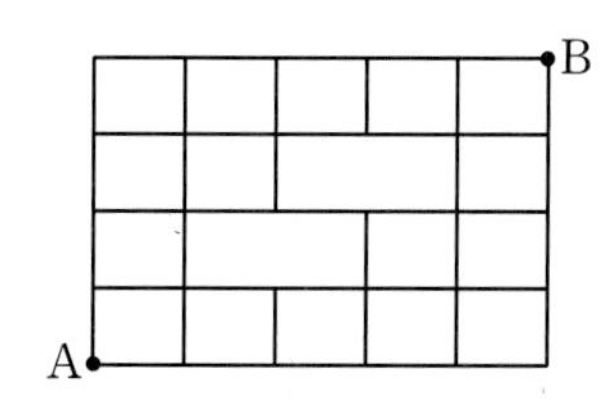

① 71　② 72
③ 73　④ 74
⑤ 75

code 3 원순열

24

그림과 같이 모양과 크기가 같은 날개가 6개 달린 바람개비가 있다. 각 날개에 빨간색과 파란색을 포함한 서로 다른 6가지 색을 하나씩 사용하여 칠할 때, 빨간색과 파란색을 서로 맞은편의 날개에 칠하는 경우의 수를 구하시오.
(단, 회전하여 일치하는 것은 같은 것으로 본다.)

정답 및 풀이 6쪽

25

그림과 같이 용기 6개를 넣을 수 있는 원형의 실험 기구가 있다. 용기 A, B를 포함한 서로 다른 용기 6개를 이 실험 기구에 모두 넣을 때, A와 B가 이웃하는 경우의 수는? (단, 회전하여 일치하는 것은 같은 것으로 본다.)

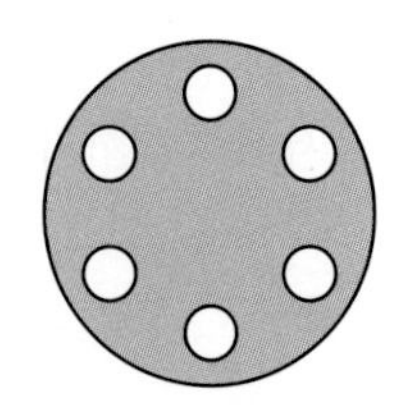

① 36 ② 48 ③ 60
④ 72 ⑤ 84

26

어른 2명, 어린이 5명이 원탁에 둘러앉을 때, 어른끼리 이웃하지 않게 앉는 경우의 수는?

① 420 ② 450 ③ 480
④ 510 ⑤ 540

27

남학생 3명과 여학생 3명이 원탁에 둘러앉을 때, 남학생과 여학생이 교대로 앉는 경우의 수는?

① 6 ② 8 ③ 10
④ 12 ⑤ 14

28

그림과 같이 7등분한 원판의 각 영역에 1, 2, 3, 4, 5, 6, 7을 하나씩 적을 때, 짝수는 모두 이웃하게 적는 경우의 수를 구하시오. (단, 회전하여 일치하는 것은 같은 것으로 본다.)

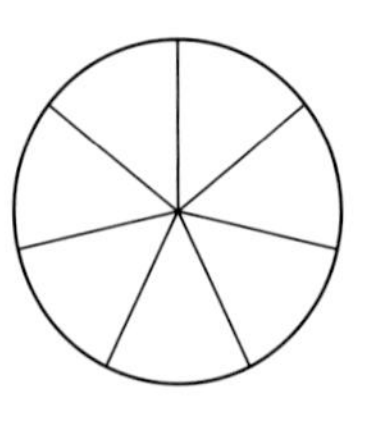

29

그림과 같이 정사각형 모양의 타일에 대각선을 그어 생기는 네 부분을 n가지 색에서 4가지를 골라 칠하려고 한다. 만들 수 있는 타일이 90가지일 때, n의 값을 구하시오. (단, 회전하여 일치하는 것은 같은 것으로 본다.)

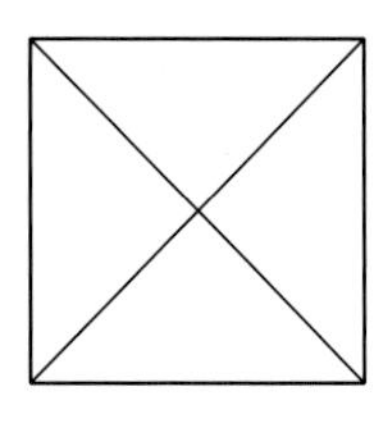

30

그림과 같이 정육각형 모양과 주변으로 합동인 사각형 6개로 이루어진 반찬 그릇이 있다. 이 그릇에 서로 다른 반찬 7개를 한 칸에 하나씩 담는 경우의 수를 구하시오. (단, 회전하여 일치하는 것은 같은 것으로 본다.)

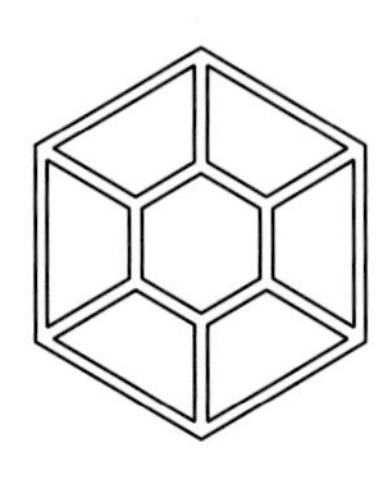

31

그림과 같은 직사각형 모양의 탁자에 8명이 둘러앉는 경우의 수는? (단, 회전하여 일치하는 것은 같은 것으로 본다.)

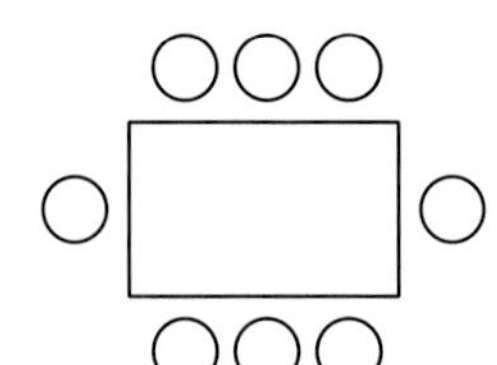

① $6!$ ② $7!$
③ $8!$ ④ $3\times7!$
⑤ $4\times7!$

32

그림과 같은 정사각형 모양의 식탁에 남자 4명과 여자 4명이 둘러앉으려고 한다. 같은 모서리에는 항상 남자와 여자가 짝이 되게 앉는 경우의 수를 구하시오. (단, 회전하여 일치하는 것은 같은 것으로 본다.)

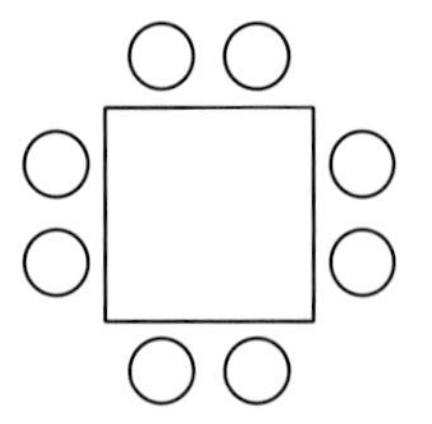

정답 및 풀이 7쪽

01

집합 $U=\{1, 2, 3, 4, 5\}$의 부분집합 중 공집합이 아니고 $A \subset B$인 집합 A, B의 순서쌍 (A, B)의 개수를 구하시오.

02

문자 a, b, c에서 중복을 허용하여 4개를 뽑아 일렬로 나열할 때, a가 두 번 이상 나오는 경우의 수를 구하시오.

03

자연수 $2310=2\times3\times5\times7\times11$을 1보다 큰 두 자연수 a, b의 곱으로 나타내는 경우의 수는?
(단, $a\times b$와 $b\times a$는 같은 것으로 본다.)

① 3 ② 8 ③ 15
④ 31 ⑤ 64

04

1, 2, 3에서 중복을 허용하여 4개를 뽑아 네 자리의 비밀번호를 만들 때, 3이 이웃하지 않는 비밀번호의 개수를 구하시오.

05

승객 7명을 태운 버스가 세 정류장에서 승객을 모두 내려 주었다. 각 정류장에 적어도 승객이 한 명 이상이 내리는 경우의 수는?

① 1800 ② 1803 ③ 1806
④ 1809 ⑤ 1812

06

집합 $X=\{1, 2, 3, 4, 5\}$에서 X로의 함수 f 중에서 다음 조건을 만족시키는 f의 개수를 구하시오.

(가) f의 치역의 원소는 4개이다.
(나) $f(a)=a$인 a는 3개이다.

07

집합 $X=\{1, 2, 3, 4, 5\}$에서 X로의 함수 f 중에서 다음 조건을 만족시키는 f의 개수는?

(가) f의 치역의 원소는 2개이다.
(나) $f\circ f$의 치역의 원소는 1개이다.

① 120 ② 140 ③ 160
④ 180 ⑤ 200

08

집합 $X=\{-3, -2, -1, 1, 2, 3\}$에서 X로의 함수 f 중에서 다음 조건을 만족시키는 f의 개수를 구하시오.

(가) 모든 x에 대하여 $|f(x)+f(-x)|=1$이다.
(나) $x>0$이면 $f(x)>0$이다.

09

a, b, b, c, c, c, d를 일렬로 나열할 때, 양 끝에 서로 다른 문자가 오는 경우의 수를 구하시오.

10

빨간 공 3개, 파란 공 4개, 노란 공 2개를 일렬로 나열할 때, 빨간 공이 2개만 이웃하는 경우의 수는?
(단, 같은 색의 공은 서로 구별하지 않는다.)

① 600 ② 610 ③ 620
④ 630 ⑤ 640

11

문자 A, B, C에서 중복을 허용하여 7개를 뽑아 일렬로 나열할 때, 문자를 각각 홀수 개씩 선택하여 일렬로 나열하는 경우의 수를 구하시오.
(단, 모든 문자는 한 개 이상씩 선택한다.)

12

숫자 1, 2, 3, 4, 5, 6 중에서 중복을 허용하여 다섯 개를 다음 조건을 만족시키도록 선택한 후, 일렬로 나열하여 만들 수 있는 다섯 자리 자연수의 개수를 구하시오.

(가) 각각의 홀수는 선택하지 않거나 한 번만 선택한다.
(나) 각각의 짝수는 선택하지 않거나 두 번만 선택한다.

13

그림은 어떤 로봇이 이동하며 작업하는 직사각형 모양의 작업장에서 로봇이 이동 가능한 경로를 나타낸 것이다. 로봇이 A 지점에서 B 지점까지 최단 거리로 가는 경우의 수를 구하시오.

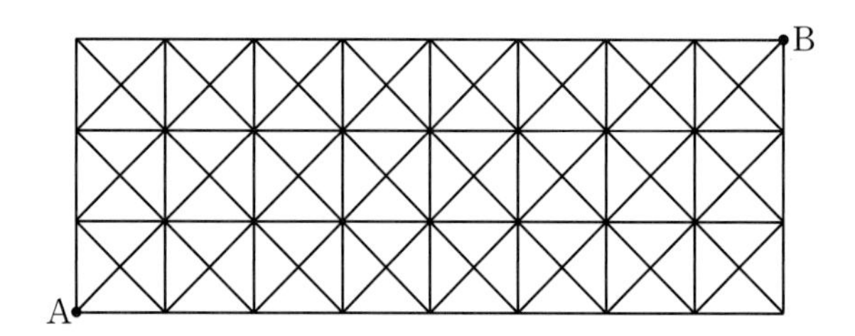

14

그림과 같은 도로망이 있다. 교차로 P와 Q를 지날 때에는 직진 또는 우회전은 할 수 있으나 좌회전은 할 수 없다고 할 때, A 지점에서 B 지점까지 최단 거리로 가는 경우의 수를 구하시오.

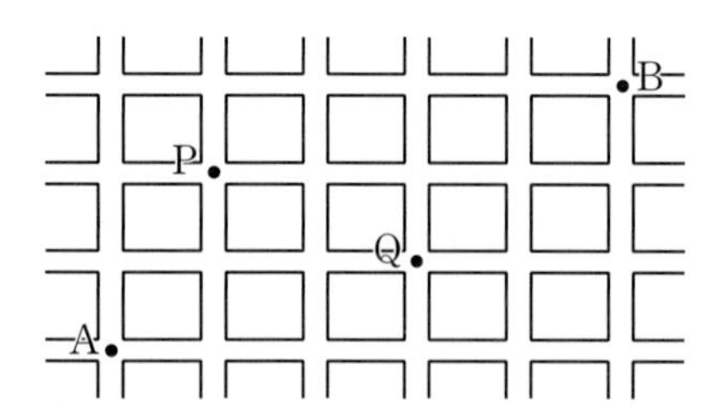

15

그림과 같은 도로망이 있다. A 지점에서 B 지점까지 가는 동안 좌회전을 2번까지 할 수 있다고 할 때, A 지점에서 B 지점까지 최단 거리로 가는 경우의 수는?

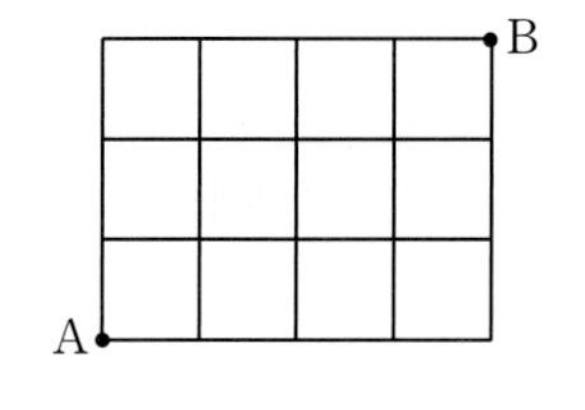

① 29　② 30　③ 31
④ 32　⑤ 33

16

그림과 같은 도로망이 있다. A 지점에서 출발하여 진행 방향을 세 번만 바꾸어 B 지점까지 최단 거리로 가는 경우의 수는?

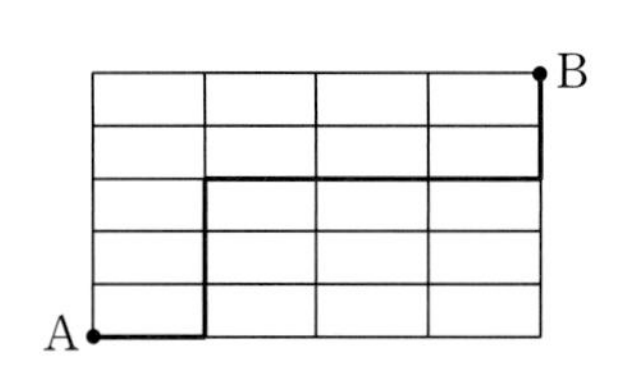

① 22　② 24　③ 26
④ 28　⑤ 30

17

좌표평면 위의 점들의 집합 $S=\{(x, y)|x, y\text{는 정수}\}$가 있다. S에 속하는 한 점에서 S에 속하는 다른 점으로 이동하는 '점프'는 다음 규칙을 만족시킨다.

> 점 P에서 한 번의 '점프'로 점 Q로 이동할 때, 선분 PQ의 길이는 1 또는 $\sqrt{2}$이다.

점 A$(-2, 0)$에서 점 B$(2, 0)$까지 4번만 '점프'하여 이동하는 경우의 수를 구하시오.
(단, 이동하는 과정에서 지나는 점이 다르면 다른 경우이다.)

18

그림과 같이 좌표평면 위에서 상하 또는 좌우 방향으로 한 번에 1만큼씩 이동하는 점 P가 있다. 원점 O를 출발한 P가 6번 이동하여 점 A$(1, 3)$이 되는 경우의 수를 구하시오.

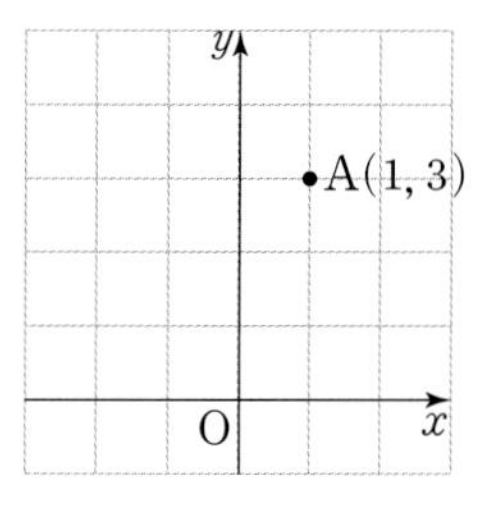

19

그림과 같이 원을 8등분한 다음 각 부채꼴에 1, 2, 3, …, 8을 하나씩 적을 때, 마주 보는 두 부채꼴에 적힌 두 수의 합이 모두 홀수인 경우의 수를 구하시오.
(단, 회전하여 일치하는 것은 같은 것으로 본다.)

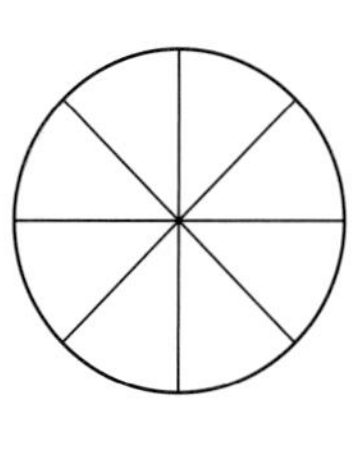

20

어느 모임에 세 학교의 학생이 2명씩 참가하였다. 참가한 학생 6명이 원탁에 둘러앉을 때, 같은 학교 학생끼리 이웃하여 앉는 경우의 수는?

① 8　② 12　③ 16
④ 20　⑤ 24

정답 및 풀이 11쪽

21

여학생 3명과 남학생 6명이 원탁에 둘러앉으려고 한다. 여학생 사이에는 남학생이 1명 이상 앉고 여학생 사이에 앉은 남학생의 수는 모두 다를 때, 9명의 학생이 원탁에 둘러앉는 경우의 수는 $n\times 6!$이다. n의 값은?

① 10 ② 12 ③ 14
④ 16 ⑤ 18

22

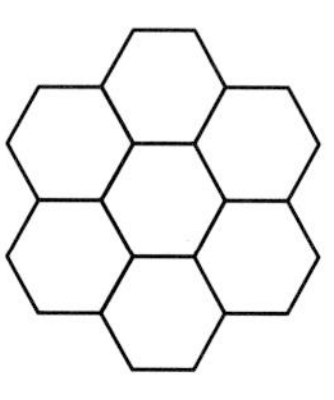

그림과 같이 정육각형 7개로 이루어진 벌집과 서로 다른 벌 8마리가 있다. 7개의 각 방에 적어도 1마리 이상의 벌이 들어가는 경우의 수는? (단, 회전하여 일치하는 것은 같은 것으로 본다.)

① 3360 ② 15120 ③ 20160
④ 23520 ⑤ 30240

23

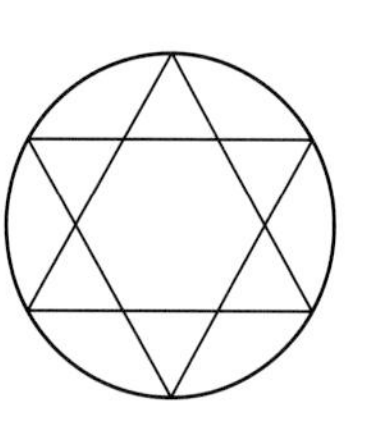

그림과 같이 두 개의 정삼각형을 원에 내접하도록 그린 도형이 있다. 원에 내접하는 두 삼각형이 겹쳐지는 부분은 정육각형이다. 원의 내부에 만들어진 13개의 영역에 서로 다른 13가지 색을 모두 사용하여 칠하는 경우의 수는?
(단, 회전하여 일치하는 것은 같은 것으로 본다.)

① $\frac{13!}{2}$ ② $\frac{13!}{3}$ ③ $\frac{13!}{4}$
④ $\frac{13!}{6}$ ⑤ $\frac{13!}{12}$

24

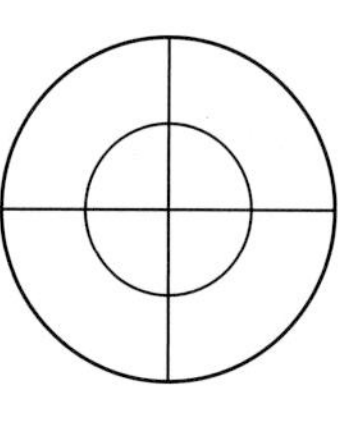

그림은 두 동심원과 원의 중심에서 수직으로 만나는 두 지름이다. 안쪽 4개의 영역과 바깥쪽 4개의 영역을 각각 4가지 색 A, B, C, D를 한 번씩 칠하여 구분하려 한다. 다음 조건을 만족시키고 이웃한 안쪽과 바깥쪽 영역의 색이 다른 경우의 수를 구하시오.

(가) 각 색은 바깥쪽에 있는 영역 1개와 안쪽에 있는 영역 1개에 칠한다.
(나) 호 또는 선분으로 인접한 영역에는 서로 다른 색을 칠한다.

25

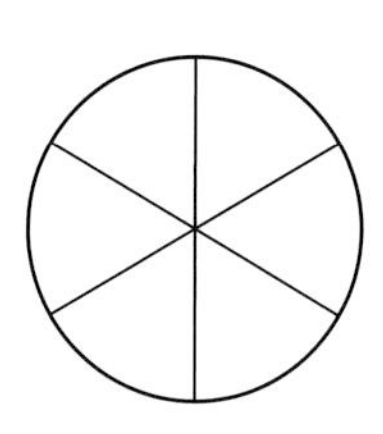

그림과 같이 원을 6등분한 영역을 서로 다른 5가지 색을 칠하여 구분하려 한다. 5가지 색을 모두 사용하는 경우의 수는? (단, 회전하여 일치하는 것은 같은 것으로 본다.)

① 60 ② 90 ③ 120
④ 180 ⑤ 240

26

밑면이 정육각형인 육각기둥의 각 면을 서로 다른 8가지 색을 모두 사용하여 칠하는 경우의 수는? (단, 각 면에는 한 가지 색만 칠하고, 회전하여 일치하는 것은 같은 것으로 본다.)

① $7\times 5!$ ② $2\times 7\times 5!$ ③ $4\times 7\times 5!$
④ $\frac{4}{3}\times 7!$ ⑤ $4\times 7!$

정답 및 풀이 12쪽

01

서로 다른 사탕 6개를 A, B, C 세 명에게 나누어 줄 때, A가 받은 사탕이 B가 받은 사탕보다 많은 경우의 수는?
(단, 사탕을 하나도 받지 못하는 사람은 없다.)

① 180 ② 190 ③ 200
④ 210 ⑤ 220

02

1, 1, 1, 2, 2, 3, 3을 모두 사용하여 만들 수 있는 일곱 자리 자연수 중 같은 숫자끼리 이웃하지 않는 자연수의 개수를 구하시오.

03

집합 $X=\{1, 2, 3, 4\}$에서 $Y=\{1, 2, 3, 4, 5\}$로 정의된 함수 f 중에서

$f(1)+f(2)+f(3)-f(4)=3m$ (m은 정수)

을 만족시키는 f의 개수를 구하시오.

04 신유형

그림과 같이 인접한 교차로 사이의 거리가 모두 1인 바둑판 모양의 도로망이 있다. A 지점에서 B 지점까지의 최단 경로 중에서 가로 또는 세로의 길이가 3 이상인 직선 구간을 포함하는 경로의 수를 구하시오.

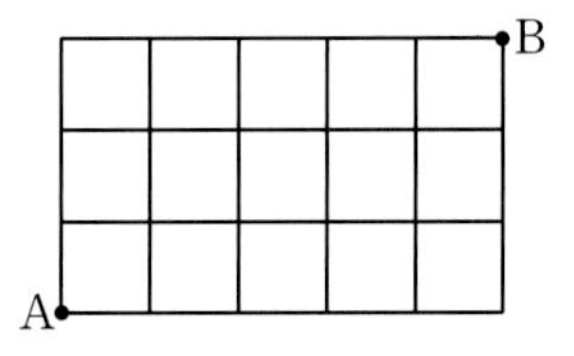

05

두 쌍의 부부와 남자 3명, 여자 3명이 만찬에 참석하였다. 10명이 원탁에 둘러앉을 때, 남자와 여자가 교대로 앉으면서 부부끼리는 이웃하여 앉는 경우의 수를 구하시오.

02. 중복조합과 이항정리

1 조합

(1) 서로 다른 n개에서 순서에 관계없이 r개를 뽑는 것을 n개에서 r개를 뽑는 **조합**이라 하고, 이 조합의 수를 ${}_n\mathrm{C}_r$로 쓴다.

$${}_n\mathrm{C}_r=\frac{{}_n\mathrm{P}_r}{r!}$$

(2) 조합의 계산

$${}_n\mathrm{C}_r=\frac{n!}{r!(n-r)!},\ {}_n\mathrm{C}_r={}_n\mathrm{C}_{n-r}$$

(3) 몇 개의 조로 나누는 경우 개수가 같은 조가 r개이면 $r!$로 나눈다.

> 10개를 4개, 4개, 2개로 나누는 경우의 수는 ${}_{10}\mathrm{C}_4\times{}_6\mathrm{C}_4\times{}_2\mathrm{C}_2\times\frac{1}{2!}$

(4) 같은 것이 있는 순열의 수는 조합을 이용하여 구할 수 있다.
예를 들어 a, a, a, b, b, c, d, e를 나열하는 경우의 수는
8자리에서 a를 놓을 3자리, b를 놓을 2자리를 정하고 나머지 자리에 c, d, e를 놓는 경우의 수이므로 ${}_8\mathrm{C}_3\times{}_5\mathrm{C}_2\times3!=\frac{8!}{3!2!}$

2 중복조합

(1) 서로 다른 n개에서 중복을 허용하여 r개를 뽑는 조합을 **중복조합**이라 한다.
이 중복조합의 수를 ${}_n\mathrm{H}_r$로 쓰고 다음과 같이 계산한다.

$${}_n\mathrm{H}_r={}_{n+r-1}\mathrm{C}_r$$

(2) 예를 들어 방정식 $x+y+z=n$ (n은 자연수)을 만족시키는 음이 아닌 정수 x, y, z의 순서쌍 (x, y, z)의 개수는 ${}_3\mathrm{H}_n$이다.

> 방정식 $x+y=10$을 만족시키는 음이 아닌 정수 x, y의 순서쌍 (x, y)의 개수는 ${}_2\mathrm{H}_{10}$

(3) 순서나 크기가 정해진 경우
중복이 가능하지 않으면 ⇨ 조합
중복이 가능하면 ⇨ 중복조합
예를 들어 집합 $\{1, 2, \cdots, n\}$에서 집합 $\{1, 2, \cdots, r\}$로의 함수 f 중에서
$f(1)<f(2)<\cdots<f(n)$을 만족시키는 함수 f의 개수는 ${}_r\mathrm{C}_n$ (단, $n\le r$)
$f(1)\le f(2)\le\cdots\le f(n)$을 만족시키는 함수 f의 개수는 ${}_r\mathrm{H}_n$

3 이항정리

(1) $(a+b)^n$의 전개식을

$$(a+b)^n={}_n\mathrm{C}_0a^n+{}_n\mathrm{C}_1a^{n-1}b^1+\cdots+{}_n\mathrm{C}_ra^{n-r}b^r+\cdots+{}_n\mathrm{C}_nb^n$$

과 같이 나타낸 것을 **이항정리**라 한다.
그리고 각 항의 계수 ${}_n\mathrm{C}_0, {}_n\mathrm{C}_1, {}_n\mathrm{C}_2, \cdots, {}_n\mathrm{C}_{n-1}, {}_n\mathrm{C}_n$을 **이항계수**라 한다.

(2) 이항계수의 합

$${}_n\mathrm{C}_0+{}_n\mathrm{C}_1+{}_n\mathrm{C}_2+{}_n\mathrm{C}_3+\cdots+{}_n\mathrm{C}_n=2^n$$
$${}_n\mathrm{C}_0-{}_n\mathrm{C}_1+{}_n\mathrm{C}_2-{}_n\mathrm{C}_3+\cdots+(-1)^n{}_n\mathrm{C}_n=0$$

> $(x+1)^n$의 전개식에 $x=1$ 또는 $x=-1$을 대입한 꼴이다.

4 파스칼의 삼각형

${}_{n-1}\mathrm{C}_{r-1}+{}_{n-1}\mathrm{C}_r={}_n\mathrm{C}_r$를 이용하여

$$(a+b)^2,\ (a+b)^3,\ (a+b)^4,\ \cdots$$

의 전개식에서 항의 계수를 구하면 오른쪽 그림과 같다.

Note 서로 다른 n개에서 r개를 뽑는 경우의 수는 특정한 A를 포함하여 $r-1$개를 뽑는 경우와 특정한 A를 포함하지 않고 r개를 뽑는 경우로 나누어 생각할 수 있다. 따라서 ${}_n\mathrm{C}_r={}_{n-1}\mathrm{C}_{r-1}+{}_{n-1}\mathrm{C}_r$

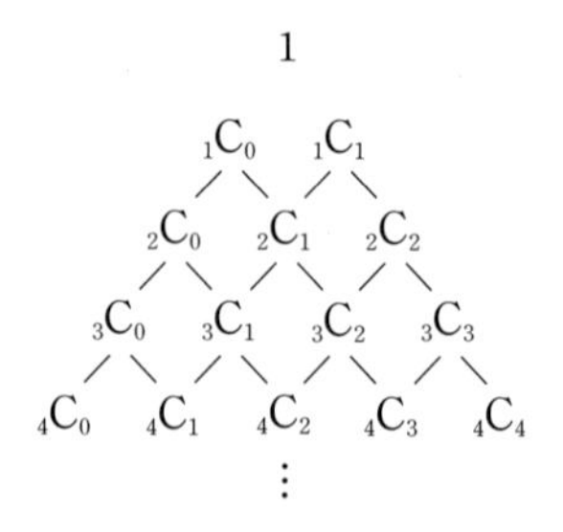

정답 및 풀이 14쪽

code 1 중복조합과 방정식의 해의 개수

01

r가 자연수이고 ${}_3\mathrm{H}_r={}_7\mathrm{C}_2$일 때, ${}_5\mathrm{H}_r$의 값을 구하시오.

02

방정식 $x+y+z+w=4$를 만족시키는 음이 아닌 정수 x, y, z, w의 순서쌍 (x, y, z, w)의 개수를 구하시오.

03

방정식 $x+y+z=4$를 만족시키는 -1보다 크거나 같은 정수 x, y, z의 순서쌍 (x, y, z)의 개수는?

① 21 ② 28 ③ 36
④ 45 ⑤ 56

04

방정식 $x+y+z+5w=14$를 만족시키는 양의 정수 x, y, z, w의 순서쌍 (x, y, z, w)의 개수는?

① 27 ② 29 ③ 31
④ 33 ⑤ 35

05

연립방정식

$$\begin{cases} x+y+z+3w=14 \\ x+y+z+w=10 \end{cases}$$

을 만족시키는 음이 아닌 정수 x, y, z, w의 순서쌍 (x, y, z, w)의 개수는?

① 40 ② 45 ③ 50
④ 55 ⑤ 60

06

방정식 $(a+b)(c+d+e)=21$을 만족시키는 자연수 a, b, c, d, e의 순서쌍 (a, b, c, d, e)의 개수는?

① 30 ② 36 ③ 42
④ 48 ⑤ 54

code 2 중복조합의 수

07

각 자리의 수가 0이 아닌 네 자리의 자연수 중 각 자리 수의 합이 7인 자연수의 개수는?

① 11 ② 14 ③ 17
④ 20 ⑤ 23

08

숫자 1, 2, 3, 4, 5에서 중복을 허용하여 7개를 뽑을 때, 짝수가 2개인 경우의 수를 구하시오.

09

사과, 배, 감 중에서 10개를 택하려고 한다. 사과, 배, 감을 각각 적어도 1개 이상씩 택하는 경우의 수는?
(단, 같은 종류의 과일은 서로 구별하지 않는다.)

① 36 ② 40 ③ 72
④ 94 ⑤ 120

10

후보가 3명 출마한 학급 회장 선거에서 유권자 20명이 무기명으로 한 표씩 투표하는 경우의 수는?
(단, 기권이나 무효표는 없다.)

① 190 ② 200 ③ 210
④ 225 ⑤ 231

11

숫자 1, 2, 3, 4에서 중복을 허용하여 5개를 뽑을 때, 4가 1개 이하인 경우의 수는?

① 45 ② 42 ③ 39
④ 36 ⑤ 33

12

같은 종류의 흰 탁구공 8개와 같은 종류의 주황 탁구공 7개를 세 학생에게 나누어 주려고 한다. 세 학생이 흰 탁구공과 주황 탁구공을 각각 한 개 이상씩 받는 경우의 수는?

① 295 ② 300 ③ 305
④ 310 ⑤ 315

13

같은 종류의 주스 4병, 같은 종류의 생수 2병, 우유 1병을 세 사람에게 나누어 주는 경우의 수는?
(단, 1병도 받지 못하는 사람이 있을 수 있다.)

① 330 ② 315 ③ 300
④ 285 ⑤ 270

14

같은 종류의 구슬 5개를 서로 다른 세 개의 주머니에 나누어 넣으려고 한다. 각 주머니에 3개 이하의 구슬을 넣는 경우의 수는? (단, 빈 주머니가 있을 수도 있다.)

① 10 ② 11 ③ 12
④ 13 ⑤ 14

15

같은 종류의 연필 8개를 학생 4명에게 나누어 줄 때, 한 개도 받지 못하는 학생이 생기는 경우의 수를 구하시오.

16

$(x+y+z)^5$의 전개식에서 서로 다른 항의 개수는?

① 10 ② 15 ③ 21
④ 35 ⑤ 56

정답 및 풀이 14쪽

code 3 중복조합과 함수의 개수

17

$3 \le a \le b \le c \le d \le 10$을 만족시키는 자연수 a, b, c, d의 순서쌍 (a, b, c, d)의 개수는?

① 240 ② 270 ③ 300
④ 330 ⑤ 360

18

다음 조건을 만족시키는 자연수 a, b, c의 순서쌍 (a, b, c)의 개수를 구하시오.

(가) $a \times b \times c$는 홀수이다.
(나) $a \le b \le c \le 20$

19

집합 $X=\{1, 2, 3, 4, 5\}$에서 $Y=\{1, 2, 3, 4, 5, 6\}$으로의 함수 f 중에서 다음 조건을 만족시키는 f의 개수는?

(가) $f(3)=3$
(나) $x_1 < x_2$이면 $f(x_1) \le f(x_2)$이다.

① 24 ② 32 ③ 48
④ 60 ⑤ 72

20

$1 \le |a| \le |b| \le |c| \le 5$를 만족시키는 정수 a, b, c의 순서쌍 (a, b, c)의 개수는?

① 360 ② 320 ③ 280
④ 240 ⑤ 200

code 4 $(a+b)^n$의 전개식

21

$\left(2x^2-\dfrac{1}{x}\right)^5$의 전개식에서 x^4의 계수는?

① -80 ② -40 ③ 20
④ 40 ⑤ 80

22

$\left(x^n+\dfrac{1}{x}\right)^{10}$의 전개식에서 상수항이 45일 때, 자연수 n의 값을 구하시오.

23

$(1+x)^4(2+x)^5$의 전개식에서 x^2의 계수를 구하시오.

code 5 $(x+1)^n$의 전개식의 응용

24

11^{32}을 100으로 나눈 나머지는?

① 1 ② 11 ③ 21
④ 31 ⑤ 41

정답 및 풀이 17쪽

25

다음 식의 값을 구하시오.

$$ {}_5C_0\left(\frac{13}{8}\right)^5+{}_5C_1\left(\frac{3}{8}\right)\left(\frac{13}{8}\right)^4+{}_5C_2\left(\frac{3}{8}\right)^2\left(\frac{13}{8}\right)^3 +{}_5C_3\left(\frac{3}{8}\right)^3\left(\frac{13}{8}\right)^2+{}_5C_4\left(\frac{3}{8}\right)^4\left(\frac{13}{8}\right)+{}_5C_5\left(\frac{3}{8}\right)^5 $$

code 6 이항계수의 성질

26

${}_{2n}C_1+{}_{2n}C_3+{}_{2n}C_5+\cdots+{}_{2n}C_{2n-1}=512$일 때, 자연수 n의 값은?

① 4 ② 5 ③ 6
④ 7 ⑤ 8

27

${}_{11}C_6+{}_{11}C_7+{}_{11}C_8+{}_{11}C_9+{}_{11}C_{10}+{}_{11}C_{11}$의 값은?

① 511 ② 512 ③ 1023
④ 1024 ⑤ 2047

28 +수학 I

다음 식의 값은?

$$ {}_1C_1+({}_2C_1+{}_2C_2)+({}_3C_1+{}_3C_2+{}_3C_3)+\cdots +({}_{10}C_1+{}_{10}C_2+\cdots+{}_{10}C_{10}) $$

① $2^{10}-11$ ② $2^{10}-10$ ③ $2^{11}-12$
④ $2^{11}-11$ ⑤ $2^{11}-10$

29

${}_4C_1+{}_5C_2+{}_6C_3+{}_7C_4+{}_8C_5$의 값은?

① 124 ② 125 ③ 126
④ 127 ⑤ 128

30

$\left(\frac{x}{2}+\frac{a}{x}\right)^6$의 전개식에서 x^2의 계수가 15일 때, 양수 a의 값은?

① 4 ② 5 ③ 6
④ 7 ⑤ 8

31

$(1+x)+(1+x)^2+(1+x)^3+\cdots+(1+x)^{10}$의 전개식에서 x^2의 계수를 구하시오.

32

부등식 $x+y+z\le10$을 만족시키는 자연수 x, y, z의 순서쌍 (x, y, z)의 개수를 구하시오.

정답 및 풀이 18쪽

01

$abc=2^n$을 만족시키는 1보다 큰 자연수 a, b, c의 순서쌍 (a, b, c)의 개수가 45일 때, 자연수 n의 값은?

① 11　② 9　③ 7
④ 4　⑤ 3

02

서로 다른 종류의 사탕 3개와 같은 종류의 구슬 7개를 같은 종류의 주머니 3개에 나누어 넣으려고 한다. 각 주머니에 사탕과 구슬이 모두 적어도 1개 이상씩 들어가도록 나누어 넣는 경우의 수는?

① 11　② 12　③ 13
④ 14　⑤ 15

03 신유형

학생 A, B, C에게 같은 종류의 사탕 6개와 같은 종류의 초콜릿 5개를 다음 규칙에 따라 남김없이 나누어 주는 경우의 수를 구하시오.

> (가) A가 받는 사탕의 개수는 1 이상이다.
> (나) B가 받는 초콜릿의 개수는 1 이상이다.
> (다) C가 받는 사탕의 개수와 초콜릿의 개수의 합은 1 이상이다.

04

3000보다 작은 네 자리의 자연수 중 각 자리 수의 합이 10인 자연수의 개수를 구하시오.

05

숫자 2, 3, 5, 7에서 중복을 허용하여 8개를 뽑아 곱한 수가 60의 배수가 되는 경우의 수를 구하시오.

06

다음 조건을 만족시키는 음이 아닌 정수 x_1, x_2, x_3, x_4의 순서쌍 (x_1, x_2, x_3, x_4)의 개수는?

> (가) $n=1$, 2, 3일 때, $x_{n+1}-x_n\geq 2$이다.
> (나) $x_4\leq 12$

① 210　② 220　③ 230
④ 240　⑤ 250

07

다음 조건을 만족시키는 정수 a, b, c의 순서쌍 (a, b, c)의 개수는?

(가) $|a| \geq 1$, $|b| \geq 2$, $|c| \geq 3$
(나) $|a|+|b|+|c|=10$

① 100 ② 110 ③ 120
④ 130 ⑤ 140

08

다음 조건을 만족시키는 음이 아닌 정수 x, y, z, w의 순서쌍 (x, y, z, w)의 개수를 구하시오.

(가) $x^2 \leq y \leq z \leq w \leq 5$
(나) $x+y+z+w \leq 15$

09

다음 조건을 만족시키는 음이 아닌 정수 x, y, z의 순서쌍 (x, y, z)의 개수는?

(가) $x+y+z=10$
(나) $0<y+z<10$

① 39 ② 44 ③ 49
④ 54 ⑤ 59

10

다음 조건을 만족시키는 음이 아닌 정수 x, y, z, u의 순서쌍 (x, y, z, u)의 개수를 구하시오.

(가) $x+y+z+u=6$
(나) $x \neq u$

11

다음 조건을 만족시키는 자연수 a, b, c의 순서쌍 (a, b, c)의 개수를 구하시오.

(가) $abc=180$
(나) $(a-b)(b-c)(c-a) \neq 0$

12

다음 조건을 만족시키는 2 이상의 자연수 a, b, c, d의 순서쌍 (a, b, c, d)의 개수를 구하시오.

(가) $a+b+c+d=20$
(나) a, b, c는 모두 d의 배수이다.

정답 및 풀이 19쪽

13

다음 조건을 만족시키는 자연수의 개수를 구하시오.

> (가) 네 자리의 홀수이다.
> (나) 각 자리의 수의 합이 8보다 작다.

14

다음 조건을 만족시키는 자연수 a, b, c의 순서쌍 (a, b, c)의 개수는?

> (가) a, b, c의 합은 짝수이다.
> (나) $a \le b \le c \le 15$

① 320 ② 324 ③ 328
④ 332 ⑤ 336

15

집합 $X=\{1, 2, 3, 4, 5\}$에서
집합 $Y=\{1, 2, 3, 4, 5, 6, 7, 8\}$로의 함수 f 중에서 다음 조건을 만족시키는 f의 개수를 구하시오.

> (가) $x_1 < x_2$이면 $f(x_1) \le f(x_2)$이다.
> (나) $f(1)+f(5)=6$

16 수학Ⅰ

$(x+a)^{10}$의 전개식에서 세 항 x, x^2, x^4의 계수가 이 순서대로 등비수열을 이룰 때, 상수 a의 값은? (단, $a \ne 0$)

① $\frac{28}{27}$ ② $\frac{27}{26}$ ③ $\frac{26}{25}$
④ $\frac{25}{24}$ ⑤ $\frac{24}{23}$

17

$\left(x+\frac{1}{x^3}\right)+\left(x+\frac{1}{x^3}\right)^2+\cdots+\left(x+\frac{1}{x^3}\right)^{10}$의 전개식에서 상수항을 구하시오.

18

$\left(x+\frac{p}{x}\right)^n$의 전개식에서 상수항이 160일 때, 자연수 n과 소수 p의 값을 구하시오.

19 신유형

$(x+2)^{19}$의 전개식에서 x^k의 계수가 x^{k+1}의 계수보다 큰 자연수 k의 최솟값은?

① 4 ② 5 ③ 6
④ 7 ⑤ 8

20

$(x^2+1)^3\left(x-\frac{2}{x}\right)^4$의 전개식에서 x^8의 계수를 구하시오.

21

$(x+1)^m+(x+1)^n$의 전개식에서 x의 계수가 12일 때, x^2의 계수가 최소가 되는 m의 값을 α라 하고, 이때 x^2의 계수를 β라 하자. $\alpha+\beta$의 값은?
(단, m, n은 2 이상의 자연수이다.)

① 28 ② 30 ③ 32
④ 34 ⑤ 36

22

$(x+a^2)^n$과 $(x^2-2a)(x+a)^n$의 전개식에서 x^{n-1}의 계수가 같을 때, a, n의 값을 구하시오.
(단, a는 자연수이고, n은 4 이상인 자연수이다.)

23

$(x^2+3)^5$을 $(x^2+2)^2$으로 나눈 나머지를 $R(x)$라 할 때, $R(2)$의 값은?

① 22 ② 27 ③ 29
④ 31 ⑤ 33

24

12^{10}의 일의 자리 숫자를 a, 십의 자리 숫자를 b, 백의 자리 숫자를 c라 할 때, $a+b+c$의 값은?

① 6 ② 7 ③ 8
④ 9 ⑤ 10

25 +수학Ⅰ

$\sum_{k=0}^{10} {}_{10}\mathrm{C}_k(x+2)^k(2x-1)^{10-k}$의 전개식에서 x^2의 계수는?

① 190 ② 270 ③ 385
④ 405 ⑤ 540

26 +수학Ⅰ

n이 자연수이고

$$f(n)=\sum_{k=1}^{n}({}_{2k}\mathrm{C}_1+{}_{2k}\mathrm{C}_3+{}_{2k}\mathrm{C}_5+\cdots+{}_{2k}\mathrm{C}_{2k-1})$$

일 때, $f(5)$의 값을 구하시오.

27

$(1+i)^{20}$의 전개식을 이용하여

$${}_{20}\mathrm{C}_0-{}_{20}\mathrm{C}_2+{}_{20}\mathrm{C}_4-{}_{20}\mathrm{C}_6+\cdots-{}_{20}\mathrm{C}_{18}+{}_{20}\mathrm{C}_{20}$$

의 값을 구하시오.

28 +수학Ⅰ

$\{a_n\}$이 첫째항이 5이고 공차가 2인 등차수열일 때, $a_1\times{}_{11}\mathrm{C}_0+a_2\times{}_{11}\mathrm{C}_1+a_3\times{}_{11}\mathrm{C}_2+\cdots+a_{12}\times{}_{11}\mathrm{C}_{11}$의 값은?

① 2^{10} ② 2^{11} ③ 2^{13}
④ 2^{15} ⑤ 2^{16}

29 +수학Ⅰ

다음은 부등식

$$\sum_{k=1}^{n}\{2k\times({}_n\mathrm{C}_k)^2\}\geq 10\times{}_{2n}\mathrm{C}_{n+1}$$

을 만족시키는 자연수 n의 최솟값을 구하는 과정이다.

> $(1+x)^{2n}$의 전개식에서 x^n의 계수는 (가) 이다.
> $(1+x)^n(1+x)^n$의 전개식에서 x^n의 계수는
>
> $$\sum_{k=0}^{n}({}_n\mathrm{C}_k\times{}_n\mathrm{C}_{n-k})=\sum_{k=0}^{n}({}_n\mathrm{C}_k)^2$$
>
> 이다. 그러므로
>
> $$\begin{aligned}&\sum_{k=1}^{n}\{2k\times({}_n\mathrm{C}_k)^2\}\\&=\sum_{k=1}^{n}\{k\times({}_n\mathrm{C}_k)^2\}+\sum_{k=1}^{n}\{k\times({}_n\mathrm{C}_{n-k})^2\}\\&=\{({}_n\mathrm{C}_1)^2+2\times({}_n\mathrm{C}_2)^2+\cdots+n\times({}_n\mathrm{C}_n)^2\}\\&\quad+\{({}_n\mathrm{C}_{n-1})^2+2\times({}_n\mathrm{C}_{n-2})^2+\cdots+n\times({}_n\mathrm{C}_0)^2\}\\&=\boxed{(나)}\times\{({}_n\mathrm{C}_0)^2+({}_n\mathrm{C}_1)^2+\cdots+({}_n\mathrm{C}_n)^2\}\\&=\boxed{(나)}\times\boxed{(가)}\end{aligned}$$
>
> 이다.
> 따라서 부등식 $\sum_{k=1}^{n}\{2k\times({}_n\mathrm{C}_k)^2\}\geq 10\times{}_{2n}\mathrm{C}_{n+1}$을 만족시키는 자연수 n의 최솟값은 (다) 이다.

위의 (가), (나)에 알맞은 식을 각각 $f(n)$, $g(n)$이라 하고, (다)에 알맞은 수를 p라 할 때, $f(3)+g(3)+p$의 값은?

① 32 ② 34 ③ 36
④ 38 ⑤ 40

정답 및 풀이 23쪽

01

연필 7자루와 볼펜 4자루를 여학생 3명과 남학생 2명에게 다음 규칙에 따라 남김없이 나누어 주는 경우의 수를 구하시오. (단, 같은 종류의 필기구는 서로 구별하지 않는다.)

(가) 여학생 3명이 받는 연필의 개수는 서로 같고, 남학생 2명이 받는 볼펜의 개수도 서로 같다.
(나) 여학생은 연필을 1자루 이상 받고, 볼펜을 받지 못하는 여학생이 있을 수도 있다.
(다) 남학생은 볼펜을 1자루 이상 받고, 연필을 받지 못하는 남학생이 있을 수도 있다.

02 신유형

n이 자연수일 때, $2a+2b+c+d=2n$을 만족시키는 음이 아닌 정수 a, b, c, d의 순서쌍 (a, b, c, d)의 개수를 a_n이라 하자. $a_1+a_2+a_3+\cdots+a_8$의 값을 구하시오.

03

다음 조건을 만족시키는 자연수 a, b, c, d의 순서쌍 (a, b, c, d)의 개수는?

(가) $a+b+c+d=12$
(나) 좌표평면에서 두 점 (a, b), (c, d)는 서로 다른 점이고, 직선 $y=2x$ 위의 점이 아니다.

① 125 ② 134 ③ 143 ④ 152 ⑤ 161

04 +수학Ⅰ

자연수 n에 대하여 0부터 n까지 정수가 하나씩 적힌 공 $(n+1)$개가 들어 있는 상자가 있다. 이 상자에서 공을 한 개 꺼내어 공에 적힌 수를 확인하고 다시 넣는 과정을 5번 반복할 때, 확인한 수가 모두 다음 조건을 만족시키는 경우의 수를 a_n이라 하자.

(가) 꺼낸 공에 적힌 수는 먼저 꺼낸 공에 적힌 수보다 작지 않다.
(나) 세 번째 꺼낸 공에 적힌 수는 첫 번째 꺼낸 공에 적힌 수보다 1이 더 크다.

$\sum_{n=1}^{18} \frac{a_n}{n+2}$의 값을 구하시오.

Ⅱ. 확률

03. 확률의 뜻과 활용

04. 조건부확률

03. 확률의 뜻과 활용

집합 $\{1, 2, 3, 4, 5, 6\}$은 주사위를 한 번 던질 때 나오는 눈의 수의 표본공간이다. 또 근원사건은 부분집합 $\{1\}, \{2\}, \{3\}, \{4\}, \{5\}, \{6\}$이고, 집합 $\{2, 4, 6\}$은 짝수의 눈이 나오는 사건이다.

1 시행과 사건

(1) 주사위나 동전을 던지는 것과 같이 같은 조건에서 여러 번 반복할 수 있고, 그 결과가 우연에 의해 결정되는 실험이나 관찰을 **시행**이라 한다.

(2) 시행에서 일어날 수 있는 모든 결과의 집합을 **표본공간**이라 하고, 표본공간의 부분집합을 **사건**이라 한다. 또, 표본공간에서 원소가 한 개인 부분집합을 **근원사건**이라 한다.

2 확률

(1) 어떤 시행에서 사건 A가 일어날 가능성을 수로 나타낸 것을 A의 **확률**이라 하고, $\mathrm{P}(A)$로 나타낸다.

(2) 어떤 시행에서 표본공간 S의 근원사건이 n개이고 각 근원사건이 일어날 가능성이 같은 정도로 기대될 때, 사건 A의 근원사건이 r개이면 A가 일어날 확률은

$$\mathrm{P}(A)=\frac{n(A)}{n(S)}=\frac{r}{n}$$

이다. 이때 $\mathrm{P}(A)$를 A의 **수학적 확률**이라 한다.

n이 충분히 커질 때, 상대도수 $\frac{r_n}{n}$은 일정한 값 p에 가까워진다.

(3) 같은 시행을 n번 반복할 때 사건 A가 일어난 횟수를 r_n이라 하면, n이 커짐에 따라 $\frac{r_n}{n}$은 일정한 값 p에 가까워진다. 이때 p를 A의 **통계적 확률**이라 한다.

3 확률의 성질

$\mathrm{P}(A)=\frac{n(A)}{n(S)}$, $A\subset S$

어떤 사건 A에 대하여

(1) $0\le \mathrm{P}(A)\le 1$

(2) A가 반드시 일어난다. $\Longleftrightarrow \mathrm{P}(A)=1$

(3) A가 일어나지 않는다. $\Longleftrightarrow \mathrm{P}(A)=0$

4 합사건, 곱사건, 배반사건, 여사건

(1) A 또는 B가 일어날 사건을 $A\cup B$로 나타내고 A와 B의 **합사건**이라 한다.

(2) A와 B가 동시에 일어날 사건을 $A\cap B$로 나타내고 A와 B의 **곱사건**이라 한다. 특히 $A\cap B=\varnothing$이면 A와 B는 **배반사건**이라 한다.

(3) A가 일어나지 않을 사건을 A^C으로 나타내고 A의 **여사건**이라 한다.

5 확률의 덧셈정리, 여사건의 확률

(1) 확률의 덧셈정리

A, B가 표본공간 S의 사건이고, S의 각 근원사건이 일어날 확률이 같을 때,

$$\mathrm{P}(A\cup B)=\mathrm{P}(A)+\mathrm{P}(B)-\mathrm{P}(A\cap B)$$

특히, A, B가 배반사건이면

$$\mathrm{P}(A\cup B)=\mathrm{P}(A)+\mathrm{P}(B)$$

(2) 여사건의 확률: $\mathrm{P}(A^C)=1-\mathrm{P}(A)$

Note 사건 A 또는 B가 일어날 확률을 구할 때에는 $\mathrm{P}(A)$, $\mathrm{P}(B)$, $\mathrm{P}(A\cap B)$를 구한 다음 확률의 덧셈정리를 이용해도 되고, A 또는 B가 일어날 경우의 수 $n(A\cup B)$를 구한 다음 $\mathrm{P}(A\cup B)=\frac{n(A\cup B)}{n(S)}$를 구해도 된다.

예를 들어 a, a, a, b, c에서 4개를 뽑아 나열하는 경우의 확률을 구하는 경우와 같이 같은 것을 포함한 경우를 생각할 때에는 a_1, a_2, a_3, b, c에서 4개를 뽑아 나열하는 확률을 생각한다.

정답 및 풀이 25쪽

code 1 주머니에서 꺼낼 때의 확률

01

흰 공 3개와 검은 공 4개가 들어 있는 주머니에서 임의로 공 2개를 동시에 꺼낼 때, 흰 공 1개, 검은 공 1개가 나올 확률은?

① $\frac{11}{21}$ ② $\frac{4}{7}$ ③ $\frac{13}{21}$
④ $\frac{2}{3}$ ⑤ $\frac{5}{7}$

02

1부터 15까지의 자연수가 하나씩 적힌 카드 15장에서 임의로 카드 3장을 동시에 꺼낼 때, 3의 배수가 적힌 카드가 2장 나올 확률은?

① $\frac{20}{91}$ ② $\frac{24}{91}$ ③ $\frac{27}{91}$
④ $\frac{30}{91}$ ⑤ $\frac{33}{91}$

03

1이 적힌 카드가 1장, 2가 적힌 카드가 2장, 3이 적힌 카드가 3장, 4가 적힌 카드가 4장 들어 있는 주머니에서 임의로 카드 2장을 동시에 꺼낼 때, 카드에 적힌 두 수가 같을 확률은?

① $\frac{1}{9}$ ② $\frac{2}{9}$ ③ $\frac{1}{3}$
④ $\frac{4}{9}$ ⑤ $\frac{5}{9}$

04

2부터 8까지의 자연수가 하나씩 적힌 구슬 7개가 들어 있는 주머니에서 임의로 구슬 2개를 동시에 꺼낼 때, 구슬에 적힌 두 수가 서로소일 확률은?

① $\frac{8}{21}$ ② $\frac{10}{21}$ ③ $\frac{4}{7}$
④ $\frac{2}{3}$ ⑤ $\frac{16}{21}$

code 2 순열을 이용하는 확률

05

학교 체육대회에서 이어달리기의 학급 대표로 A, B, C를 포함한 학생 5명이 선발되었다. 5명이 달리는 순서를 정할 때, 두 학생 A, B가 학생 C보다 먼저 달리는 순서로 정해질 확률을 구하시오.

06

A, A, A, B, B, C의 문자가 하나씩 적힌 카드 6장을 일렬로 나열할 때, 양 끝에 A가 적힌 카드가 올 확률은?

① $\frac{3}{20}$ ② $\frac{1}{5}$ ③ $\frac{1}{4}$
④ $\frac{3}{10}$ ⑤ $\frac{7}{20}$

07

그림과 같은 정사각형 5개에 임의로 1, 2, 3, 4, 5를 하나씩 써넣을 때, 가로로 놓인 정사각형에 적힌 세 수의 합과 세로로 놓인 정사각형에 적힌 세 수의 합이 같을 확률을 구하시오.

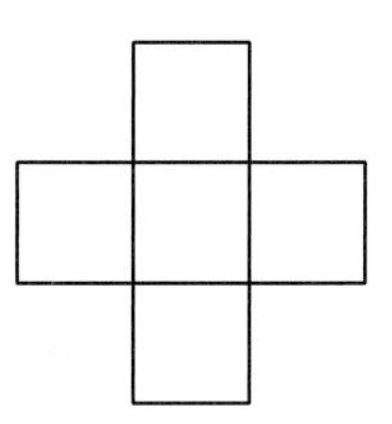

code 3 주사위를 던질 때의 확률

08

주사위 한 개를 세 번 던질 때, 나오는 눈의 수를 차례로 a, b, c라 하자. $a<b<c$일 확률은?

① $\frac{5}{54}$ ② $\frac{18}{179}$ ③ $\frac{23}{189}$
④ $\frac{11}{72}$ ⑤ $\frac{41}{72}$

09

주사위 한 개를 두 번 던질 때, 나오는 눈의 수를 차례로 a, b라 하자. $f(x)=x^2-7x+10$에 대하여 $f(a)f(b)<0$일 확률은?

① $\frac{1}{18}$ ② $\frac{1}{9}$ ③ $\frac{1}{6}$
④ $\frac{2}{9}$ ⑤ $\frac{5}{18}$

10

각 면에 1, 2, 3, 4가 하나씩 적힌 정사면체 모양의 주사위를 던질 때, 바닥에 닿는 면에 적힌 수를 나오는 눈의 수라 하자. 이 주사위를 네 번 던질 때, 나오는 눈의 수의 집합이 $\{1, 2, 3\}$일 확률을 구하시오.

code 4 원 위에서 삼각형을 만들 때의 확률

11

그림과 같이 원의 둘레를 8등분하는 점 8개 중에서 임의로 3개를 택하여 삼각형을 만들려고 한다. 만들어진 삼각형이 직각삼각형일 확률은?

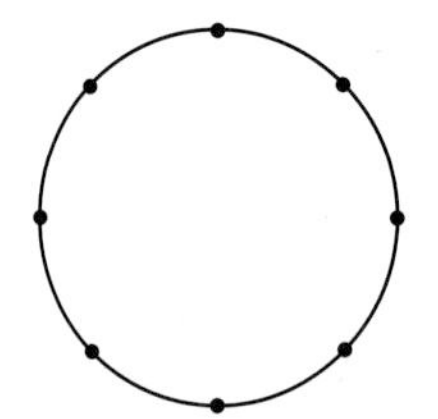

① $\frac{1}{7}$ ② $\frac{1}{4}$ ③ $\frac{2}{7}$
④ $\frac{3}{7}$ ⑤ $\frac{1}{2}$

12

그림과 같이 원의 둘레를 12등분하는 점 12개 중에서 임의로 3개를 택하여 삼각형을 만들려고 한다. 만들어진 삼각형이 이등변삼각형일 확률은?

① $\frac{1}{5}$ ② $\frac{12}{55}$ ③ $\frac{13}{55}$
④ $\frac{14}{55}$ ⑤ $\frac{3}{11}$

code 5 집합, 함수에 대한 확률

13

집합 $S=\{1, 2, 3, 4, 5, 6, 7, 8\}$, $A=\{2, 3, 5\}$, $B=\{1, 3, 5, 7\}$이 있다. S의 부분집합 중 임의로 택한 집합 X에 대하여 $A\cap X=B\cap X$일 확률은?

① $\frac{1}{20}$ ② $\frac{1}{16}$ ③ $\frac{1}{8}$
④ $\frac{1}{4}$ ⑤ $\frac{1}{2}$

14

집합 $X=\{a, b, c\}$에서 집합 $Y=\{1, 2, 3, 4, 5\}$로의 함수 f 중에서 임의로 하나를 택할 때, $f(a)\le f(b)\le f(c)$일 확률은?

① $\frac{2}{25}$ ② $\frac{32}{125}$ ③ $\frac{7}{25}$
④ $\frac{56}{125}$ ⑤ $\frac{12}{25}$

15

f는 집합 $X=\{1, 2, 3, 4\}$에서 X로의 함수이고 치역의 원소가 2개인 함수이다. f 중에서 임의로 하나를 택할 때, $f(3)<f(4)$일 확률은?

① $\frac{1}{8}$ ② $\frac{1}{7}$ ③ $\frac{3}{16}$
④ $\frac{1}{4}$ ⑤ $\frac{2}{7}$

code 6 여러 번 뽑는 확률, 조 나누기

16

1, 2, 3, 4가 하나씩 적힌 카드 4장이 들어 있는 주머니에서 갑이 임의로 카드 2장을 동시에 꺼내고 을이 남은 카드 중에서 임의로 1장을 꺼낼 때, 갑이 꺼낸 카드 2장에 적힌 두 수의 곱이 을이 꺼낸 카드에 적힌 수보다 작을 확률은?

① $\frac{1}{12}$ ② $\frac{1}{6}$ ③ $\frac{1}{4}$
④ $\frac{1}{3}$ ⑤ $\frac{5}{12}$

17

주머니 A, B에는 각각 1, 2, 3, 4가 하나씩 적힌 카드 4장이 들어 있다. 갑은 A에서, 을은 B에서 각자 임의로 카드 2장을 동시에 꺼낼 때, 갑과 을이 꺼낸 카드에 적힌 두 수의 합이 같을 확률을 구하시오.

18

A, B를 포함한 학생 8명을 임의로 3명, 3명, 2명의 세 조로 나눌 때, A, B가 같은 조에 속할 확률은?

① $\frac{1}{8}$　② $\frac{1}{4}$　③ $\frac{3}{8}$　④ $\frac{1}{2}$　⑤ $\frac{5}{8}$

19

A, B, C를 포함한 학생 9명을 3명씩 세 조로 나누어 봉사활동을 하려고 한다. A, B, C 중 2명만 같은 조에 속할 확률은?

① $\frac{15}{28}$　② $\frac{4}{7}$　③ $\frac{17}{28}$　④ $\frac{9}{14}$　⑤ $\frac{19}{28}$

code 7 **여사건의 확률**

20

흰 구슬 4개를 포함한 구슬 n개가 들어 있는 주머니에서 임의로 구슬 2개를 동시에 꺼낼 때, 적어도 1개가 흰 구슬일 확률이 $\frac{6}{7}$이다. n의 값을 구하시오.

21

1부터 6까지의 자연수가 하나씩 적힌 공이 들어 있는 주머니에서 임의로 공을 한 개 꺼내어 숫자를 확인하고 다시 주머니에 넣는 시행을 3번 반복할 때, 같은 숫자가 적어도 2번 나올 확률은?

① $\frac{1}{9}$　② $\frac{2}{9}$　③ $\frac{1}{3}$　④ $\frac{4}{9}$　⑤ $\frac{5}{9}$

22

빨강, 파랑, 노랑 카드가 각각 3장, 4장, 5장 들어 있는 상자에서 임의로 카드 3장을 동시에 꺼낼 때, 두 가지 이상의 색의 카드가 나올 확률은?

① $\frac{37}{44}$　② $\frac{19}{22}$　③ $\frac{39}{44}$　④ $\frac{10}{11}$　⑤ $\frac{41}{44}$

23

1, 2, 3, 4가 하나씩 적힌 흰 공 4개와 4, 5, 6이 하나씩 적힌 검은 공 3개가 있다. 이 7개의 공을 일렬로 나열할 때, 같은 숫자가 적힌 공이 이웃하지 않을 확률을 구하시오.

24

1부터 10까지의 자연수가 하나씩 적힌 카드가 10장 들어 있는 상자에서 임의로 카드 3장을 동시에 꺼낼 때, 카드에 적힌 수의 최댓값이 6 이상일 확률은?

① $\frac{7}{12}$　② $\frac{2}{3}$　③ $\frac{3}{4}$　④ $\frac{5}{6}$　⑤ $\frac{11}{12}$

정답 및 풀이 28쪽

25

그림과 같이 한 변의 길이가 1인 정사각형 6개를 붙여 놓은 도형이 있다. 꼭짓점 12개 중 임의로 2개의 점을 택하여 연결한 선분의 길이가 무리수일 확률을 구하시오.

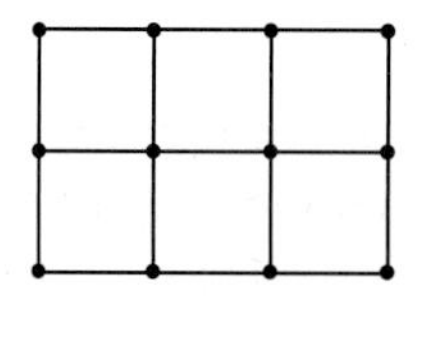

code 8 **확률의 덧셈정리**

26

서로 다른 주사위 두 개를 동시에 던질 때, 두 눈의 수의 합이 7 또는 10일 확률은?

① $\frac{1}{8}$ ② $\frac{1}{6}$ ③ $\frac{1}{5}$
④ $\frac{1}{4}$ ⑤ $\frac{1}{3}$

27

어느 지구대에서는 학생들의 안전한 통학을 위한 귀가도우미 프로그램에 참여하기로 하였다. 이 지구대의 경찰관 9명 중 5명은 근무조 A, 4명은 근무조 B에 속해 있다. 지구대 경찰관 9명 중에서 임의로 3명을 귀가도우미로 뽑을 때, A조와 B조에서 적어도 1명씩 뽑을 확률은?

① $\frac{1}{2}$ ② $\frac{7}{12}$ ③ $\frac{2}{3}$
④ $\frac{3}{4}$ ⑤ $\frac{5}{6}$

28

흰 공 6개와 빨간 공 4개가 들어 있는 주머니에서 임의로 공 4개를 동시에 꺼낼 때, 흰 공이 3개 이상일 확률은?

① $\frac{17}{42}$ ② $\frac{19}{42}$ ③ $\frac{1}{2}$
④ $\frac{23}{42}$ ⑤ $\frac{25}{42}$

29

1부터 6까지의 자연수 중 임의로 서로 다른 4개를 택하여 네 자리의 자연수를 만들 때, 천의 자리, 백의 자리, 십의 자리, 일의 자리의 숫자를 각각 a, b, c, d라 하자. $a>b$ 또는 $c>d$일 확률은?

① $\frac{1}{2}$ ② $\frac{7}{12}$ ③ $\frac{2}{3}$
④ $\frac{3}{4}$ ⑤ $\frac{5}{6}$

30

두 사건 A와 B는 배반사건이고

$$\mathrm{P}(A\cup B)=\frac{3}{4},\ \mathrm{P}(B^C)=\frac{2}{3}$$

일 때, $\mathrm{P}(A^C)$는?

① $\frac{1}{3}$ ② $\frac{5}{12}$ ③ $\frac{1}{2}$
④ $\frac{7}{12}$ ⑤ $\frac{2}{3}$

31

두 사건 A, B에 대하여

$$\mathrm{P}(A\cap B)=\frac{1}{8},\ \mathrm{P}(A\cap B^C)=\frac{3}{16}$$

일 때, $\mathrm{P}(A)$는?

① $\frac{3}{16}$ ② $\frac{7}{32}$ ③ $\frac{1}{4}$
④ $\frac{9}{32}$ ⑤ $\frac{5}{16}$

32

표본공간 S의 부분집합인 두 사건 A와 B는 배반사건이고

$$A\cup B=S,\ \mathrm{P}(A\cup B)=5\mathrm{P}(A)-2\mathrm{P}(B)$$

일 때, $\mathrm{P}(B)$는?

① $\frac{1}{7}$ ② $\frac{2}{7}$ ③ $\frac{3}{7}$
④ $\frac{4}{7}$ ⑤ $\frac{5}{7}$

정답 및 풀이 29쪽

01

서로 다른 주사위 두 개를 동시에 던질 때, 한 주사위에서 나온 눈의 수가 다른 주사위에서 나온 눈의 수의 배수가 될 확률은?

① $\frac{7}{18}$ ② $\frac{1}{2}$ ③ $\frac{11}{18}$
④ $\frac{13}{18}$ ⑤ $\frac{5}{6}$

02

주사위 한 개를 세 번 던질 때, 나온 눈의 수를 차례로 a, b, c라 하자. $(a-b)^2+(b-c)^2+(c-a)^2>0$일 확률은?

① $\frac{5}{6}$ ② $\frac{11}{12}$ ③ $\frac{17}{18}$
④ $\frac{35}{36}$ ⑤ 1

03

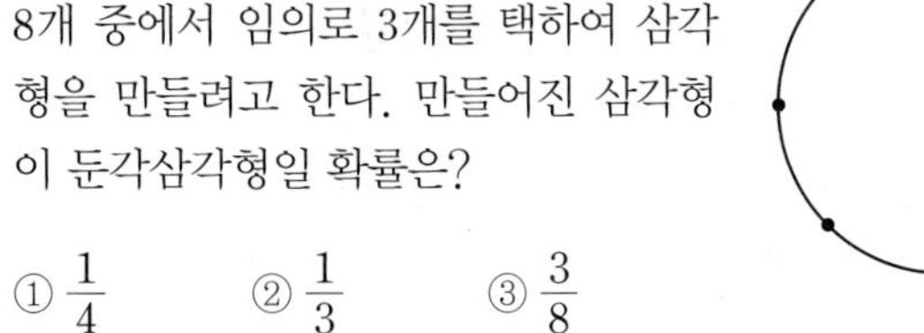

그림과 같이 원의 둘레를 8등분하는 점 8개 중에서 임의로 3개를 택하여 삼각형을 만들려고 한다. 만들어진 삼각형이 둔각삼각형일 확률은?

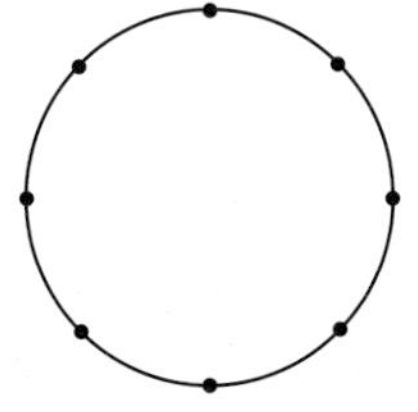

① $\frac{1}{4}$ ② $\frac{1}{3}$ ③ $\frac{3}{8}$
④ $\frac{3}{7}$ ⑤ $\frac{1}{2}$

04

그림과 같이 한 변의 길이가 1인 정육각형의 꼭짓점 6개 중에서 임의로 3개를 택하여 삼각형을 만들려고 한다. 만들어진 삼각형의 넓이가 $\frac{\sqrt{3}}{2}$ 이상일 확률을 구하시오.

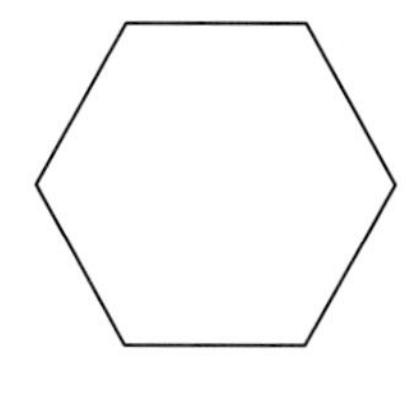

05

그림과 같은 정칠각형의 꼭짓점 7개 중에서 임의로 4개를 택하여 A, B, C, D라 할 때, 두 선분 AB, CD가 만날 확률은?

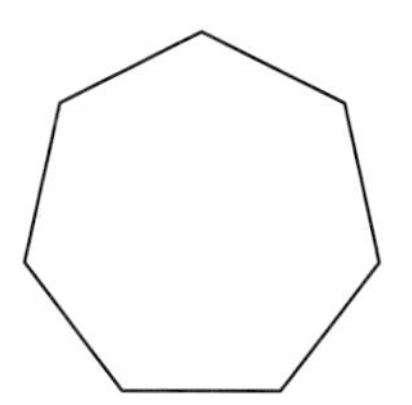

① $\frac{1}{5}$ ② $\frac{1}{4}$ ③ $\frac{1}{3}$
④ $\frac{2}{5}$ ⑤ $\frac{1}{2}$

06

coffee의 문자 6개를 일렬로 나열할 때, 같은 문자끼리는 이웃하지 않을 확률은?

① $\frac{1}{3}$ ② $\frac{2}{5}$ ③ $\frac{7}{15}$
④ $\frac{8}{15}$ ⑤ $\frac{3}{5}$

07

그림과 같이 자리 15개가 있는 일자형의 놀이 기구에 5명이 타려고 한다. 5명이 어느 누구와도 이웃하지 않게 탈 확률은?

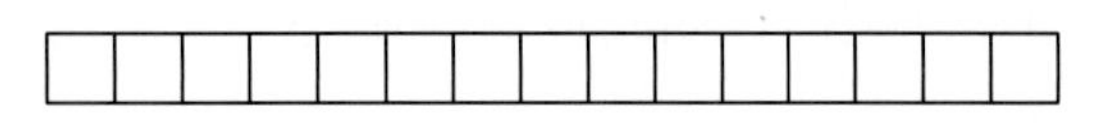

① $\frac{1}{26}$ ② $\frac{1}{13}$ ③ $\frac{3}{26}$
④ $\frac{2}{13}$ ⑤ $\frac{5}{26}$

08

1부터 20까지의 자연수 중에서 서로 다른 세 수를 뽑을 때, 세 수의 합이 3의 배수일 확률은?

① $\frac{32}{95}$ ② $\frac{46}{95}$ ③ $\frac{64}{95}$
④ $\frac{68}{95}$ ⑤ $\frac{78}{95}$

09

2^1, 2^2, 2^3, $\cdots$, 2^9이 그림과 같이 배열되어 있다. 각 행에서 한 개씩 임의로 택한 세 수의 곱을 3으로 나눈 나머지가 1일 확률은?

2^1	2^2	2^3
2^4	2^5	2^6
2^7	2^8	2^9

① $\frac{10}{27}$ ② $\frac{4}{9}$ ③ $\frac{14}{27}$
④ $\frac{16}{27}$ ⑤ $\frac{2}{3}$

10

f가 집합 $X=\{1, 2, 3\}$에서 집합 $Y=\{1, 2, 4, 8\}$로의 함수일 때, $f(1)\times f(2)=f(3)$일 확률을 구하시오.

11

1부터 6까지의 숫자가 하나씩 적힌 구슬 6개가 들어 있는 주머니가 있다. 갑이 임의로 구슬 한 개를 꺼내어 그 구슬에 적힌 숫자를 적은 후 꺼낸 구슬을 다시 주머니에 넣고, 을도 같은 방법으로 구슬을 꺼내어 숫자를 적은 후 구슬을 넣는 시행을 2회씩 하였다. 두 사람이 순서대로 적은 2개씩의 숫자 중 상대방의 숫자와 적어도 한 개의 수가 일치할 확률은?

① $\frac{37}{72}$ ② $\frac{19}{36}$ ③ $\frac{13}{24}$
④ $\frac{5}{9}$ ⑤ $\frac{41}{72}$

12

서로 다른 주사위 세 개를 동시에 던질 때, 나오는 눈의 수의 곱이 10의 배수일 확률은?

① $\frac{1}{6}$ ② $\frac{1}{5}$ ③ $\frac{1}{4}$
④ $\frac{1}{3}$ ⑤ $\frac{1}{2}$

정답 및 풀이 30쪽

13

그림과 같이 1, 2, 3, 4의 숫자가 하나씩 적힌 카드가 3장씩 12장 있다. 이 중에서 임의로 3장을 뽑을 때, 같은 숫자가 적힌 카드가 2장 이상일 확률은?

1	1	1	2	2	2	3	3	3	4	4	4

① $\frac{12}{55}$ ② $\frac{16}{55}$ ③ $\frac{4}{11}$ ④ $\frac{24}{55}$ ⑤ $\frac{28}{55}$

14

6명의 학생 A, B, C, D, E, F를 2명씩 짝을 지어 세 조로 편성하려고 한다. A와 B는 같은 조에 편성되고, C와 D는 다른 조에 편성될 확률은?

① $\frac{1}{15}$ ② $\frac{1}{10}$ ③ $\frac{2}{15}$ ④ $\frac{1}{6}$ ⑤ $\frac{1}{5}$

15

집합 $A=\{1, 2, 3, 4, 5, 6\}$의 공집합이 아닌 부분집합 중에서 임의로 한 개를 택할 때, 가장 큰 원소와 가장 작은 원소의 합이 7일 확률은?

① $\frac{19}{63}$ ② $\frac{20}{63}$ ③ $\frac{1}{3}$ ④ $\frac{22}{63}$ ⑤ $\frac{23}{63}$

16

집합 $S=\{a, b, c, d\}$의 공집합이 아닌 부분집합 중에서 임의로 서로 다른 두 부분집합을 택하여 차례로 A, B라 할 때, $n(A)\times n(B)=2\times n(A\cap B)$일 확률은?

① $\frac{2}{35}$ ② $\frac{3}{35}$ ③ $\frac{4}{35}$ ④ $\frac{1}{7}$ ⑤ $\frac{6}{35}$

17

집합 $S=\{1, 2, 3, 4, 5, 6\}$의 부분집합 중에서 임의로 한 개를 택할 때, 원소의 합이 16 미만일 확률은?
(단, 공집합의 원소의 합은 0으로 한다.)

① $\frac{51}{64}$ ② $\frac{13}{16}$ ③ $\frac{53}{64}$ ④ $\frac{27}{32}$ ⑤ $\frac{55}{64}$

18

방정식 $x+y+z=10$을 만족시키는 음이 아닌 정수 x, y, z의 순서쌍 (x, y, z) 중에서 임의로 한 개를 택할 때, $(x-y)(y-z)(z-x)\neq 0$일 확률을 구하시오.

정답 및 풀이 32쪽

19 신유형

방정식 $a+b+c=9$를 만족시키는 음이 아닌 정수 a, b, c의 순서쌍 (a, b, c) 중에서 임의로 한 개를 택할 때, $a<2$ 또는 $b<2$일 확률을 구하시오.

20

그림과 같은 좌석표에서 2행 2열 좌석을 제외한 8개 좌석에 여학생 4명과 남학생 4명을 1명씩 임의로 배정할 때, 적어도 남학생 2명이 이웃할 확률을 구하시오.
(단, 2명이 같은 행의 옆이나 같은 열의 앞뒤에 있을 때 이웃한 것으로 본다.)

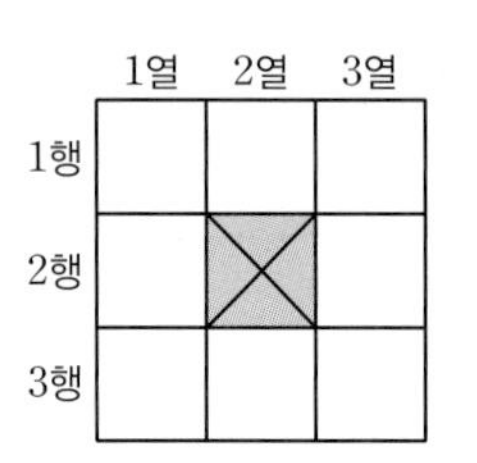

21

1, 1, 1, 2, 3, 4의 숫자가 하나씩 적힌 공 6개가 들어 있는 주머니에서 임의로 공 4개를 동시에 꺼내어 일렬로 나열하고, 나열된 순서대로 공에 적힌 수를 a, b, c, d라 할 때, $a\le b\le c\le d$일 확률은?

① $\frac{1}{12}$ ② $\frac{1}{10}$ ③ $\frac{13}{120}$
④ $\frac{7}{60}$ ⑤ $\frac{1}{8}$

22

1부터 9까지의 자연수가 하나씩 적힌 공이 9개 들어 있는 주머니에서 임의로 공 3개를 동시에 꺼낼 때, 꺼낸 공에 적힌 수 a, b, c $(a<b<c)$가 다음 조건을 만족시킬 확률은?

(가) $a+b+c$는 홀수이다.
(나) $a\times b\times c$는 3의 배수이다.

① $\frac{5}{14}$ ② $\frac{8}{21}$ ③ $\frac{17}{42}$
④ $\frac{3}{7}$ ⑤ $\frac{19}{42}$

23

그림과 같이 1열, 2열, 3열에 2개씩 좌석이 있는 놀이 기구가 있다. 이 놀이 기구의 좌석에 6명 학생 A, B, C, D, E, F가 앉을 때, 다음 조건을 만족시킬 확률을 구하시오.

(가) A, B는 같은 열에 앉는다.
(나) C, D는 다른 열에 앉는다.
(다) E는 1열에 앉지 않는다.

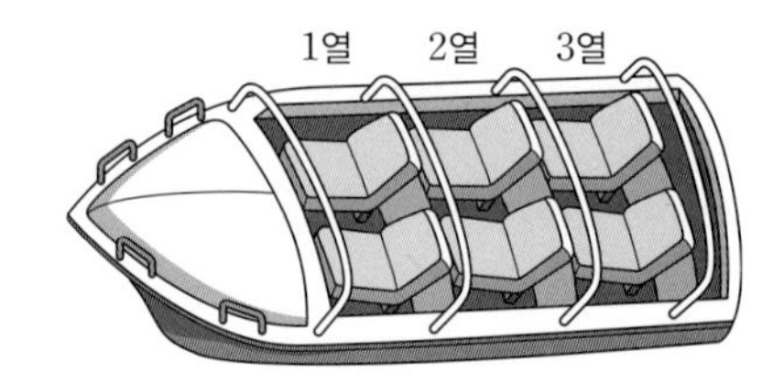

24

두 사건 A, B에 대하여

$$\mathrm{P}(A\cap B)=\frac{1}{4}\mathrm{P}(A)=\frac{1}{3}\mathrm{P}(B)$$

일 때, $\mathrm{P}(A)$의 최댓값은?

① $\frac{1}{2}$ ② $\frac{2}{3}$ ③ $\frac{3}{4}$
④ $\frac{4}{5}$ ⑤ $\frac{5}{6}$

정답 및 풀이 33쪽

01

다섯 개의 수 0, 1, 2, 3, 4에서 중복을 허용하여 네 개를 뽑아 만든 네 자리의 자연수를 $a_1a_2a_3a_4$라 하자.
$a_1<a_2<a_3$, $a_3>a_4$일 확률을 구하시오.

02

그림과 같은 6개의 칸에 1, 2, 3, 4, 5, 6의 숫자가 하나씩 적힌 바둑알 6개를 임의로 하나씩 놓을 때, i열에 놓인 2개의 바둑알에 적힌 수의 합을 $f(i)$ $(i=1, 2, 3)$라 하자. $f(1)<f(2)<f(3)$일 확률은?

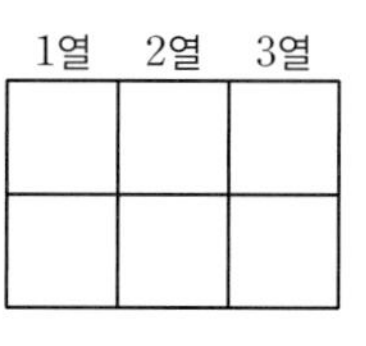

① $\frac{1}{5}$ ② $\frac{1}{6}$ ③ $\frac{1}{7}$
④ $\frac{1}{8}$ ⑤ $\frac{1}{9}$

03

1부터 5까지의 자연수가 하나씩 적힌 공 5개가 각각 들어 있는 상자 A, B가 있다. A, B에서 임의로 각각 4개의 공을 꺼내어 네 자리의 자연수 a, b를 만들려고 한다. a와 b를 같은 자리의 수끼리 비교하였을 때, 어느 자리의 수도 같지 않을 확률은?

① $\frac{49}{120}$ ② $\frac{17}{40}$ ③ $\frac{53}{120}$
④ $\frac{11}{24}$ ⑤ $\frac{19}{40}$

04

세 집합 $X=\{1, 2, 3\}$, $Y=\{1, 2, 3, 4\}$, $Z=\{0, 1\}$에 대하여 조건 (가)를 만족시키는 함수 $f: X \longrightarrow Y$ 중에서 하나를 택하고, 조건 (나)를 만족시키는 함수 $g: Y \longrightarrow Z$ 중에서 하나를 택하여 함수 $g \circ f: X \longrightarrow Z$를 만들려고 한다. 이 합성함수의 치역이 Z일 확률을 구하시오.

(가) $x_1 \neq x_2$이면 $f(x_1) \neq f(x_2)$이다.
(나) g의 치역은 Z이다.

04. 조건부확률

1 조건부확률

(1) 어떤 표본공간에서 사건 A가 일어났다는 조건 아래 사건 B가 일어날 확률을 A가 일어났을 때 B의 **조건부확률**이라 하고 기호 $\mathrm{P}(B|A)$로 나타낸다.

$$\mathrm{P}(B|A)=\frac{n(A\cap B)}{n(A)}\ (\text{단, } n(A)\neq 0)$$

곧, 그림에서 $n(A)=a$, $n(A\cap B)=c$이면

$$\mathrm{P}(B|A)=\frac{c}{a}$$

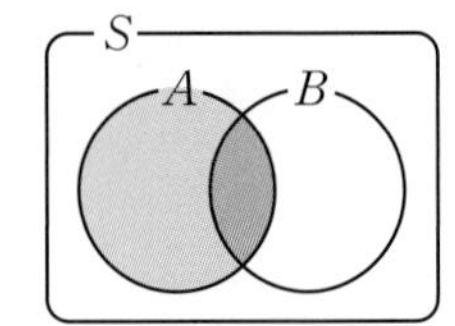

$$\mathrm{P}(B|A)=\frac{n(A\cap B)}{n(A)}=\frac{\frac{n(A\cap B)}{n(S)}}{\frac{n(A)}{n(S)}}=\frac{\mathrm{P}(A\cap B)}{\mathrm{P}(A)}$$

(2) $\mathrm{P}(B|A)$를 $\mathrm{P}(A)$, $\mathrm{P}(A\cap B)$로 나타내면

$$\mathrm{P}(B|A)=\frac{\mathrm{P}(A\cap B)}{\mathrm{P}(A)}$$

2 곱셈정리

(1) $\mathrm{P}(A)>0$, $\mathrm{P}(B)>0$일 때, 사건 $A\cap B$가 일어날 확률은

$$\mathrm{P}(A\cap B)=\mathrm{P}(A)\mathrm{P}(B|A)$$

곧, $A\cap B$의 확률은 A가 일어날 확률 $\mathrm{P}(A)$와 A가 일어났을 때 B가 일어날 확률 $\mathrm{P}(B|A)$의 곱이다.

(2) $\mathrm{P}(A\cap B)=\mathrm{P}(B)\mathrm{P}(A|B)$도 성립한다.

(3) A이고 B일 확률 ⇨ $\mathrm{P}(A\cap B)$, A일 때 B일 확률 ⇨ $\mathrm{P}(B|A)$

3 사건의 독립과 종속

(1) 두 사건 A, B에서 한 사건이 일어나는 것이 다른 사건이 일어날 확률에 아무런 영향을 주지 않을 때, 두 사건은 **독립**이라 한다.

A, B가 독립 ⇨ $\mathrm{P}(A)=\mathrm{P}(A|B)$ 또는 $\mathrm{P}(B)=\mathrm{P}(B|A)$

또 두 사건이 독립이 아닐 때, **종속**이라 한다.

(2) 두 사건이 독립일 조건

$\mathrm{P}(A)>0$, $\mathrm{P}(B)>0$일 때,

두 사건 A, B가 독립이다. $\Longleftrightarrow$ $\mathrm{P}(A\cap B)=\mathrm{P}(A)\mathrm{P}(B)$

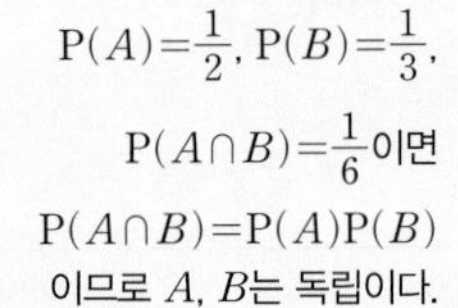

$\mathrm{P}(A)=\frac{1}{2}$, $\mathrm{P}(B)=\frac{1}{3}$, $\mathrm{P}(A\cap B)=\frac{1}{6}$이면 $\mathrm{P}(A\cap B)=\mathrm{P}(A)\mathrm{P}(B)$이므로 A, B는 독립이다.

(3) 독립사건의 여러 가지 성질

① A와 B가 독립이면 A와 B^C이 독립이다. 곧, $\mathrm{P}(A)=\mathrm{P}(A|B)$이면 $\mathrm{P}(A)=\mathrm{P}(A|B^C)$이다.

② $\mathrm{P}(A)=\mathrm{P}(A|B)$이면 $\mathrm{P}(B)=\mathrm{P}(B|A)$이다.

4 독립시행의 확률

(1) 어떤 시행을 반복할 때, 각 시행에서 일어나는 사건이 독립인 경우 이 시행을 **독립시행**이라 한다.

(2) 한 번 시행에서 사건 A가 일어날 확률이 p일 때, 이 시행을 n번 반복하는 독립시행에서 A가 r번 일어날 확률은 ${}_n\mathrm{C}_r p^r(1-p)^{n-r}$이다.

주사위를 5번 던질 때 1의 눈이 2번 나올 확률은 ${}_5\mathrm{C}_2\left(\frac{1}{6}\right)^2\left(\frac{5}{6}\right)^3$이다.

Note 흰 공이 4개, 검은 공이 3개 들어 있는 주머니에서 2개를 차례로 꺼낼 때, 꺼낸 공을 다시 넣으면(복원) 처음 꺼낸 공이 흰 공이건 아니건 두 번째에 흰 공을 꺼낼 확률은 $\frac{4}{7}$로 일정하다.

꺼낸 공을 다시 넣지 않으면(비복원) 처음 꺼낸 공이 흰 공일 때와 검은 공일 때, 두 번째에 흰 공을 꺼낼 확률은 각각 $\frac{3}{6}$, $\frac{4}{6}$이다.

이와 같이 비복원인 경우 처음 꺼낸 공에 따라 두 번째 사건이 일어날 확률이 달라진다.

정답 및 풀이 35쪽

code 1 조건부확률

01

주사위 한 개를 두 번 던져 6의 눈이 한 번도 나오지 않을 때, 나온 두 눈의 수의 합이 4의 배수일 확률은?

① $\frac{4}{25}$ ② $\frac{1}{5}$ ③ $\frac{6}{25}$
④ $\frac{7}{25}$ ⑤ $\frac{8}{25}$

02

주사위 한 개를 두 번 던질 때 나오는 눈의 수를 차례로 a, b라 하자. ab가 6의 배수일 때, $a+b=7$일 확률은?

① $\frac{1}{5}$ ② $\frac{7}{30}$ ③ $\frac{4}{15}$
④ $\frac{3}{10}$ ⑤ $\frac{1}{3}$

03

정팔각형의 꼭짓점 8개 중에서 임의로 3개를 택하여 만든 삼각형이 직각삼각형일 때, 이 삼각형이 이등변삼각형일 확률을 구하시오.

04

1부터 10까지의 자연수가 하나씩 적힌 공 10개가 들어 있는 주머니에서 철수, 영희, 은지가 순서대로 공을 한 개씩 꺼내기로 한다. 철수가 꺼낸 공에 적힌 수가 6일 때, 남은 두 사람이 꺼낸 공에 적힌 수가 하나는 6보다 크고 다른 하나는 6보다 작을 확률은? (단, 꺼낸 공은 다시 넣지 않는다.)

① $\frac{1}{9}$ ② $\frac{2}{9}$ ③ $\frac{1}{3}$
④ $\frac{4}{9}$ ⑤ $\frac{5}{9}$

05

어떤 고등학교 학생 200명을 대상으로 수학과 영어에 대한 선호도를 조사하였다. 이 조사에 참여한 학생은 수학과 영어 중 하나를 선택하였고, 각 학생이 선택한 과목별 인원수는 표와 같다.

구분	수학	영어	합계
1학년	70	30	100
2학년	80	20	100
합계	150	50	200

이 조사에 참여한 학생 중에서 임의로 선택한 1명이 2학년일 때, 이 학생이 수학을 선택한 학생일 확률은?

① $\frac{3}{10}$ ② $\frac{2}{5}$ ③ $\frac{1}{10}$
④ $\frac{4}{5}$ ⑤ $\frac{9}{10}$

06

어느 학교의 독후감 쓰기 대회에 1, 2학년 학생 50명이 참가하였다. 이 대회에 참가한 학생은 주제 A와 주제 B 중 하나를 반드시 골라야 하고, 각 학생이 고른 주제별 인원수는 표와 같다.

구분	1학년	2학년	합계
주제 A	8	12	20
주제 B	16	14	30
합계	24	26	50

이 대회에 참가한 학생 50명 중에서 임의로 선택한 1명이 1학년일 때, 이 학생이 주제 B를 고른 학생일 확률을 p_1이라 하고, 이 대회에 참가한 학생 50명 중에서 선택한 1명이 주제 B를 고른 학생일 때, 이 학생이 1학년일 확률을 p_2라 하자. $\frac{p_2}{p_1}$의 값은?

① $\frac{1}{2}$ ② $\frac{3}{5}$ ③ $\frac{4}{5}$
④ $\frac{3}{2}$ ⑤ $\frac{7}{4}$

code 2 비율이 주어진 조건부확률

07

어느 학교 전체 학생의 60 %는 버스로, 40 %는 걸어서 등교하였다. 버스로 등교한 학생의 $\frac{1}{20}$이 지각하였고, 걸어서 등교한 학생의 $\frac{1}{15}$이 지각하였다. 이 학교 전체 학생 중에서 선택한 1명의 학생이 지각하였을 때, 이 학생이 버스로 등교하였을 확률은?

① $\frac{3}{7}$ ② $\frac{9}{20}$ ③ $\frac{9}{19}$
④ $\frac{1}{2}$ ⑤ $\frac{9}{17}$

08

어느 학교의 전체 학생은 360명이고, 각 학생은 체험 학습 A, B 중 하나를 선택하였다. 이 학교의 학생 중 체험 학습 A를 선택한 학생은 남학생 90명과 여학생 70명이다. 이 학교의 학생 중 임의로 선택한 1명이 체험 학습 B를 선택하였을 때, 이 학생이 남학생일 확률은 $\frac{2}{5}$이다. 이 학교의 여학생의 수는?

① 180 ② 185 ③ 190
④ 195 ⑤ 200

09

남학생 수와 여학생 수의 비가 $2:3$인 어느 고등학교에서 전체 학생의 70 %가 K자격증을 가지고 있고, 나머지 30 %는 가지고 있지 않다. 이 학교의 학생 중에서 임의로 1명을 선택할 때, 이 학생이 K자격증을 가지고 있는 남학생일 확률이 $\frac{1}{5}$이다. 이 학교의 학생 중에서 임의로 선택한 학생이 K자격증을 가지고 있지 않을 때, 이 학생이 여학생일 확률은?

① $\frac{1}{4}$ ② $\frac{1}{3}$ ③ $\frac{5}{12}$
④ $\frac{1}{2}$ ⑤ $\frac{7}{12}$

10

어느 공장의 생산라인 A, B, C는 각각 전체 제품 생산량의 50 %, 30 %, 20 %를 생산하고, 그중 불량품은 각각 1 %, 3 %, 2 %라 한다. 어떤 제품이 불량품일 때, 이 제품이 A라인에서 생산되었을 확률을 구하시오.

code 3 주머니에서 꺼내는 조건부확률

11

주머니 A에는 검은 구슬 3개가 들어 있고, 주머니 B에는 검은 구슬 2개, 흰 구슬 2개가 들어 있다. 주머니 A, B 중 임의로 선택한 한 주머니에서 동시에 꺼낸 2개의 구슬이 모두 검은 색일 때, 그 구슬이 주머니 B에서 꺼낸 구슬일 확률은?

① $\frac{5}{14}$ ② $\frac{2}{7}$ ③ $\frac{3}{14}$
④ $\frac{1}{7}$ ⑤ $\frac{1}{14}$

12

주머니 A에는 1, 2, 3, 4, 5의 숫자가 하나씩 적힌 카드 5장이 들어 있고, 주머니 B에는 1, 2, 3, 4, 5, 6의 숫자가 하나씩 적힌 카드 6장이 들어 있다. 주사위 한 개를 던져서 나온 눈의 수가 3의 배수이면 주머니 A에서 임의로 카드를 한 장 꺼내고, 3의 배수가 아니면 주머니 B에서 임의로 카드를 한 장 꺼낸다. 주머니에서 꺼낸 카드에 적힌 수가 짝수일 때, 그 카드가 주머니 A에서 꺼낸 카드일 확률을 구하시오.

13

주머니 A에는 흰 구슬 2개가 들어 있고, 주머니 B에 파란 구슬 3개가 들어 있고, 주머니 C에는 흰 구슬 1개, 파란 구슬 1개가 들어 있다. 주머니 A, B, C 중에서 임의로 선택한 한 주머니에서 꺼낸 1개의 구슬이 흰 구슬일 때, 그 구슬이 주머니 A에서 꺼낸 구슬일 확률을 구하시오.

정답 및 풀이 36쪽

14

1, 2, 3, 4, 5, 6의 숫자가 하나씩 적힌 주머니 6개가 있다. 각 주머니에는 공이 6개씩 들어 있고, 그중 흰 공의 개수는 주머니에 적힌 숫자와 같다. 6개의 주머니 중에서 임의로 선택한 한 주머니에서 꺼낸 1개의 공이 흰 공일 때, 이 공이 짝수가 적힌 주머니의 공일 확률은?

① $\frac{5}{14}$ ② $\frac{3}{7}$ ③ $\frac{1}{2}$
④ $\frac{4}{7}$ ⑤ $\frac{9}{14}$

15

주머니 A에는 흰 공 2개, 검은 공 5개가 들어 있고, 주머니 B에는 흰 공 3개, 검은 공 4개가 들어 있다. 주머니 A에서 임의로 공 1개를 꺼내어 주머니 B에 넣은 후, 주머니 B에서 임의로 공 1개를 꺼내기로 한다. 주머니 B에서 꺼낸 공이 흰 공일 때, 주머니 A에서 꺼낸 공이 흰 공일 확률을 구하시오.

16

주머니 A에는 흰 공 2개, 검은 공 3개가 들어 있고, 주머니 B에는 흰 공 3개, 검은 공 2개가 들어 있다. 주머니 A에서 임의로 공 1개를 꺼내어 주머니 B에 넣은 후, 주머니 B에서 임의로 공 2개를 동시에 꺼내었더니 모두 흰 공이었을 때, 주머니 A에서 꺼낸 공이 흰 공일 확률은?

① $\frac{1}{7}$ ② $\frac{2}{7}$ ③ $\frac{3}{7}$
④ $\frac{4}{7}$ ⑤ $\frac{5}{7}$

17

흰 공 1개, 파란 공 2개, 검은 공 3개가 들어 있는 주머니에서 임의로 공 1개를 꺼내어 색을 확인한 후, 꺼낸 공과 같은 색의 공 1개를 추가하여 꺼낸 공과 함께 주머니에 넣는다. 이 시행을 두 번 반복하여 두 번째에 꺼낸 공이 검은 공일 때, 첫 번째에 꺼낸 공도 검은 공일 확률을 구하시오.

code 4 확률의 곱셈정리

18

두 사건 A, B에 대하여

$$P(A\cap B)=\frac{1}{8},\ P(B^C|A)=2P(B|A)$$

일 때, $P(A)$의 값은?

① $\frac{5}{12}$ ② $\frac{3}{8}$ ③ $\frac{1}{3}$
④ $\frac{7}{24}$ ⑤ $\frac{1}{4}$

19

두 사건 A, B가 독립이고

$$P(A^C)=\frac{1}{4},\ P(A\cap B)=\frac{1}{2}$$

일 때, $P(B|A^C)$의 값은?

① $\frac{5}{12}$ ② $\frac{1}{2}$ ③ $\frac{7}{12}$
④ $\frac{2}{3}$ ⑤ $\frac{3}{4}$

20

두 사건 A, B가 독립이고

$$\mathrm{P}(A)=\frac{1}{6},\ \mathrm{P}(A\cap B^C)+\mathrm{P}(A^C\cap B)=\frac{1}{3}$$

일 때, $\mathrm{P}(B)$의 값은?

① $\frac{1}{8}$　② $\frac{1}{4}$　③ $\frac{3}{8}$　④ $\frac{1}{2}$　⑤ $\frac{5}{8}$

21

두 사건 A, B가 독립이고

$$\mathrm{P}(A\cup B)=\frac{5}{7},\ \mathrm{P}(A^C)=\frac{6}{7}$$

일 때, $\mathrm{P}(B)$의 값을 구하시오.

22

주머니 A에는 흰 공 2개, 검은 공 3개가 들어 있고, 주머니 B에는 흰 공 1개, 검은 공 3개가 들어 있다. 주머니 A에서 임의로 공 1개를 꺼내어 흰 공이면 흰 공 2개를 주머니 B에 넣고 검은 공이면 검은 공 2개를 주머니 B에 넣은 후, 주머니 B에서 임의로 공 1개를 꺼낼 때, 꺼낸 공이 흰 공일 확률은?

① $\frac{1}{6}$　② $\frac{1}{5}$　③ $\frac{7}{30}$　④ $\frac{4}{15}$　⑤ $\frac{3}{10}$

23

어느 대학에 지원한 학생들을 대상으로 안경 착용 여부를 조사하였더니 표와 같다.

	남학생	여학생
안경을 쓴 학생	n	100
안경을 안 쓴 학생	180	$n+30$

이 학생 중에서 임의로 1명을 선택할 때, 남학생일 사건을 A, 안경을 쓴 학생일 사건을 B라 하자. 두 사건 A, B가 독립일 때, n의 값을 구하시오.

24

양궁대회에 참가한 어떤 선수가 활을 쏘아 과녁의 10점 부분을 명중시킨 다음 다시 10점 부분을 명중시킬 확률이 $\frac{4}{5}$이고, 10점 부분을 명중시키지 못한 다음 다시 10점 부분을 명중시키지 못할 확률이 $\frac{2}{5}$이다. 이 선수가 처음 쏘아 10점 부분을 명중시킬 확률이 $\frac{4}{5}$일 때, 3번째 쏜 화살이 10점 부분을 명중시킬 확률을 구하시오.

25

그림과 같이 개폐식 스위치 s_1, s_2, s_3을 갖춘 전기 체계가 있다. 각 스위치들은 서로 독립적으로 작동되고, 스위치 s_1, s_2가 모두 닫혀 있거나 s_3이 닫혀 있을 때, A에서 B로 전류가 흐르도록 되어 있다. 스위치 s_1, s_2, s_3이 닫혀 있을 확률이 모두 $\frac{1}{3}$일 때, A에서 B로 전류가 흐를 확률은?

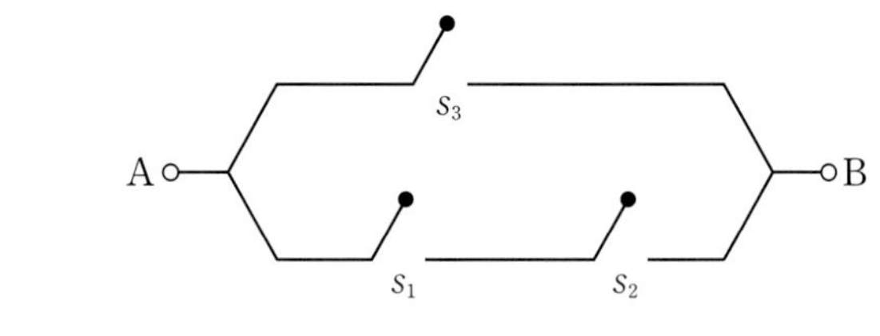

① $\frac{1}{27}$　② $\frac{1}{9}$　③ $\frac{5}{27}$　④ $\frac{1}{3}$　⑤ $\frac{11}{27}$

code 5 **독립시행의 확률**

26

동전 한 개를 5번 던질 때, 앞면이 나오는 횟수와 뒷면이 나오는 횟수의 곱이 6일 확률은?

① $\frac{3}{8}$　② $\frac{7}{16}$　③ $\frac{1}{2}$　④ $\frac{9}{16}$　⑤ $\frac{5}{8}$

정답 및 풀이 38쪽

27

주사위 한 개를 던져 다음 규칙에 따라 좌표평면에서 원점 위의 점 P를 이동시키는 시행을 한다.

> (가) 3의 배수의 눈이 나오면 x축 방향으로 1만큼, y축 방향으로 2만큼 이동시킨다.
> (나) 3의 배수의 눈이 나오지 않으면 x축 방향으로 2만큼, y축 방향으로 1만큼 이동시킨다.

주사위 한 개를 5번 던질 때, 점 P가 점 (8, 7)에 있을 확률을 구하시오.

28

주사위 한 개를 던져서 나온 눈의 수를 k라 할 때, 좌표평면에서 원 $(x-\sqrt{3})^2+(y-2)^2=k$가 x축, y축과 모두 만나는 사건을 A라 하자. 주사위 한 개를 6번 던질 때, 사건 A가 2번 일어날 확률은?

① $\frac{15}{64}$ ② $\frac{21}{64}$ ③ $\frac{25}{64}$
④ $\frac{31}{64}$ ⑤ $\frac{35}{64}$

29

흰 공 4개, 검은 공 2개가 들어 있는 주머니에서 임의로 공 1개를 꺼내어 색을 확인한 후 다시 넣는 시행을 5회 반복한다. 각 시행에서 꺼낸 공이 흰 공이면 1점을 얻고, 검은 공이면 2점을 얻을 때, 얻은 점수의 합이 7일 확률은?

① $\frac{80}{243}$ ② $\frac{1}{3}$ ③ $\frac{82}{243}$
④ $\frac{83}{243}$ ⑤ $\frac{28}{81}$

30

흰 공 4개, 검은 공 3개가 들어 있는 주머니에서 임의로 공 2개를 꺼낼 때, 꺼낸 공 2개의 색이 다르면 동전 한 개를 3번 던지고, 꺼낸 공 2개의 색이 같으면 동전 한 개를 2번 던진다. 동전의 앞면이 2번 나올 확률은?

① $\frac{9}{28}$ ② $\frac{19}{56}$ ③ $\frac{5}{14}$
④ $\frac{3}{8}$ ⑤ $\frac{11}{28}$

31

주사위 한 개를 던져서 나온 눈의 수가 6의 약수이면 동전 3개를 동시에 던지고, 6의 약수가 아니면 동전 2개를 동시에 던질 때, 앞면이 나오는 동전이 1개일 확률은?

① $\frac{1}{3}$ ② $\frac{3}{8}$ ③ $\frac{5}{12}$
④ $\frac{11}{24}$ ⑤ $\frac{1}{2}$

32

A, B팀이 프로야구 챔피언 결정전에 진출하였다. 시합을 한 번 했을 때, A팀이 이길 확률은 $\frac{2}{3}$이고, B팀이 이길 확률은 $\frac{1}{3}$이라 한다. 4번 먼저 이기는 팀이 우승한다고 할 때, 6번째 시합에서 우승팀이 결정될 확률은?
(단, 비기는 경우는 없다.)

① $\frac{40}{729}$ ② $\frac{40}{243}$ ③ $\frac{160}{729}$
④ $\frac{200}{729}$ ⑤ $\frac{320}{729}$

01

어느 학교의 전체 학생 320명 중 남학생의 60 %와 여학생의 50 %가 수학 동아리에 가입하였다고 한다. 이 학교의 수학 동아리에 가입한 학생 중에서 임의로 한 명을 선택할 때 이 학생이 남학생일 확률을 p_1, 이 학교의 수학 동아리에 가입한 학생 중에서 임의로 한 명을 선택할 때 이 학생이 여학생일 확률을 p_2라 하자. $p_1=2p_2$일 때, 이 학교 남학생의 수는?

① 170 ② 180 ③ 190
④ 200 ⑤ 210

02

어느 도서관 이용자 300명을 대상으로 연령대별, 성별 이용 현황을 조사한 결과는 표와 같다.

구분	19세 이하	20대	30대	40세 이상	합계
남성	40	a	$60-a$	100	200
여성	35	$45-b$	b	20	100

이용자 300명 중에서 30대는 12 %이다. 이용자 300명 중에서 임의로 선택한 한 명이 남성일 때 이 이용자가 20대일 확률과 이용자 300명 중에서 임의로 선택한 한 명이 여성일 때 이 이용자가 30대일 확률이 서로 같다. a, b의 값을 구하시오.

03

어떤 제품은 전체 생산량의 30 %, 20 %, 50 %가 각각 세 공장 A, B, C에서 생산되고, 각 공장에서 생산되는 제품의 불량률은 각각 2 %, 4 %, a %라 한다. 세 공장에서 생산된 제품 중 임의로 선택된 한 개가 불량품일 때, C공장에서 생산된 제품일 확률은 $\frac{15}{29}$이다. a의 값은?

① 1 ② 2 ③ 3
④ 4 ⑤ 5

04

어느 보안 전문회사에서 바이러스 감염 여부를 진단하는 프로그램을 개발하였다. 이 진단 프로그램은 바이러스에 감염된 컴퓨터를 감염되었다고 진단할 확률이 94 %이고, 바이러스에 감염되지 않은 컴퓨터를 감염되지 않았다고 진단할 확률이 98 %이다. 실제로 바이러스에 감염된 컴퓨터 200대와 바이러스에 감염되지 않은 컴퓨터 300대에 대하여 이 진단 프로그램으로 바이러스 감염 여부를 검사하려고 한다. 이 500대의 컴퓨터 중 임의로 한 대를 택하여 감염 여부를 검사하였더니 감염되었다고 진단하였을 때, 이 컴퓨터가 실제로 감염된 컴퓨터일 확률은?

① $\frac{94}{97}$ ② $\frac{92}{97}$ ③ $\frac{90}{97}$
④ $\frac{88}{97}$ ⑤ $\frac{86}{97}$

05

어느 도시에서 야간에 뺑소니 사건이 일어났다. 이 도시 차량의 80 %는 자가용이고, 20 %는 영업용이다. 그런데 한 목격자가 뺑소니 차량을 자가용이라고 증언하였다. 이 증언의 타당성을 알아보기 위해 사고와 동일한 상황에서 이 목격자가 자가용과 영업용 차량을 구별할 수 있는 능력을 측정해 본 결과 바르게 구별할 확률이 90 %이었다. 이때 목격자가 본 뺑소니 차량이 실제로 자가용일 확률을 구하시오.
(단, 모든 차량이 뺑소니 사건을 일으킬 가능성은 같다.)

06

그림과 같이 좌표평면 위의 점 (a, b)는 a, b가 정수이고 $0<b<4-\frac{a^2}{4}$을 만족시킨다. 이 중에서 임의로 뽑은 두 점의 y좌표가 같을 때, 두 점의 y좌표가 2일 확률은?

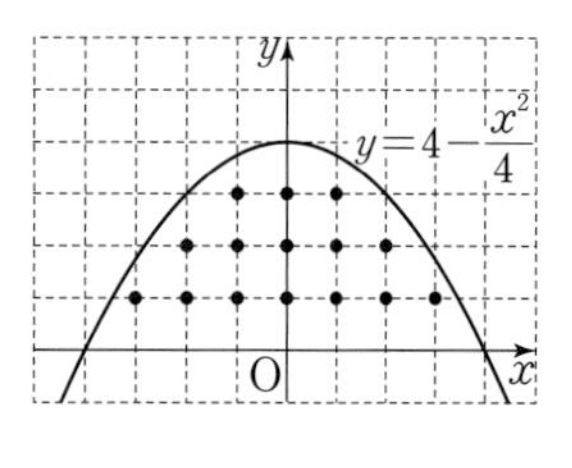

① $\frac{4}{17}$ ② $\frac{5}{17}$ ③ $\frac{6}{17}$
④ $\frac{7}{17}$ ⑤ $\frac{8}{17}$

07

2학년에 7개의 반이 있는 어느 고등학교에서 토너먼트 방식으로 축구 시합을 하려고 하는데 1반은 부전승으로 결정되어 있다. 그림과 같은 대진표를 만들어 시합을 할 때, 1반과 2반이 축구 시합을 할 확률을 구하시오. (단, 각 반이 시합에서 이길 확률은 모두 $\frac{1}{2}$이고, 기권하는 반은 없다고 한다.)

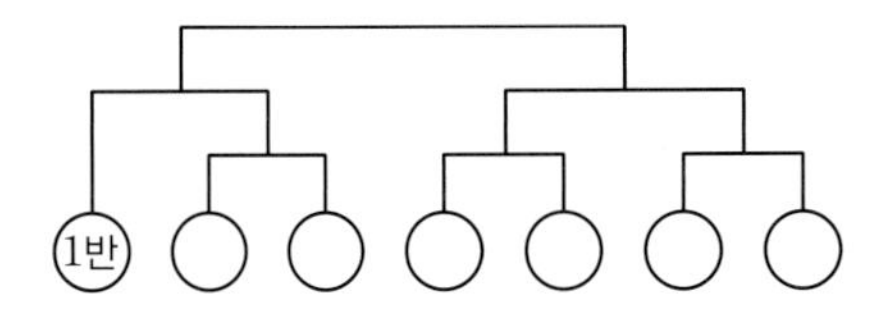

08

상자 A에는 빨간 공 3개, 검은 공 5개가 들어 있고, 상자 B는 비어 있다. 상자 A에서 임의로 2개의 공을 꺼내어 빨간 공이 나오면 [실행 1]을, 빨간 공이 나오지 않으면 [실행 2]를 할 때, 상자 B에 있는 빨간 공이 1개일 확률은?

> [실행 1] 꺼낸 공을 상자 B에 넣는다.
> [실행 2] 꺼낸 공을 상자 B에 넣고, 상자 A에서 임의로 2개의 공을 더 꺼내어 상자 B에 넣는다.

① $\frac{1}{2}$　② $\frac{7}{12}$　③ $\frac{2}{3}$　④ $\frac{3}{4}$　⑤ $\frac{5}{6}$

09

1, 2, 3, 4, 5, 6의 숫자가 하나씩 적혀 있는 공 6개가 들어 있는 주머니에서 임의로 3개를 차례로 꺼낸다. 꺼낸 3개의 공에 적힌 수의 곱이 짝수일 때, 첫 번째로 꺼낸 공에 적힌 수가 홀수일 확률을 구하시오. (단, 꺼낸 공은 다시 넣지 않는다.)

10

흰 공 3개, 검은 공 4개가 들어 있는 주머니에서 공 3개를 동시에 꺼낼 때, 꺼낸 흰 공과 검은 공의 개수를 각각 m, n이라 하자. 이 시행에서 $2m \geq n$일 때, 꺼낸 흰 공의 개수가 2일 확률을 구하시오.

11

주머니 A에는 흰 공 2개, 검은 공 4개가 들어 있고, 주머니 B에는 흰 공 4개, 검은 공 2개가 들어 있다. 주머니 A에서 임의로 공 2개를 동시에 꺼내어 주머니 B에 넣은 후, 주머니 B에서 임의로 공 2개를 동시에 꺼내어 주머니 A에 넣었더니 두 주머니에 있는 검은 공의 개수가 같아졌다. 이때 주머니 A에서 꺼낸 공이 모두 검은 공일 확률은?

① $\frac{6}{11}$　② $\frac{13}{22}$　③ $\frac{7}{11}$　④ $\frac{15}{22}$　⑤ $\frac{8}{11}$

12

주머니 A에는 흰 공 3개, 파란 공 2개가 들어 있고, 주머니 B에는 파란 공 3개, 검은 공 2개가 들어 있다. 주머니 A, B 중에서 하나를 임의로 선택하여 공 1개를 꺼낸 후, 다시 두 주머니 중에서 하나를 임의로 선택하여 공 1개를 꺼낸다. 두 번째에 꺼낸 공이 검은 공이었을 때, 첫 번째에 꺼낸 공이 파란 공일 확률은? (단, 꺼낸 공은 다시 넣지 않는다.)

① $\frac{19}{40}$　② $\frac{21}{40}$　③ $\frac{23}{40}$　④ $\frac{27}{40}$　⑤ $\frac{29}{40}$

13

주머니 A에는 노란 전구 2개, 파란 전구 4개가 들어 있고, 주머니 B에는 노란 전구 3개, 파란 전구 3개가 들어 있고, 주머니 C에는 노란 전구 1개, 파란 전구 5개가 들어 있다. 각 주머니에서 전구를 한 개씩 꺼냈더니 노란 전구가 2개이었을 때, 주머니 A에서 꺼낸 전구가 노란 전구일 확률은?

① $\frac{2}{9}$　② $\frac{1}{3}$　③ $\frac{4}{9}$
④ $\frac{2}{3}$　⑤ $\frac{3}{4}$

14

주머니 A에는 1부터 6까지의 자연수가 하나씩 적힌 카드 6장이 들어 있고, 주머니 B와 C에는 1부터 3까지의 자연수가 하나씩 적힌 카드 3장이 각각 들어 있다. 갑은 주머니 A에서, 을은 주머니 B에서, 병은 주머니 C에서 임의로 한 장의 카드를 꺼낸다. 이 시행에서 갑이 꺼낸 카드에 적힌 수가 을이 꺼낸 카드에 적힌 수보다 클 때, 갑이 꺼낸 카드에 적힌 수가 을과 병이 꺼낸 카드에 적힌 수의 합보다 클 확률을 구하시오.

15

주사위 한 개를 던져 다음 규칙에 따라 점수를 얻는 시행을 한다.

(가) 5 이상의 눈이 나오면 나온 눈의 수를 점수로 한다.
(나) 5보다 작은 눈이 나오면 한 번 더 던져 나온 눈의 수를 점수로 한다.

위 시행의 결과로 얻은 점수가 5점 이상일 때, 주사위를 한 번만 던졌을 확률을 구하시오.

16

5번에 1번 꼴로 우산을 잃어버리는 서준이는 어느 날 문구점, 식당, 편의점 세 장소를 차례로 거쳐 집에 돌아와 보니 우산을 잃어버렸다는 사실을 알았다. 이때 식당에서 우산을 잃어버렸을 확률은?
(단, 이동하는 동안에는 우산을 잃어버리지 않는다.)

① $\frac{16}{125}$　② $\frac{4}{25}$　③ $\frac{1}{5}$
④ $\frac{20}{61}$　⑤ $\frac{61}{125}$

17

1부터 10까지의 자연수가 하나씩 적힌 카드 10장에서 한 장을 택할 때, n의 배수가 적힌 카드를 택하는 사건을 A_n이라 하자. **보기**에서 옳은 것만을 있는 대로 고른 것은?

보기
ㄱ. A_3과 A_4는 배반사건이다.
ㄴ. $P(A_4|A_2)=\frac{1}{5}$
ㄷ. A_2와 A_5는 독립이다.

① ㄱ　② ㄱ, ㄴ　③ ㄱ, ㄷ
④ ㄴ, ㄷ　⑤ ㄱ, ㄴ, ㄷ

18

주사위 한 개를 던질 때, 홀수의 눈이 나오는 사건을 A, 6 이하의 자연수 m에 대하여 m의 약수의 눈이 나오는 사건을 B라 하자. 사건 A와 B가 독립일 때, m의 값을 모두 구하시오.

19

표본공간 $S=\{1,\ 2,\ 3,\ \cdots,\ 12\}$에 대하여 두 사건 A, X는 독립이다. $A=\{4,\ 8,\ 12\}$일 때, $n(A\cap X)=2$를 만족시키는 X의 개수를 구하시오.

20

각 면에 1, 2, 3, 4의 숫자가 하나씩 적힌 정사면체 모양의 상자를 던져 밑면에 적힌 숫자를 읽기로 한다. 이 상자를 3번 던져 2가 나오는 횟수를 m, 2가 아닌 숫자가 나오는 횟수를 n이라 할 때, $i^{|m-n|}=-i$일 확률은?

① $\frac{3}{8}$　② $\frac{7}{16}$　③ $\frac{1}{2}$
④ $\frac{9}{16}$　⑤ $\frac{5}{8}$

21

동전 한 개를 7번 던질 때, 다음 조건을 만족시킬 확률은?

> (가) 앞면이 3번 이상 나온다.
> (나) 앞면이 연속해서 나오는 경우가 있다.

① $\frac{11}{16}$　② $\frac{23}{32}$　③ $\frac{3}{4}$
④ $\frac{25}{32}$　⑤ $\frac{13}{16}$

22

좌표평면에서 원점 위의 점 P는 동전 한 개를 던져 다음 규칙에 따라 이동한다.

> (가) 앞면이 나오면 x축 방향으로 1만큼 이동한다.
> (나) 뒷면이 나오면 x축 방향으로 1만큼, y축 방향으로 1만큼 이동한다.

동전을 6번 던져서 점 P가 점 $(a,\ b)$로 이동했을 때, $a+b$가 3의 배수일 확률을 구하시오.

23

수직선 위의 원점에 있는 두 점 A, B는 주사위 한 개를 던져 다음 규칙에 따라 이동한다.

> (가) 5 이상의 눈이 나오면 A는 양의 방향으로 2만큼, B는 음의 방향으로 1만큼 이동한다.
> (나) 4 이하의 눈이 나오면 A는 음의 방향으로 2만큼, B는 양의 방향으로 1만큼 이동한다.

주사위를 5번 던졌을 때, A, B 사이의 거리가 3 이하일 확률을 구하시오.

24

A대학교에서는 수시모집과 정시모집으로 입학생을 선발한다. 수시모집은 정시모집보다 먼저 실시하고, 수시모집에 지원하여 합격한 학생은 정시모집에 지원할 수 없다. 어떤 고등학생 3명이 A대학교의 수시모집에 지원하였을 때 합격할 확률은 각각 $\frac{1}{2}$이고, 정시모집에 지원하였을 때 합격할 확률은 각각 $\frac{1}{3}$이라 하자. 이 학생 3명이 A대학교의 수시모집에 모두 지원하고, 이 중 불합격한 학생은 다시 A대학교의 정시모집에 지원한다고 할 때, 3명 중 2명이 합격할 확률은?
(단, 각 학생이 A대학교에 합격하는 사건은 서로 독립이다.)

① $\frac{4}{9}$　② $\frac{14}{27}$　③ $\frac{5}{9}$
④ $\frac{16}{27}$　⑤ $\frac{2}{3}$

정답 및 풀이 45쪽

25

주사위 2개를 동시에 던져 나온 눈의 수가 같으면 동전 한 개를 4번 던지고, 나온 눈의 수가 다르면 동전 한 개를 2번 던진다. 이 시행에서 동전의 앞면이 나온 횟수와 뒷면이 나온 횟수가 같을 때, 동전을 4번 던졌을 확률은?

① $\frac{3}{23}$ ② $\frac{5}{23}$ ③ $\frac{7}{23}$
④ $\frac{9}{23}$ ⑤ $\frac{11}{23}$

26

좌표평면의 원점에 점 A가 있다. 동전 한 개를 던져 다음과 같은 규칙으로 이동한다.

> 앞면이 나오면 x축 방향으로 1만큼 이동하고,
> 뒷면이 나오면 y축 방향으로 1만큼 이동한다.

이 시행을 반복하여 A의 x좌표 또는 y좌표가 3이 되면 이 시행을 멈춘다. A의 y좌표가 3일 때, x좌표가 1일 확률은?

① $\frac{1}{4}$ ② $\frac{5}{16}$ ③ $\frac{3}{8}$
④ $\frac{7}{16}$ ⑤ $\frac{1}{2}$

27

좌표평면 위의 점 P는 동전 한 개를 던져서 앞면이 나오면 x축 방향으로 1만큼, 뒷면이 나오면 y축 방향으로 -1만큼 이동한다. 동전을 6번 던져서 P가 점 A$(-2, 1)$에서 출발하여 점 B$(1, -2)$에 도착할 때, 제3사분면을 지날 확률은?

① $\frac{1}{8}$ ② $\frac{1}{4}$ ③ $\frac{3}{8}$
④ $\frac{1}{2}$ ⑤ $\frac{5}{8}$

28

주머니 A에는 흰 구슬 2개, 검은 구슬 1개가 들어 있고, 주머니 B에는 흰 구슬 1개, 검은 구슬 2개가 들어 있다. 주사위 한 개를 던져서 3의 배수의 눈이 나오면 A에서 임의로 구슬 한 개를 꺼내고, 3의 배수가 아닌 눈이 나오면 B에서 임의로 구슬 한 개를 꺼낸다. 주사위를 4번 던지고 난 후에 A에는 검은 구슬이, B에는 흰 구슬이 각각 한 개씩 남아 있을 확률을 구하시오. (단, 꺼낸 구슬은 다시 넣지 않는다.)

29

주머니 A에는 흰 공 2개, 검은 공 3개가 들어 있고, 주머니 B에는 흰 공 3개, 검은 공 2개가 들어 있다. A, B 중에서 임의로 하나를 선택한 후, 선택한 주머니에 대하여 다음 시행을 4번 반복한다.

> 주머니에서 임의로 공 한 개를 꺼내어 색을 확인하고 다시 넣는다.

색을 확인한 공이 흰 공 3개, 검은 공 1개이었을 때, 선택한 주머니가 B이었을 확률을 구하시오.

30

어느 놀이공원에서는 입장객에게 세 종류의 사은품 A, B, C를 다음과 같은 방법으로 지급한다.

> (가) 한 번 입장할 때마다 A, B, C를 각각 1개의 면, 2개의 면, 3개의 면에 적은 정육면체 모양의 상자를 던졌을 때, 상자의 윗면에 적힌 문자에 해당하는 사은품 쿠폰 1장을 준다.
> (나) 같은 종류의 사은품 쿠폰을 3장 모으면 해당 사은품을 즉시 지급한다.

어떤 사람이 5회 입장하고 사은품을 받았을 때, 사은품 A를 받았을 확률은?

① $\frac{7}{132}$ ② $\frac{2}{33}$ ③ $\frac{17}{273}$
④ $\frac{25}{396}$ ⑤ $\frac{11}{128}$

정답 및 풀이 47쪽

01

어느 과일 가게에서는 사과를 3개씩 묶어 사과의 총 무게가 850 g 이상이면 1등급, 850 g 미만이면 2등급으로 분류하여 판매한다. 무게 300 g인 사과 4개와 250 g인 사과 2개 중에서 임의로 3개씩 뽑아 두 묶음으로 만들었다. 하나의 묶음이 1등급일 때, 다른 묶음도 1등급일 확률은?

① $\frac{2}{5}$ ② $\frac{1}{2}$ ③ $\frac{3}{5}$
④ $\frac{3}{4}$ ⑤ $\frac{4}{5}$

02 +수학Ⅰ

자연수 n $(n\geq3)$에 대하여 집합 A를

$A=\{(x,\ y)\,|\,1\leq x\leq y\leq n,\ x$와 y는 자연수$\}$

라 하자. 집합 A에서 임의로 선택한 한 원소 $(a,\ b)$에 대하여 b가 3의 배수일 때, $a=b$일 확률이 $\frac{1}{9}$이 되는 n의 값을 모두 구하시오.

03

바닥에 놓여 있는 동전 5개 중 임의로 2개를 선택하여 뒤집는 시행을 하기로 한다. 동전 3개는 앞면이, 2개는 뒷면이 보이도록 바닥에 놓여 있는 상태에서 이 시행을 3번 반복한 결과 동전 3개는 앞면이, 2개는 뒷면이 보이도록 바닥에 놓여 있을 확률을 구하시오.
(단, 동전의 크기와 모양은 모두 같다.)

04

A, B를 포함한 6명이 정육각형 모양의 탁자에 그림과 같이 둘러앉아 주사위 한 개를 사용하여 다음 규칙을 따르는 시행을 한다. 이때 A부터 시작하여 이 시행을 5번 한 후 B가 주사위를 가지고 있을 확률은?

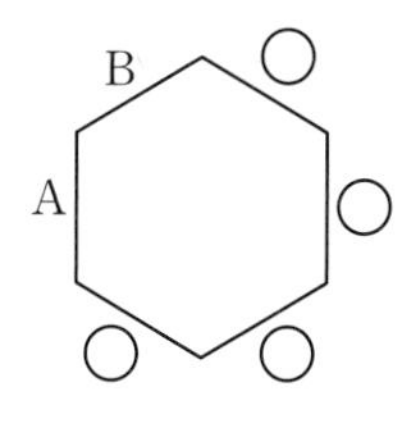

> 주사위를 가진 사람이 주사위를 던져 나온 눈의 수가 3의 배수이면 시계 방향으로, 3의 배수가 아니면 시계 반대 방향으로 이웃한 사람에게 주사위를 준다.

① $\frac{4}{27}$ ② $\frac{2}{9}$ ③ $\frac{8}{27}$
④ $\frac{10}{27}$ ⑤ $\frac{4}{9}$

정답 및 풀이 47쪽

05 신유형

상자 A와 상자 B에 각각 공이 6개씩 들어 있다. 동전 1개를 사용하여 다음 시행을 한다.

> 동전을 한 번 던져 앞면이 나오면 A에서 공 1개를 꺼내어 B에 넣고, 뒷면이 나오면 B에서 공 1개를 꺼내어 A에 넣는다.

B에 들어 있는 공의 개수가 6번째 시행 후 처음으로 8이 될 확률은?

① $\frac{1}{64}$ ② $\frac{3}{64}$ ③ $\frac{5}{64}$
④ $\frac{7}{64}$ ⑤ $\frac{9}{64}$

06 +수학Ⅰ

주사위 한 개를 100번 던질 때, 3의 배수가 k번 나올 확률을 $\mathrm{P}(k)$라 하자. $\sum_{k=1}^{50}\{\mathrm{P}(2k-1)-\mathrm{P}(2k)\}$의 값은?

① $\left(\frac{1}{3}\right)^{50}-\left(\frac{2}{3}\right)^{50}$ ② $\left(\frac{1}{3}\right)^{100}-\left(\frac{2}{3}\right)^{100}$
③ $\left(\frac{1}{3}\right)^{100}$ ④ $\left(\frac{2}{3}\right)^{100}-\left(\frac{1}{3}\right)^{100}$
⑤ $\left(\frac{2}{3}\right)^{50}-\left(\frac{1}{3}\right)^{50}$

07

주머니 A에는 흰 공 1개, 검은 공 1개가 들어 있고, 주머니 B에는 검은 공 2개가 들어 있다. A에서 임의로 공 1개를 꺼내어 B에 넣은 후, 다시 B에서 임의로 공 1개를 꺼내어 A에 넣는 과정을 1번의 시행이라 하자. 이와 같은 시행을 4번 반복하였을 때, A에 흰 공이 들어 있을 확률은?

① $\frac{83}{162}$ ② $\frac{41}{81}$ ③ $\frac{40}{81}$
④ $\frac{13}{27}$ ⑤ $\frac{11}{27}$

08

주머니 안에 스티커가 1개, 2개, 3개 붙어 있는 카드가 각각 1장씩 들어 있다. 주머니에서 임의로 카드 1장을 꺼내어 스티커 1개를 더 붙인 후 다시 주머니에 넣는 시행을 반복한다. 주머니 안의 각 카드에 붙어 있는 스티커의 개수를 3으로 나눈 나머지가 모두 같은 사건을 A라 하자. 이 시행을 6번 하였을 때, 1회부터 5회까지는 사건 A가 일어나지 않고, 6회에서 사건 A가 일어날 확률을 구하시오.

Ⅲ. 통계

05. 확률분포

1 확률변수

확률변수 값이 유한개 또는 $x_1, x_2, \cdots, x_n, \cdots$꼴로 나타낼 수 있을 때, 이산확률변수라 한다.

(1) 어떤 표본공간의 각 근원사건에 실수를 대응시키는 관계를 **확률변수**라 한다.

(2) 확률변수 X의 값이 $x_1, x_2, \cdots, x_n$이고, 각각에 대응하는 확률을 **확률분포**라 한다.
확률분포는 오른쪽 표와 같이 나타내거나, $P(X=x_i)=p_i$와 같은 함수로 나타낸다.
표를 확률분포표, 함수를 확률질량함수라 한다.

X	x_1	x_2	$\cdots$	x_n	합계
$P(X=x_i)$	p_1	p_2	$\cdots$	p_n	1

모든 확률의 합은 1이다. 곧, $p_1+p_2+\cdots+p_n=1$

(3) X의 기댓값 $E(X)$, 분산 $V(X)$, 표준편차 $\sigma(X)$는 다음과 같다.

$$E(X)=x_1p_1+x_2p_2+x_3p_3+\cdots+x_np_n$$

$$V(X)=(x_1-m)^2p_1+(x_2-m)^2p_2+\cdots+(x_n-m)^2p_n$$

$$=E(X^2)-\{E(X)\}^2$$

$$\sigma(X)=\sqrt{V(X)}$$

$E(X)$를 X의 평균이라고도 하고 m으로 나타내기도 한다.

(4) $aX+b$의 평균, 분산, 표준편차 (단, a, b는 상수, $a\neq0$)

$$E(aX+b)=aE(X)+b,\ V(aX+b)=a^2V(X),\ \sigma(aX+b)=|a|\sigma(X)$$

2 이항분포

(1) 한 번 시행에서 사건 A가 일어날 확률이 p일 때, n번 독립시행에서 A가 일어나는 횟수 X가 확률변수인 확률분포를 **이항분포**라 하고 $\mathbf{B(n,\ p)}$로 나타낸다.

주사위를 10번 던질 때 1의 눈이 나오는 횟수를 X라 하면 X는 $B\left(10, \frac{1}{6}\right)$을 따른다.

(2) X가 이항분포 $B(n, p)$를 따를 때, 평균과 표준편차는

$$E(X)=np,\ \sigma(X)=\sqrt{npq}\ (단,\ q=1-p)$$

3 연속확률변수

확률변수 X의 값이 어떤 범위 안의 모든 실수일 때, X를 연속확률변수라 한다.

X가 α에서 β까지 값을 가지는 연속확률변수일 때, $\alpha\le X\le\beta$에서 정의되고 다음을 만족시키는 함수 $f(x)$를 X의 **확률밀도함수**라 한다.

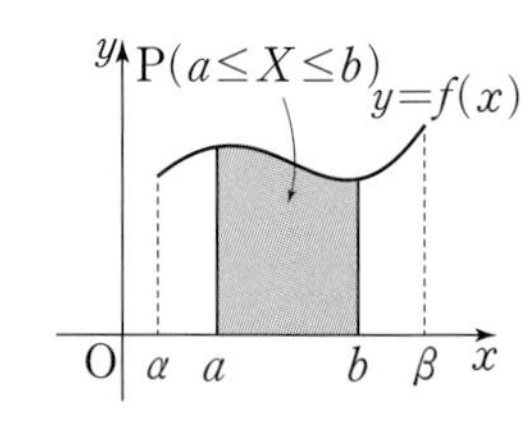

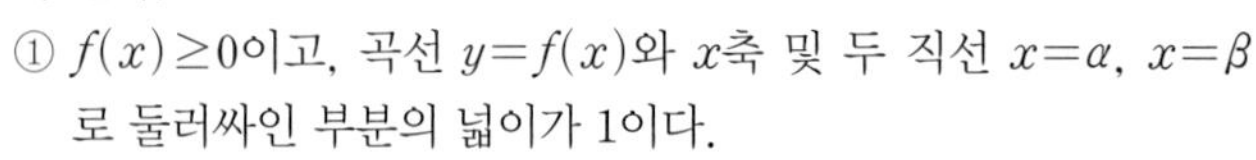

① $f(x)\ge0$이고, 곡선 $y=f(x)$와 x축 및 두 직선 $x=\alpha$, $x=\beta$로 둘러싸인 부분의 넓이가 1이다.

② $P(a\le X\le b)$는 곡선 $y=f(x)$와 x축 및 두 직선 $x=a$, $x=b$로 둘러싸인 부분의 넓이이다.

4 정규분포

(1) X가 실수 전체의 집합에서 정의된 연속확률변수이고,

$$f(x)=\frac{1}{\sqrt{2\pi}\sigma}e^{-\frac{(x-m)^2}{2\sigma^2}}$$

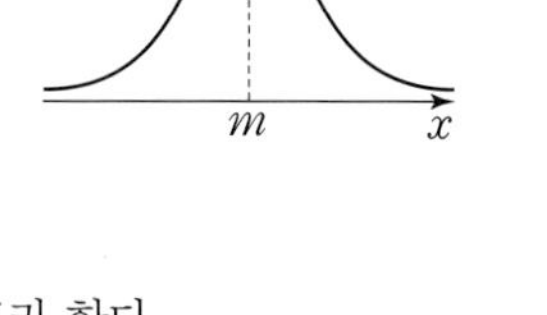

e는 2.71…인 무리수이고, 정규분포곡선은 직선 $x=m$에 대칭이다.

이 확률밀도함수일 때, X의 평균은 m, 표준편차는 σ이다.
또 X는 정규분포 $N(m, \sigma^2)$을 따른다고 하고, $f(x)$를 정규분포곡선이라 한다.
특히 평균이 0이고 표준편차가 1인 정규분포를 표준정규분포라 한다.

(2) Z가 표준정규분포를 따를 때, 확률 $P(0\le Z\le a)$를 계산하여 정리한 표를 표준정규분포표라 한다. 오른쪽 그림에서 색칠한 부분의 넓이이다.

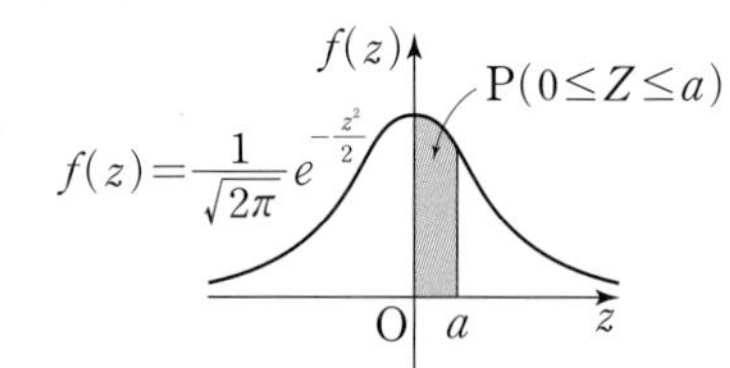

표준정규분포 곡선은 직선 $x=0$에 대칭이므로 $P(Z\ge0)=P(Z\le0)=0.5$

(3) 확률변수 X가 정규분포 $N(m, \sigma^2)$을 따를 때,

$$P(a\le X\le b)=P\left(\frac{a-m}{\sigma}\le Z\le\frac{b-m}{\sigma}\right)$$

임을 이용하여 $P(a\le X\le b)$를 계산한다.

$Z=\frac{X-m}{\sigma}$으로 변형하는 것을 표준화라 한다.

5 이항분포와 정규분포

확률변수 X가 이항분포 $B(n, p)$를 따르고 n이 충분히 크면 X는 근사적으로 정규분포 $N(np, npq)$를 따른다. (단, $q=1-p$)

정답 및 풀이 49쪽

code 1 확률변수의 평균, 분산, 표준편차

01

이산확률변수 X의 확률질량함수가

$$P(X=x)=\frac{k}{x(x+1)}\ (x=1,\ 2,\ 3,\ \cdots,\ 10)$$

일 때, k의 값은?

① $\frac{9}{10}$ ② 1 ③ $\frac{11}{10}$
④ $\frac{6}{5}$ ⑤ $\frac{13}{10}$

02

확률변수 X의 확률분포를 표로 나타내면 다음과 같다.

X	-1	0	1	2	합계
$P(X=x)$	$\frac{3-a}{8}$	$\frac{1}{8}$	$\frac{3+a}{8}$	$\frac{1}{8}$	1

$P(0\le X\le 2)=\frac{7}{8}$일 때, $E(X)$의 값은?

① $\frac{1}{4}$ ② $\frac{3}{8}$ ③ $\frac{1}{2}$
④ $\frac{5}{8}$ ⑤ $\frac{3}{4}$

03 +수학Ⅰ

확률변수 X의 확률질량함수가

$$P(X=k)=ck\ (k=1,\ 2,\ 3,\ \cdots,\ n)$$

이다. $\sigma(X)=\sqrt{6}$일 때, 자연수 n의 값을 구하시오. (단, c는 상수이다.)

04

확률변수 X의 평균이 10, 분산이 16이고, 확률변수 $Y=aX+b$의 평균이 9, 분산이 4일 때, ab의 값은? (단, $a>0$, b는 상수이다.)

① 1 ② 2 ③ 3
④ 4 ⑤ 5

05

확률변수 X의 확률분포가 다음 표와 같을 때, $E(4X+10)$의 값은?

X	0	1	2	합계
$P(X=x)$	$\frac{1}{4}$	a	$2a$	1

① 11 ② 12 ③ 13
④ 14 ⑤ 15

06 +수학Ⅰ

1이 적힌 구슬이 1개, 2가 적힌 구슬이 2개, 3이 적힌 구슬이 3개, $\cdots$, 10이 적힌 구슬이 10개 들어 있는 주머니가 있다. 이 주머니에서 임의로 한 개의 구슬을 꺼낼 때, 꺼낸 구슬에 적힌 숫자를 확률변수 X라 하자. $E(5X+2)$의 값을 구하시오.

07

숫자 1, 2, 3이 각각 하나씩 적힌 흰 공 3개와 검은 공 3개가 들어 있는 주머니가 있다. 이 주머니에서 임의로 공 2개를 동시에 꺼낼 때, 꺼낸 공에 적힌 숫자의 최솟값을 확률변수 X라 하자. $E(X)$의 값을 구하시오.

08

책상 위에 동전 7개가 앞면이 3개, 뒷면이 4개 보이도록 놓여 있다. 이 중 임의로 3개를 택하여 뒤집었을 때, 동전 7개 중에서 앞면이 보이는 동전의 개수를 확률변수 X라 하자. $E(7X)$의 값을 구하시오.

09

그림과 같이 중심이 O, 반지름의 길이가 1이고 중심각의 크기가 $\frac{\pi}{2}$인 부채꼴 OAB가 있다. 호 AB를 6등분한 점을 차례로 $P_0(=A)$, P_1, P_2, $\cdots$, $P_6(=B)$이라 하고, P_1, P_2, P_3, P_4, P_5 중에서 임의로 선택한 1개의 점을 P라 하자. 부채꼴 OPA의 넓이와 부채꼴 OPB의 넓이의 차를 확률변수 X라 할 때, $E(X)$의 값은?

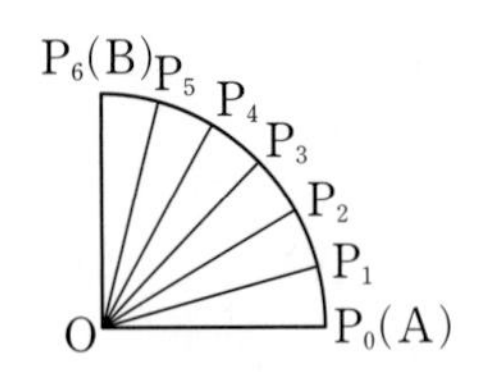

① $\frac{\pi}{11}$ ② $\frac{\pi}{10}$ ③ $\frac{\pi}{9}$
④ $\frac{\pi}{8}$ ⑤ $\frac{\pi}{7}$

10 +수학Ⅰ

주사위 두 개를 동시에 던져서 나오는 눈의 수 중 크거나 같은 수를 확률변수 X라 하자. $E(6X)$의 값은?

① $\frac{157}{6}$ ② $\frac{79}{3}$ ③ $\frac{53}{2}$
④ $\frac{80}{3}$ ⑤ $\frac{161}{6}$

11

2, 4, 6, 8이 각 면에 하나씩 적힌 정사면체 모양의 주사위를 한 번 던지는 시행에서 바닥에 닿는 면을 제외한 세 면에 적힌 수의 합을 확률변수 X라 할 때, $V(X)$의 값을 구하시오.

12

동전 한 개를 세 번 던져 다음 규칙에 따라 얻은 점수를 확률변수 X라 할 때, $V(X)$의 값은?

- 같은 면이 연속하여 나오지 않으면 0점이다.
- 같은 면이 연속하여 두 번만 나오면 1점이다.
- 같은 면이 연속하여 세 번 나오면 3점이다.

① $\frac{9}{8}$ ② $\frac{19}{16}$ ③ $\frac{5}{4}$
④ $\frac{21}{16}$ ⑤ $\frac{11}{8}$

code 2 이항분포의 평균, 분산, 표준편차

13

확률변수 X가 이항분포 $B(200, p)$를 따르고 $E(X)=40$일 때, $V(X)$의 값은?

① 32 ② 33 ③ 34
④ 35 ⑤ 36

14

확률변수 X가 이항분포 $B(9, p)$를 따르고 $\{E(X)\}^2=V(X)$일 때, p의 값은? (단, $0<p<1$)

① $\frac{1}{13}$ ② $\frac{1}{12}$ ③ $\frac{1}{11}$
④ $\frac{1}{10}$ ⑤ $\frac{1}{9}$

15

확률변수 X가 이항분포 $B(n, p)$를 따르고 $E(3X+1)=11$, $V(3X+1)=20$일 때, $n+p$의 값은?

① $\frac{25}{3}$ ② $\frac{28}{3}$ ③ $\frac{31}{3}$
④ $\frac{34}{3}$ ⑤ $\frac{37}{3}$

16

어느 수학반에 남학생 3명, 여학생 2명으로 구성된 모둠이 10개 있다. 각 모둠에서 임의로 2명씩 선택할 때, 남학생들만 선택된 모둠의 수를 확률변수 X라 하자. $\mathrm{E}(X)$의 값은? (단, 두 모둠 이상에 속한 학생은 없다.)

① 2 ② 3 ③ 4
④ 5 ⑤ 6

17

이차함수 $y=f(x)$의 그래프는 그림과 같고, $f(0)=f(3)=0$이다.
주사위 한 개를 던져 나온 눈의 수 m에 대하여 $f(m)$이 0보다 큰 사건을 A라 하자. 주사위 한 개를 15번 던지는 독립시행에서 사건 A가 일어나는 횟수를 확률변수 X라 할 때, $\mathrm{E}(X)$의 값을 구하시오.

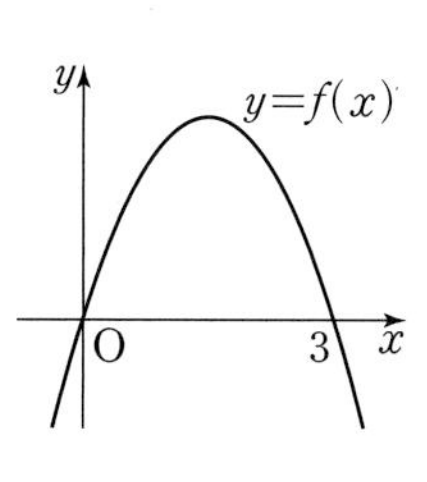

18

주사위를 90번 던져 3의 배수의 눈이 나오는 횟수를 확률변수 X라 할 때, $\mathrm{E}(X^2)$의 값을 구하시오.

19

1, 2, 3, 4, 5의 수가 각각 하나씩 적힌 공이 5개 들어 있는 주머니에서 임의로 3개를 동시에 꺼내어 적힌 수를 확인하고 다시 넣는 시행을 한다. 이 시행을 25회 반복할 때, 꺼낸 공 3개에 적힌 수 중에서 두 수의 합이 나머지 한 수와 같은 경우가 나오는 횟수를 확률변수 X라 하자. $\mathrm{E}(X^2)$의 값은?

① 102 ② 104 ③ 106
④ 108 ⑤ 110

code 3 확률밀도함수

20

$0\le X\le 10$에서 정의된 연속확률변수 X의 확률밀도함수의 그래프가 그림과 같다.

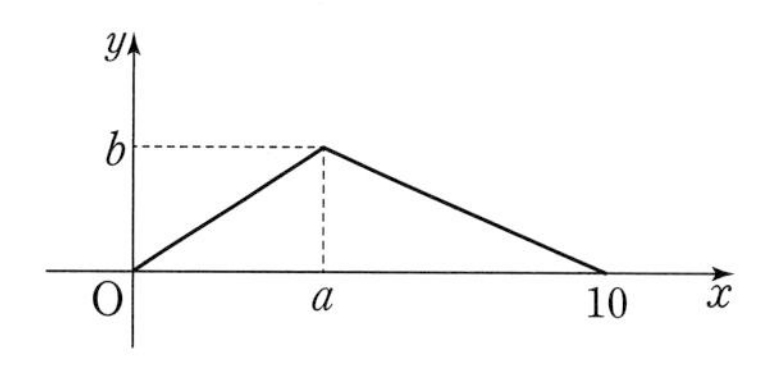

$\mathrm{P}(0\le X\le a)=\frac{2}{5}$일 때, $a+b$의 값은?

① $\frac{21}{5}$ ② $\frac{22}{5}$ ③ $\frac{23}{5}$
④ $\frac{24}{5}$ ⑤ 5

21

$0\le X\le 2$에서 정의된 연속확률변수 X의 확률밀도함수의 그래프가 그림과 같을 때, $\mathrm{P}\left(\frac{1}{3}\le X\le a\right)$의 값은?

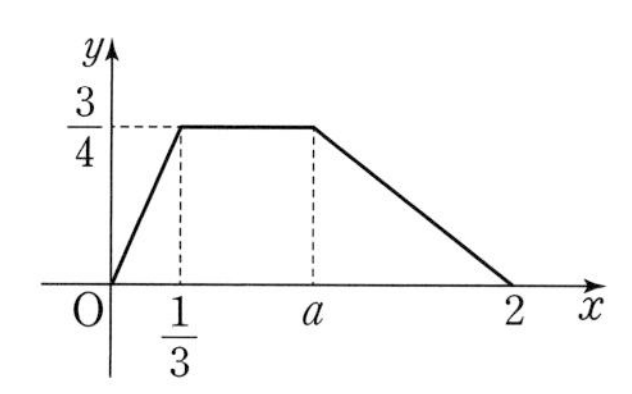

① $\frac{11}{16}$ ② $\frac{5}{8}$ ③ $\frac{9}{16}$
④ $\frac{1}{2}$ ⑤ $\frac{7}{16}$

code 4 정규분포

22

확률변수 X가 평균이 10인 정규분포를 따르고
$$\mathrm{P}(X\le a)+\mathrm{P}(X\le a+4)=1$$
일 때, a의 값은?

① 8 ② 9 ③ 10
④ 11 ⑤ 12

23

확률변수 X는 정규분포 $N(m, \sigma^2)$을 따른다.

$$P(m \le X \le m+12) - P(X \le m-12) = 0.3664$$

일 때, 오른쪽 표준정규분포표를 이용하여 σ의 값을 구한 것은?

z	$P(0 \le Z \le z)$
0.5	0.1915
1.0	0.3413
1.5	0.4332
2.0	0.4772

① 4 ② 6 ③ 8
④ 10 ⑤ 12

24

확률변수 X는 정규분포 $N(m, \sigma^2)$을 따른다.

$$P(X \le 3) = P(3 \le X \le 80) = 0.3$$

일 때, $m+\sigma$의 값을 구하시오.
(단, Z가 표준정규분포를 따르는 확률변수일 때, $P(0 \le Z \le 0.25) = 0.1$, $P(0 \le Z \le 0.52) = 0.2$로 계산한다.)

25

어느 쌀 모으기 행사에 참여한 각 학생이 기부한 쌀의 무게는 평균이 1.5 kg, 표준편차가 0.2 kg인 정규분포를 따른다고 한다. 이 행사에 참여한 학생 중에서 임의로 1명을 선택할 때, 이 학생이 기부한 쌀의 무게가 1.3 kg 이상이고 1.8 kg 이하일 확률을 오른쪽 표준정규분포표를 이용하여 구한 것은?

z	$P(0 \le Z \le z)$
1.00	0.3413
1.25	0.3944
1.50	0.4332
1.75	0.4599

① 0.8543 ② 0.8012 ③ 0.7745
④ 0.7357 ⑤ 0.6826

26

어느 고등학교 3학년 학생들이 한 달 동안 참고서를 구입한 비용은 평균이 6만 원, 표준편차 2만 원인 정규분포를 따른다고 한다. 임의로 1명을 선택하였을 때, 이 학생이 한 달 동안 참고서를 구입한 비용이 4만 원 이상일 확률을 오른쪽 표준정규분포표를 이용하여 구한 것은?

z	$P(0 \le Z \le z)$
1.0	0.3413
2.0	0.4772
3.0	0.4987

① 0.1587 ② 0.3413 ③ 0.6826
④ 0.8413 ⑤ 0.9987

27

5명을 모집하는 A기획사의 가수 오디션에 500명이 참가하였다. 참가자들의 오디션 점수는 평균이 67점, 표준편차가 10점인 정규분포를 따른다고 한다. 1차 합격자로 2배수를 선발한다고 할 때, 1차 합격자의 최저 점수를 오른쪽 표준정규분포표를 이용하여 구한 것은?

z	$P(0 \le Z \le z)$
1.5	0.43
1.9	0.47
2.0	0.48
2.3	0.49

① 79 ② 82 ③ 86
④ 87 ⑤ 90

28

어느 학교 3학년 학생의 A과목의 시험 점수는 평균이 m, 표준편차가 σ인 정규분포를 따르고, B과목의 시험 점수는 평균이 $m+3$, 표준편차가 σ인 정규분포를 따른다고 한다. 이 학교 3학년 학생 중에서 A과목의 시험 점수가 80 이상인 학생은 9 %이고, B과목의 시험 점수가 80 이상인 학생은 15 %일 때, $m+\sigma$의 값은? (단, 시험 점수의 단위는 점이고, Z가 표준정규분포를 따르는 확률변수일 때, $P(0 \le Z \le 1.04) = 0.35$, $P(0 \le Z \le 1.34) = 0.41$로 계산한다.)

① 68.6 ② 70.6 ③ 72.6
④ 74.6 ⑤ 76.6

29

어느 공장에서 생산하는 제품 A의 무게는 정규분포 $N(m,\ 1)$을 따르고, 제품 B의 무게는 정규분포 $N(2m,\ 4)$를 따른다고 한다. 이 공장에서 생산한 제품 A와 제품 B 중에서 임의로 1개씩 선택할 때, 선택된 제품 A의 무게가 k 이상일 확률과 선택된 제품 B의 무게가 k 이하일 확률이 같다. 이때 $\frac{k}{m}$의 값은? (단, 제품 무게의 단위는 kg이다.)

① $\frac{11}{9}$ ② $\frac{5}{4}$ ③ $\frac{23}{18}$
④ $\frac{47}{36}$ ⑤ $\frac{4}{3}$

30

서류 전형 후 필기시험을 실시하는 어느 시험에서 720명이 서류 전형에 합격하였다. 서류 전형 합격자는 필기시험에서 A, B, C, D의 4과목 중 2과목을 선택해야 하고, 각 과목을 선택할 확률은 모두 같다고 한다. 4과목 중 A, B를 선택한 서류 전형 합격자가 110명 이상이고 145명 이하일 확률을 오른쪽 표준정규분포표를 이용하여 구한 것은?

z	$P(0\le Z\le z)$
1.0	0.3413
1.5	0.4332
2.0	0.4772
2.5	0.4938

① 0.0166 ② 0.1359 ③ 0.1525
④ 0.8351 ⑤ 0.9104

31

어떤 해운 회사의 통계자료에 의하면 예약 고객 10명 중 8명의 비율로 승선한다고 한다. 정원이 340명인 여객선의 예약 고객이 400명일 때, 승선한 고객이 예약 고객만으로 정원을 초과하지 않을 확률을 오른쪽 표준정규분포표를 이용하여 구한 것은?

z	$P(0\le Z\le z)$
2.1	0.4821
2.2	0.4861
2.3	0.4893
2.4	0.4918
2.5	0.4938

① 0.9821 ② 0.9861 ③ 0.9893
④ 0.9918 ⑤ 0.9938

32

어느 농장에서 생산하는 포도송이의 무게는 평균이 600 g, 표준편차가 100 g인 정규분포를 따른다고 한다. 이 농장에서 생산한 포도송이 중에서 임의로 100송이를 선택할 때, 포도송이의 무게가 636 g 이상인 것이 42송이 이상일 확률을 오른쪽 표준정규분포표를 이용하여 구한 것은?

z	$P(0\le Z\le z)$
0.36	0.14
1.00	0.34
1.25	0.39
2.00	0.48

① 0.02 ② 0.11 ③ 0.14
④ 0.16 ⑤ 0.36

33

어느 회사에서 만든 신제품의 무게는 정규분포 $N(180,\ 8^2)$을 따른다. 이 회사에서는 신제품의 무게가 164 g보다 작거나 같을 경우 불량품으로 판정한다. 하루에 2500개의 신제품을 생산할 때, 불량품이 64개 이하일 확률을 오른쪽 표준정규분포표를 이용하여 구한 것은?

z	$P(0\le Z\le z)$
1.0	0.34
1.5	0.43
2.0	0.48

① 0.77 ② 0.84 ③ 0.91
④ 0.93 ⑤ 0.98

34

동전을 n번 던져 앞면이 나오는 횟수를 확률변수 X라 하자. $P\left(\left|X-\frac{n}{2}\right|\le\frac{21}{2}\right)\ge 0.954$일 때, 자연수 n의 최댓값을 구하시오. (단, Z가 표준정규분포를 따르는 확률변수일 때, $P(0\le Z\le 2)=0.477$로 계산한다.)

step B 실력 문제

Time Attack 3분컷

01 +수학Ⅰ

확률변수 X의 확률분포를 표로 나타내면 다음과 같다.

X	k	$2k$	$4k$	합계
$\mathrm{P}(X=x)$	$\frac{4}{7}$	a	b	1

$\frac{4}{7}$, a, b가 이 순서대로 등비수열을 이루고, X의 평균이 24일 때, k의 값을 구하시오.

02 +수학Ⅰ

확률변수 X의 확률질량함수가

$$\mathrm{P}(X\le x)=ax^2\ (x=1,\ 2,\ 3,\ 4,\ 5)$$

일 때, X의 기댓값을 구하시오.

03 +수학Ⅰ

X, Y는 이산확률변수이고

$$\mathrm{P}(Y=k)=\frac{1}{2}\mathrm{P}(X=k)+\frac{1}{10}\ (k=1,\ 2,\ 3,\ 4,\ 5)$$

이다. $\mathrm{E}(X)=4$일 때, $\mathrm{E}(Y)$의 값은?

① $\frac{5}{2}$　② $\frac{7}{2}$　③ $\frac{9}{2}$　④ $\frac{11}{2}$　⑤ $\frac{13}{2}$

04

1이 적힌 구슬이 1개, 2가 적힌 구슬이 3개, 3이 적힌 구슬이 5개가 들어 있는 주머니가 있다. 이 주머니에서 임의로 구슬 두 개를 동시에 꺼낼 때, 두 개의 구슬에 적힌 수의 곱을 확률변수 X라 하자. 이때 X의 기댓값은?

① $\frac{61}{12}$　② $\frac{65}{12}$　③ $\frac{71}{12}$　④ $\frac{73}{12}$　⑤ $\frac{77}{12}$

05

집합 $U=\{1,\ 2,\ 3,\ 4\}$의 공집합이 아닌 부분집합 중 임의로 한 개를 뽑을 때, 이 부분집합의 가장 큰 원소를 확률변수 X라 하자. X의 평균을 구하시오.

06

주사위 두 개를 동시에 던져서 나온 눈의 수의 곱을 N이라 하자.

$$N=k\times 2^n\ (k\text{는 홀수},\ n\text{은 음이 아닌 정수})$$

일 때, n의 값을 확률변수 X라 하자. 이때 확률변수 $3X+9$의 평균을 구하시오.

07

그림과 같이 반지름의 길이가 1인 원의 둘레를 6등분한 점을 1, 2, 3, 4, 5, 6이라 하자. 주사위 한 개를 2번 던져 나온 눈의 수에 해당하는 점을 각각 A, B라 하자. 두 점 A, B 사이의 거리를 확률변수 X라 할 때, $\mathrm{E}(X)$의 값은?

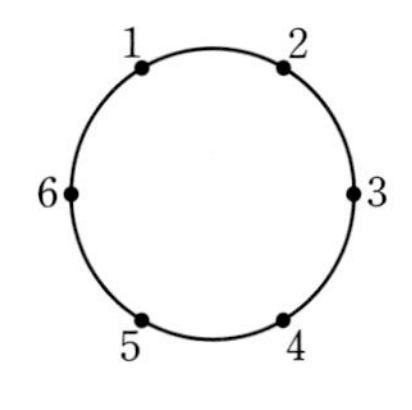

① $\frac{1+\sqrt{2}}{3}$ ② $\frac{1+\sqrt{3}}{3}$ ③ $\frac{2+\sqrt{2}}{3}$
④ $\frac{2+\sqrt{3}}{3}$ ⑤ $\frac{1+2\sqrt{3}}{3}$

08

어느 농장에서 한 상자에 과일 40개를 넣어 판매하고 있는데, 한 상자당 상한 과일의 개수는 2개라 한다. 한 상자에서 임의로 3개를 선택하여 상한 과일이 없으면 이 상자를 5000원에 판매하고, 상한 과일이 있으면 상자에 있는 상한 과일을 모두 정상인 과일로 바꾸어 6000원에 판매한다. 이와 같은 방법으로 130상자를 판매할 때, 전체 판매액의 기댓값은?

① 669000원 ② 689000원 ③ 709000원
④ 729000원 ⑤ 749000원

09

세 확률변수 X, Y, Z를 다음과 같이 정의할 때, 다음 중 X, Y, Z의 분산의 대소 관계를 바르게 나타낸 것은?

X: 연속하는 자연수 100개에서 임의로 뽑은 두 수의 차
Y: 연속하는 홀수 100개에서 임의로 뽑은 두 수의 차
Z: 연속하는 짝수 100개에서 임의로 뽑은 두 수의 차

① $\mathrm{V}(X)<\mathrm{V}(Y)<\mathrm{V}(Z)$
② $\mathrm{V}(X)=\mathrm{V}(Y)=\mathrm{V}(Z)$
③ $\mathrm{V}(X)>\mathrm{V}(Y)=\mathrm{V}(Z)$
④ $\mathrm{V}(X)=\mathrm{V}(Y)<\mathrm{V}(Z)$
⑤ $\mathrm{V}(X)<\mathrm{V}(Y)=\mathrm{V}(Z)$

10

확률변수 X가 이항분포 $\mathrm{B}(n, p)$를 따르고
$\mathrm{E}(X^2)=40$, $\mathrm{E}(3X+1)=19$일 때, $\frac{\mathrm{P}(X=1)}{\mathrm{P}(X=2)}$의 값은?

① $\frac{4}{17}$ ② $\frac{7}{17}$ ③ $\frac{10}{17}$
④ $\frac{13}{17}$ ⑤ $\frac{16}{17}$

11

다항식 $\left(\frac{1}{3}x+\frac{2}{3}\right)^{60}$의 전개식에서 x^n $(n=0,\ 1,\ 2,\ \cdots,\ 60)$의 계수를 $f(n)$이라 하자. 확률변수 X의 확률질량함수가

$$\mathrm{P}(X=n)=f(n)$$

일 때, $\mathrm{V}(X)$의 값은?

① $\frac{10}{3}$ ② $\frac{20}{3}$ ③ $\frac{40}{3}$
④ 15 ⑤ 20

12 +수학Ⅰ

10 이하의 음이 아닌 정수 r에 대하여

$$f(r)={}_{10}\mathrm{C}_r\left(\frac{1}{2}\right)^{10}$$

이라 하자. $2\sum_{r=0}^{10}r^2f(r)$의 값을 구하시오.

13 +수학Ⅰ

확률변수 X가 이항분포 $\mathrm{B}\left(40,\ \frac{1}{6}\right)$을 따를 때, 7^X의 기댓값은 2^m이다. 이때 m의 값은?

① 30 ② 40 ③ 50
④ 60 ⑤ 70

14

A와 B가 각각 한 개의 주사위를 던지는 시행을 한다. 이 시행에서 나온 주사위 눈의 수의 차가 3보다 작으면 A가 1점을 얻고, 그렇지 않으면 B가 1점을 얻는다. 이 시행을 15회 할 때, A가 얻는 점수 합의 기댓값과 B가 얻는 점수 합의 기댓값의 차는?

① 1 ② 3 ③ 5
④ 7 ⑤ 9

15

두 주사위 A, B를 동시에 던져 나오는 눈의 수를 각각 m, n이라 할 때, $m^2+n^2\le25$인 사건을 E라 하고, A, B를 동시에 던지는 시행을 12회 할 때, 사건 E가 일어나는 횟수를 확률변수 X라 하자. X의 분산을 구하시오.

16

어느 창고에 부품 S가 3개, 부품 T가 2개 있는 상태에서 부품 2개를 추가로 들여 왔다. 추가된 부품은 S 또는 T이고, 추가된 부품 중 S의 개수는 이항분포 $\mathrm{B}\left(2, \frac{1}{2}\right)$을 따른다고 한다. 이 부품 7개 중에서 임의로 1개를 선택한 것이 T일 때, 추가된 부품이 모두 S이었을 확률은?

① $\frac{1}{6}$ ② $\frac{1}{4}$ ③ $\frac{1}{3}$
④ $\frac{1}{2}$ ⑤ $\frac{3}{4}$

17

연속확률변수 X의 확률밀도함수는 $f(x)$이다.
모든 실수 x에 대하여 $f(2+x)=f(2-x)$이고,
두 양수 a와 b $(a<b)$에 대하여

$$\mathrm{P}(2-a\le X\le 2+b)=p_1,$$
$$\mathrm{P}(2+a\le X\le 2+b)=p_2$$

이다. 다음 중 확률 $\mathrm{P}(2-b\le X\le 2+b)$를 p_1과 p_2로 나타낸 것은?

① p_1+p_2 ② $\frac{p_1+p_2}{2}$ ③ $\frac{p_1-p_2}{2}$
④ p_1-p_2 ⑤ p_2-p_1

18

$0\le X\le 3$에서 정의된 연속확률변수 X가

$$\mathrm{P}(x\le X\le 3)=a(3-x)\ (0\le x\le 3)$$

를 만족시킬 때, $\mathrm{P}(0\le X<a)$의 값을 구하시오.

19

어느 해 대학수학능력시험 수학영역의 원점수 X의 평균을 m, 표준편차를 σ라 할 때, 표준점수 T는

$$T=a\left(\frac{X-m}{\sigma}\right)+b\ (a>0)$$

이다. 수학영역의 표준점수 T가 평균이 100점, 표준편차가 20점인 정규분포를 따른다고 할 때, $a+b$의 값은?

① 80 ② 90 ③ 100
④ 110 ⑤ 120

20

연속확률변수 X, Y는 정규분포를 따르고, 다음 조건을 만족시킬 때, $E(Y)$의 값은?

(가) $Y=aX\ (a>0)$
(나) $P(X\le 18)+P(Y\ge 36)=1$
(다) $P(X\le 28)=P(Y\ge 28)$

① 42 ② 44 ③ 46 ④ 48 ⑤ 50

21

어느 회사의 전체 신입 사원 1000명을 대상으로 신체검사를 한 결과 키는 평균이 m, 표준편차가 10인 정규분포를 따른다고 한다. 전체 신입 사원 중에서 키가 177 이상인 사원이 242명이었다. 전체 신입 사원 중에서 임의로 선택한 1명의 키가 180 이상일 확률을 오른쪽 표준정규분포표를 이용하여 구한 것은? (단, 키의 단위는 cm이다.)

z	$P(0\le Z\le z)$
0.7	0.2580
0.8	0.2881
0.9	0.3159
1.0	0.3413

① 0.1587 ② 0.1841 ③ 0.2119 ④ 0.2267 ⑤ 0.2420

22

A 회사 직원들의 어느 날 출근 시간은 평균이 66.4분, 표준편차가 15분인 정규분포를 따른다고 한다. 이 날 출근 시간이 73분 이상인 직원들 중에서 40 %가 지하철을 이용하였고, 73분 미만인 직원들 중에서 20 %가 지하철을 이용하였고, 나머지 직원들은 다른 교통수단을 이용하였다. 이 날 출근한 이 회사 직원들 중에서 임의로 선택한 1명이 지하철을 이용하였을 확률은?
(단, Z가 표준정규분포를 따르는 확률변수일 때, $P(0\le Z\le 0.44)=0.17$로 계산한다.)

① 0.306 ② 0.296 ③ 0.286 ④ 0.276 ⑤ 0.266

23

확률변수 X는 평균이 m, 표준편차가 2인 정규분포를 따르고, 임의의 실수 a에 대하여 $P(X\le a)+P(X\le 20-a)=1$이다. $P(9\le X\le k)=0.6247$일 때, k의 값을 오른쪽 표준정규분포표를 이용하여 구하시오.

z	$P(0\le Z\le z)$
0.5	0.1915
1.0	0.3413
1.5	0.4332
2.0	0.4772

24 신유형

두 확률변수 X, Y는 각각 정규분포 $N(10,\ 2^2)$, $N(m,\ 2^2)$을 따르고, X, Y의 확률밀도함수는 각각 $f(x)$, $g(x)$이다.

$f(12)\le g(20)$

을 만족시키는 m에 대하여 $P(21\le Y\le 24)$의 최댓값을 오른쪽 표준정규분포표를 이용하여 구한 것은?

z	$P(0\le Z\le z)$
0.5	0.1915
1.0	0.3413
1.5	0.4332
2.0	0.4772

① 0.5328 ② 0.6247 ③ 0.7745 ④ 0.8185 ⑤ 0.9104

25

두 확률변수 X, Y는 각각 정규분포 $N(10,\ 4^2)$, $N(m,\ 4^2)$을 따른다. 확률변수 X, Y의 확률밀도함수는 각각 $f(x)$, $g(x)$이고

$f(12)=g(26)$,
$P(Y\ge 26)\ge 0.5$

일 때, $P(Y\le 20)$의 값을 오른쪽 표준정규분포표를 이용하여 구한 것은?

z	$P(0\le Z\le z)$
1.0	0.3413
1.5	0.4332
2.0	0.4772
2.5	0.4938

① 0.0062 ② 0.0228 ③ 0.0896 ④ 0.1587 ⑤ 0.2255

정답 및 풀이 60쪽

26

두 확률변수 X, Y는 각각 정규분포 $N(40,\ 10^2)$, $N(50,\ 5^2)$을 따르고, X, Y의 정규분포곡선은 그림과 같다.

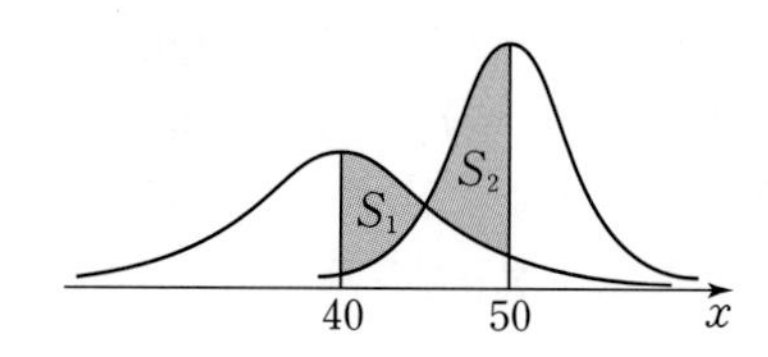

$40 \le x \le 50$에서 두 곡선과 직선 $x=40$으로 둘러싸인 부분의 넓이를 S_1, 두 곡선과 직선 $x=50$으로 둘러싸인 부분의 넓이를 S_2라 할 때, S_2-S_1의 값을 구하시오.
(단, Z가 표준정규분포를 따르는 확률변수일 때, $P(0 \le Z \le 1)=0.3413$, $P(0 \le Z \le 2)=0.4772$로 계산한다.)

27

확률변수 X는 평균이 m $(m>0)$, 표준편차가 σ인 정규분포를 따르고, 확률변수 Y는 평균이 $-m$, 표준편차가 σ인 정규분포를 따른다. X, Y의 확률밀도함수를 각각 $f(x)$, $g(x)$라 할 때, 두 곡선 $y=f(x)$, $y=g(x)$와 직선 $x=m$으로 둘러싸인 부분의 넓이가 0.04이다.
$P(Y \ge m)=0.16$일 때, $P(0 \le X \le m)$의 값은?

① 0.15 ② 0.16 ③ 0.17 ④ 0.18 ⑤ 0.19

28

확률변수 X는 평균이 m, 표준편차가 5인 정규분포를 따르고, X의 확률밀도함수를 $f(x)$라 하면

$$f(10)>f(20),\ f(4)<f(22)$$

이다. m이 자연수일 때, $P(17 \le X \le 18)$의 값을 오른쪽 표준정규분포표를 이용하여 구하시오.

z	$P(0 \le Z \le z)$
0.6	0.226
0.8	0.288
1.0	0.341
1.2	0.385
1.4	0.419

29

A 음식점에 식사를 예약한 고객 중 예약을 취소하는 비율은 10 %라 한다. 어느 날 저녁에 400명의 예약을 받았을 때, 음식이 부족할 확률이 0.5 % 이하이려면 최소한 몇 명 이상의 음식을 준비하여야 하는가?
(단, Z가 표준정규분포를 따르는 확률변수일 때, $P(0 \le Z \le 2.58)=0.495$로 계산한다.)

① 360명 ② 366명 ③ 376명 ④ 386명 ⑤ 396명

30

수직선에서 원점 위에 점 A가 있다. 주사위 한 개를 던져 3의 배수의 눈이 나오면 A를 양의 방향으로 3만큼 이동하고, 그 이외의 눈이 나오면 A를 음의 방향으로 2만큼 이동하는 시행을 한다. 이 시행을 72회 할 때, A의 좌표를 확률변수 X라 하자. $P(X \ge 11)$의 값을 오른쪽 표준정규분포표를 이용하여 구하시오.

z	$P(0 \le Z \le z)$
1.00	0.3413
1.25	0.3944
1.50	0.4332
1.75	0.4599
2.00	0.4772

31

주사위 한 개를 던져 6의 눈이 나오면 900원을 받고, 그 이외의 눈이 나오면 100원을 주는 게임을 한다. 이 게임을 180회 했을 때, 22000원 이상의 이익을 얻을 확률을 오른쪽 표준정규분포표를 이용하여 구한 것은?

z	$P(0 \le Z \le z)$
0.5	0.1915
1.0	0.3413
1.5	0.4332
2.0	0.4772
2.5	0.4938

① 0.1587 ② 0.0668 ③ 0.0456 ④ 0.0292 ⑤ 0.0228

step **C** **최상위** 문제 Time Attack 7 분컷

정답 및 풀이 61쪽

01 +수학I

확률변수 X의 확률질량함수가

$$P(X=x_i)=p_i \ (i=1,\ 2,\ \cdots,\ n)$$

이다. 실수 a에 대하여 $S(a)=\sum_{i=1}^{n}(x_i-a)^2p_i$라 할 때, **보기**에서 옳은 것만을 있는 대로 고른 것은?

보기

ㄱ. $S(a)=0$일 때, $V(X)=0$이다.

ㄴ. $a_1<a_2$일 때, $S(a_1)<S(a_2)$이다.

ㄷ. $S(a)$는 $a=\sum_{i=1}^{n}x_ip_i$일 때 최소이다.

① ㄱ ② ㄴ ③ ㄱ, ㄷ
④ ㄴ, ㄷ ⑤ ㄱ, ㄴ, ㄷ

02

좌표평면 위의 점 $(x,\ y)$에서 세 점 $(x+1,\ y)$, $(x,\ y+1)$, $(x+1,\ y+1)$ 중 한 점으로 이동하는 것을 점프라 하자. 점프를 반복하여 점 $(0,\ 0)$에서 점 $(4,\ 3)$까지 이동하는 모든 경우 중에서 임의로 한 경우를 선택할 때 나오는 점프의 횟수를 확률변수 X라 하자. $E(X)$의 값을 구하시오.
(단, 각 경우가 선택될 확률은 동일하다.)

03 +수학I

주머니에 자연수 n $(n=1,\ 2,\ 3,\ \cdots,\ 10)$이 적힌 공이 n개씩 들어 있다. 주사위 한 개를 한 번 던져 나오는 주사위의 눈이 짝수이면 100점을 얻고, 홀수이면 50점을 잃는다. 주머니에서 임의로 공 1개를 꺼내어 나오는 수가 n이면 주사위를 n번 반복하여 던지기로 할 때, 얻을 점수의 기댓값은?

① 155 ② 165 ③ 170
④ 175 ⑤ 180

04 +수학I

확률변수 X의 확률질량함수가

$$P(X=x)={}_{n}C_{x}\left(\frac{3}{4}\right)^{x}\left(\frac{1}{4}\right)^{n-x} \ (x=0,\ 1,\ 2,\ \cdots,\ n)$$

일 때, $\sum_{x=0}^{n}\left(x-\frac{n}{2}\right)(x-n)P(X=x)$의 최댓값은?

① $\frac{5}{64}$ ② $\frac{3}{32}$ ③ $\frac{7}{64}$
④ $\frac{1}{8}$ ⑤ $\frac{9}{64}$

정답 및 풀이 62쪽

05

상자 안에 파란 구슬 450개가 들어 있다. 주사위 한 개를 던져서 나오는 눈의 수가 6의 약수이면 상자 안의 파란 구슬 1개를 빨간 구슬 1개로 바꾸고, 6의 약수가 아니면 상자에 파란 구슬 1개를 넣는 시행을 한다. 이 시행을 450번 반복할 때, 상자에 들어 있는 파란 구슬의 개수와 빨간 구슬의 개수의 차가 30 이하일 확률을 오른쪽 표준정규분포표를 이용하여 구한 것은?

z	$\mathrm{P}(0\le Z\le z)$
0.5	0.1915
1.0	0.3413
1.5	0.4332
2.0	0.4772

① 0.9876 ② 0.9544 ③ 0.8664
④ 0.6826 ⑤ 0.3830

06

확률변수 X는 평균이 m, 표준편차가 10인 정규분포를 따르고, X의 확률밀도함수를 $f(x)$라 하면 자연수 a에 대하여

$f(3a+1)>f(5a)$,
$f(2a)<f(4a)$

를 만족시키는 자연수 m이 5개 있다. $\mathrm{P}(12\le X\le m)$의 최댓값과 최솟값의 합을 오른쪽 표준정규분포표를 이용하여 구한 것은?

z	$\mathrm{P}(0\le Z\le z)$
0.2	0.079
0.4	0.155
0.6	0.226
0.8	0.288
1.0	0.341

① 0.234 ② 0.381 ③ 0.443
④ 0.514 ⑤ 0.629

07

어느 도시의 학생 2500명을 대상으로 조사한 통학 시간은 평균이 25분, 표준편차가 5분인 정규분포를 따른다고 한다. 이 학생 2500명 중에서 임의로 택한 한 학생의 통학 시간이 35분 이상일 확률은 p_1이다. 또 이 학생 2500명 중에서 통학 시간이 35분 이상인 학생이 n명 이상일 확률은 p_2이다. $p_1=p_2$일 때, 오른쪽 표준정규분포표를 이용하여 n의 값을 구하시오.

z	$\mathrm{P}(0\le Z\le z)$
1.0	0.34
1.5	0.43
2.0	0.48

08

세 확률변수 X, Y, W는 각각 이항분포 $\mathrm{B}\left(100,\ \frac{1}{5}\right)$, $\mathrm{B}\left(225,\ \frac{1}{5}\right)$, $\mathrm{B}\left(400,\ \frac{1}{5}\right)$을 따른다. **보기**에서 옳은 것만을 있는 대로 고른 것은?

보기

ㄱ. $\mathrm{P}\left(\left|\frac{X}{100}-\frac{1}{5}\right|<\frac{1}{10}\right)<\mathrm{P}\left(\left|\frac{W}{400}-\frac{1}{5}\right|<\frac{1}{10}\right)$

ㄴ. $\mathrm{P}\left(\left|\frac{X}{100}-\frac{1}{5}\right|<\frac{1}{10}\right)<\mathrm{P}\left(\left|\frac{Y}{225}-\frac{1}{5}\right|<\frac{1}{25}\right)$

ㄷ. $\mathrm{P}\left(\left|\frac{Y}{225}-\frac{1}{5}\right|<\frac{1}{25}\right)<\mathrm{P}\left(\left|\frac{W}{400}-\frac{1}{5}\right|<\frac{1}{25}\right)$

① ㄱ ② ㄴ ③ ㄱ, ㄷ
④ ㄴ, ㄷ ⑤ ㄱ, ㄴ, ㄷ

06. 통계적 추정

표본을 추출할 때 통계 조사자의 주관을 배제하고 모집단의 각 대상이 같은 확률로 추출되도록 하는 것을 임의추출이라 한다.

1 모집단과 표본

(1) 통계 조사의 대상이 되는 집단 전체를 **모집단**이라 하고,
조사를 위해 모집단에서 뽑은 일부를 **표본**, 표본의 개수를 표본의 크기라 한다.
그리고 모집단에서 표본을 뽑는 것을 **추출**이라 한다.

(2) 모집단 전체를 조사하는 것을 **전수조사**라 하고,
모집단에서 표본을 추출하여 조사하는 것을 **표본조사**라 한다.

(3) 뽑은 표본을 다시 뽑는 것을 복원추출,
뽑은 표본을 다시 뽑지 않는 것을 비복원추출이라 한다.

2 모평균과 표본평균

(1) 모집단에서 조사하려고 하는 특성을 나타내는 확률변수를 X라 할 때,
X의 평균, 분산, 표준편차를 각각 **모평균**, **모분산**, **모표준편차**라 하고,
각각 m, σ^2, σ로 나타낸다.

(2) 표본의 크기가 n인 표본 X_1, X_2, $\cdots$, X_n의 평균과 분산은 각각 $\overline{X}$, S^2으로 나타내고

$$\overline{X}=\frac{1}{n}(X_1+X_2+\cdots+X_n)$$

$$S^2=\frac{1}{n-1}\{(X_1-\overline{X})^2+(X_2-\overline{X})^2+\cdots+(X_n-\overline{X})^2\}$$

으로 계산한다. 이때 $\overline{X}$, S^2, S는 각각 표본평균, 표본분산, 표본표준편차라 한다.

크기가 n인 표본평균의 평균은 모집단의 평균과 같다.

표본의 크기가 충분히 크면 모표준편차 대신 표본의 표준편차를 써도 된다.

3 표본평균의 평균과 표준편차

모평균이 m, 모표준편차가 σ인 모집단에서 크기가 n인 표본을 임의로 추출할 때,

(1) 표본평균 $\overline{X}$의 평균과 분산, 표준편차

$$E(\overline{X})=m,\ V(\overline{X})=\frac{\sigma^2}{n},\ \sigma(\overline{X})=\frac{\sigma}{\sqrt{n}}$$

(2) 표본평균 $\overline{X}$의 확률분포

모집단이 정규분포 $N(m,\ \sigma^2)$을 따르면 $\overline{X}$는 정규분포 $N\left(m,\ \frac{\sigma^2}{n}\right)$을 따른다.
또 모집단에 관계없이 n이 충분히 크면 $\overline{X}$는 근사적으로 정규분포를 따른다.

$P(|Z|\le 1.96)=0.95$
$P(|Z|\le 2.58)=0.99$

4 통계적 추정

(1) 정규분포 $N(m,\ \sigma^2)$을 따르는 모집단에서 크기가 n인 표본을 임의추출할 때,
표본평균이 $\overline{x}$이면 모평균 m의

① 신뢰도 95 %의 신뢰구간 : $\overline{x}-1.96\frac{\sigma}{\sqrt{n}}\le m\le \overline{x}+1.96\frac{\sigma}{\sqrt{n}}$

② 신뢰도 99 %의 신뢰구간 : $\overline{x}-2.58\frac{\sigma}{\sqrt{n}}\le m\le \overline{x}+2.58\frac{\sigma}{\sqrt{n}}$

(2) 신뢰구간이 $a\le m\le b$일 때 $b-a$를 신뢰구간의 길이라 한다.
표본의 크기가 커지면 신뢰구간의 길이가 작아지고,
신뢰도가 커지면 신뢰구간의 길이가 커진다.

Note $P(|Z|\le k)=\frac{\alpha}{100}$이면 모평균 m의 신뢰도 α %인 신뢰구간은

$$\overline{x}-k\frac{\sigma}{\sqrt{n}}\le m\le \overline{x}+k\frac{\sigma}{\sqrt{n}}$$

code 1 표본평균의 평균, 분산, 표준편차

01

표준편차가 14인 모집단에서 크기가 n인 표본을 임의추출하여 구한 표본평균을 $\overline{X}$라 하자. $\sigma(\overline{X})=2$일 때, n의 값은?

① 9 ② 16 ③ 25
④ 36 ⑤ 49

02

어느 모집단의 확률변수 X의 확률분포를 표로 나타내면 다음과 같고, $E(X^2)=\frac{16}{3}$이다.

X	0	2	4	합계
$P(X=x)$	$\frac{1}{6}$	a	b	1

이 모집단에서 임의추출한 크기가 20인 표본의 표본평균 $\overline{X}$에 대하여 $V(\overline{X})$의 값은?

① $\frac{1}{60}$ ② $\frac{1}{30}$ ③ $\frac{1}{20}$
④ $\frac{1}{15}$ ⑤ $\frac{1}{12}$

03

상자 속에 숫자 1, 2, 2, 2, 3, 3이 각각 하나씩 적힌 공 6개가 들어 있다. 이 상자를 모집단으로 생각하고 이 중에서 크기 17인 표본을 복원추출할 때, 공에 적힌 숫자의 표본평균 $\overline{X}$의 표준편차는?

① $\frac{1}{5}$ ② $\frac{1}{6}$ ③ $\frac{1}{7}$
④ $\frac{1}{8}$ ⑤ $\frac{1}{9}$

04

모평균이 85, 모표준편차가 6인 정규분포를 따르는 모집단에서 크기가 16인 표본을 임의추출하여 구한 표본평균을 $\overline{X}$라 할 때,

$P(\overline{X}\ge k)=0.0228$

을 만족시키는 k의 값을 오른쪽 표준정규분포표를 이용하여 구한 것은?

z	$P(0\le Z\le z)$
0.5	0.1915
1.0	0.3413
1.5	0.4332
2.0	0.4772

① 86 ② 87 ③ 88
④ 89 ⑤ 90

05

어느 지역 1인 가구의 월 식료품 구입비는 평균이 45만 원, 표준편차가 8만 원인 정규분포를 따른다고 한다. 이 지역 1인 가구 중에서 임의추출한 16가구의 월 식료품 구입비의 표본평균이 44만 원 이상이고 47만 원 이하일 확률을 오른쪽 표준정규분포표를 이용하여 구한 것은?

z	$P(0\le Z\le z)$
0.5	0.1915
1.0	0.3413
1.5	0.4332
2.0	0.4772

① 0.3830 ② 0.5328 ③ 0.6915
④ 0.8185 ⑤ 0.8413

06

어느 공장에서 생산하는 화장품 1개의 내용량은 평균이 201.5 g, 표준편차가 1.8 g인 정규분포를 따른다고 한다. 이 공장에서 생산한 화장품 중에서 임의추출한 9개 화장품 내용량의 표본평균이 200 g 이상일 확률을 오른쪽 표준정규분포표를 이용하여 구한 것은?

z	$P(0\le Z\le z)$
1.0	0.3413
1.5	0.4332
2.0	0.4772
2.5	0.4938

① 0.7745 ② 0.8413 ③ 0.9332
④ 0.9772 ⑤ 0.9938

07

어느 회사가 생산하는 약품 1병의 용량은 평균이 m mL, 표준편차가 10 mL인 정규분포를 따른다고 한다. 이 회사가 생산한 약품 중에서 임의추출한 25병 용량의 표본평균이 2000 mL 이상일 확률이 0.9772일 때, m의 값을 오른쪽 표준정규분포표를 이용하여 구한 것은?

z	$P(0\le Z\le z)$
1.5	0.4332
2.0	0.4772
2.5	0.4938
3.0	0.4987

① 2003 ② 2004 ③ 2005 ④ 2006 ⑤ 2007

08

어느 공장에서 생산하는 수분크림 1개의 무게는 평균이 m g, 표준편차가 σ g인 정규분포를 따른다고 한다. 이 공장에서 생산한 수분크림 중에서 임의로 택한 1개의 무게가 50 g 이상일 확률은 0.1587이다. 이 공장에서 생산하는 수분크림 중에서 임의추출한 4개 무게의 평균이 50 g 이상일 확률을 오른쪽 표준정규분포표를 이용하여 구한 것은?

z	$P(0\le Z\le z)$
0.5	0.1915
1.0	0.3413
1.5	0.4332
2.0	0.4772

① 0.0228 ② 0.0668 ③ 0.1587 ④ 0.3085 ⑤ 0.4332

09

어느 학교 체육대회에서 학급 대항 멀리뛰기 시합을 하는데, 각 학급에서 임의추출한 학생 4명의 멀리뛰기 기록에 대한 평균이 L cm보다 크면 이 학급은 예선을 통과한 것으로 한다. 어느 학급 학생의 멀리뛰기 기록은 평균이 196.8 cm, 표준편차가 10 cm인 정규분포를 따른다고 한다. 이 학급이 예선을 통과할 확률이 0.8770일 때, L의 값을 오른쪽 표준정규분포표를 이용하여 구한 것은?

z	$P(0\le Z\le z)$
1.07	0.3577
1.16	0.3770
1.18	0.3810
1.27	0.3980

① 190 ② 191 ③ 192 ④ 193 ⑤ 194

10

어느 제과점에서 판매되는 찹쌀 도넛의 무게는 평균이 70 g, 표준편차가 2.5 g인 정규분포를 따른다고 한다. 이 제과점에서 판매되는 찹쌀 도넛 중에서 16개를 임의추출하여 조사한 무게의 표본평균을 $\overline{X}$라 할 때,

$$P(|\overline{X}-70|\le a)=0.9544$$

를 만족시키는 a의 값을 오른쪽 표준정규분포표를 이용하여 구한 것은?

z	$P(0\le Z\le z)$
1.0	0.3413
1.5	0.4332
2.0	0.4772
2.5	0.4938

① 1.00 ② 1.25 ③ 1.50 ④ 2.00 ⑤ 2.25

11

어느 회사에서 생산하는 비누의 무게는 평균이 250 g, 표준편차가 20 g인 정규분포를 따른다고 한다. 이 회사 비누 중에서 크기가 n인 표본을 임의추출하여 조사한 비누 무게의 표본평균을 $\overline{X}$라 할 때,

$$P(242\le\overline{X}\le 258)\le 0.9544$$

를 만족시키는 n의 최댓값을 오른쪽 표준정규분포표를 이용하여 구한 것은?

z	$P(0\le Z\le z)$
1.0	0.3413
1.5	0.4332
2.0	0.4772
2.5	0.4938

① 16 ② 25 ③ 36 ④ 49 ⑤ 64

12

어느 학교 학생들의 통학 시간은 평균이 50분, 표준편차가 σ분인 정규분포를 따른다고 한다. 이 학교 학생 중에서 16명을 임의추출하여 조사한 통학 시간의 표본평균을 $\overline{X}$라 하자. $P(50\le\overline{X}\le 56)=0.4332$일 때, 오른쪽 표준정규분포표를 이용하여 σ의 값을 구하시오.

z	$P(0\le Z\le z)$
1.0	0.3413
1.5	0.4332
2.0	0.4772

13

어느 회사 고객지원실 전화 상담의 통화 시간은 평균이 8분, 표준편차가 2분인 정규분포를 따른다고 한다. 고객지원실에 걸려오는 전화 상담 중에서 임의로 선택한 4통의 통화 시간의 합이 30분 이상일 확률을 오른쪽 표준정규분포표를 이용하여 구한 것은??

z	$P(0\le Z\le z)$
0.5	0.192
1.0	0.341
1.5	0.433
2.0	0.477

① 0.690 ② 0.691 ③ 0.692
④ 0.693 ⑤ 0.694

14

어느 키위 농장에서 재배되는 키위 한 개의 무게는 평균이 50 g, 표준편차가 5 g인 정규분포를 따른다고 한다. 이 농장에서는 키위를 한 상자에 100개씩 포장하여 판매하는데, 포장 상자의 무게를 포함한 무게가 5300 g 미만이면 불합격으로 처리하여 재포장한다. 키위를 포장한 상자 한 개가 불합격 처리되어 재포장될 확률을 오른쪽 표준정규분포표를 이용하여 구한 것은? (단, 포장 상자의 무게는 400 g이다.)

z	$P(0\le Z\le z)$
0.5	0.1915
1.0	0.3413
1.5	0.4332
2.0	0.4772
2.5	0.4938

① 0.0062 ② 0.0228 ③ 0.0668
④ 0.1587 ⑤ 0.1793

code 2 모평균의 추정

15

어느 농가에서 생산하는 석류의 무게는 평균이 m g, 표준편차가 40 g인 정규분포를 따른다고 한다. 이 농가에서 생산한 석류 중에서 임의추출한 크기가 64인 표본을 조사하였더니 석류 무게 표본평균의 값이 $\overline{x}$이었다. 이 결과를 이용하여 이 농가에서 생산하는 석류 무게의 평균 m에 대한 신뢰도 99 %의 신뢰구간을 구하면 $\overline{x}-c\le m\le \overline{x}+c$일 때, c의 값은?
(단, Z가 표준정규분포를 따르는 확률변수일 때, $P(0\le Z\le 2.58)=0.495$로 계산한다.)

① 25.8 ② 21.5 ③ 17.2
④ 12.9 ⑤ 8.6

16

어느 마을에서 수확하는 수박의 무게는 평균이 m kg, 표준편차가 1.4 kg인 정규분포를 따른다고 한다. 이 마을에서 수확한 수박 중에서 49개를 임의추출하여 얻은 표본평균을 이용하여 이 마을에서 수확하는 수박의 무게의 평균 m에 대한 신뢰도 95 %의 신뢰구간을 구하면 $a\le m\le 7.992$이다. a의 값은? (단, Z가 표준정규분포를 따르는 확률변수일 때, $P(|Z|\le 1.96)=0.95$로 계산한다.)

① 7.198 ② 7.208 ③ 7.218
④ 7.228 ⑤ 7.238

17

표준편차가 σ로 알려진 정규분포를 따르는 모집단에서 크기가 n인 표본을 임의추출하여 얻은 모평균 m에 대한 신뢰도 95 %의 신뢰구간이 $100.4\le m\le 139.6$이었다. 같은 표본을 이용하여 얻은 모평균 m에 대한 신뢰도 99 %의 신뢰구간에 속하는 자연수 m의 개수를 구하시오.
(단, Z가 표준정규분포를 따르는 확률변수일 때, $P(0\le Z\le 1.96)=0.475$, $P(0\le Z\le 2.58)=0.495$로 계산한다.)

18

어느 회사에서 생산하는 음료수 1병에 들어 있는 칼슘 함유량은 모평균이 m mg, 모표준편차가 σ mg인 정규분포를 따른다고 한다. 이 회사에서 생산한 음료수 16병을 임의추출하여 칼슘 함유량을 측정한 결과 표본평균이 12.34 mg이었다. 이 회사에서 생산하는 음료수 1병에 들어 있는 칼슘 함유량의 모평균 m에 대한 신뢰도 95 %의 신뢰구간이 $11.36\le m\le a$일 때, $a+\sigma$의 값은?
(단, Z가 표준정규분포를 따르는 확률변수일 때, $P(0\le Z\le 1.96)=0.475$로 계산한다.)

① 14.32 ② 14.82 ③ 15.32
④ 15.82 ⑤ 16.32

19

어느 회사 직원들의 하루 여가 활동 시간은 평균이 m분, 표준편차가 10분인 정규분포를 따른다고 한다. 이 회사 직원 중에서 n명을 임의추출하여 신뢰도 95 %로 추정한 모평균 m에 대한 신뢰구간이 $38.08 \le m \le 45.92$일 때, n의 값은?
(단, Z가 표준정규분포를 따르는 확률변수일 때,
$P(0 \le Z \le 1.96) = 0.475$로 계산한다.)

① 25 ② 36 ③ 49
④ 64 ⑤ 81

20

어느 공장에서 생산되는 제품 A의 무게는 평균이 m g, 표준편차가 σ g인 정규분포를 따른다고 한다. 이 공장에서 생산된 제품 A 중에서 64개를 임의추출하여 얻은 모평균 m에 대한 신뢰도 95 %의 신뢰구간이 $\alpha \le m \le \beta$이다. $\beta - \alpha = 9.8$일 때, σ의 값은? (단, Z가 표준정규분포를 따르는 확률변수일 때, $P(|Z| \le 1.96) = 0.95$로 계산한다.)

① 12 ② 14 ③ 16
④ 18 ⑤ 20

21

어떤 도시에 있는 전체 고등학교 학생들의 몸무게는 표준편차가 5 kg인 정규분포를 따른다고 한다. 이 도시의 고등학교 학생 전체에 대한 몸무게의 평균을 신뢰도 95 %로 추정할 때, 신뢰구간의 길이를 1 kg 이하가 되도록 하려고 한다. 조사하여야 할 표본 크기의 최솟값을 구하시오.
(단, Z가 표준정규분포를 따르는 확률변수일 때,
$P(0 \le Z \le 1.96) = 0.475$로 계산한다.)

22

정규분포 $N(m, \sigma^2)$을 따르는 모집단에서 크기가 n인 표본을 임의추출한 표본평균을 $\overline{x}$라고 하자. 모평균 m에 대한 신뢰도 99 %의 신뢰구간의 길이가 $\frac{1}{5}\sigma$ 이하일 때, 표본의 크기 n의 최솟값을 오른쪽 표준정규분포표를 이용하여 구한 것은?

z	$P(0 \le Z \le z)$
1.96	0.475
2.30	0.489
2.58	0.495
3.30	0.499

① 385 ② 529 ③ 666
④ 729 ⑤ 1089

23

어느 지역에서 생산되는 귤의 당도는 평균이 m, 표준편차가 1.5인 정규분포를 따른다고 한다. 표는 이 지역에서 생산된 귤 중에서 임의로 9개를 추출하여 당도를 측정한 결과를 나타낸 것이다.

당도	10	11	12	13	합계
귤의 개수	4	2	2	1	9

이 결과를 이용하여 이 지역에서 생산되는 귤의 당도의 평균 m을 신뢰도 95 %로 추정한 신뢰구간은? (단, Z가 표준정규분포를 따르는 확률변수일 때, $P(0 \le Z \le 1.96) = 0.475$로 계산하고, 당도의 단위는 브릭스이다.)

① $10.02 \le m \le 11.98$ ② $9.77 \le m \le 12.23$
③ $9.53 \le m \le 12.47$ ④ $9.35 \le m \le 12.65$
⑤ $9.04 \le m \le 12.96$

01

주머니 속에 1이 적힌 공 1개, 3이 적힌 공 n개가 들어 있다. 이 주머니에서 임의로 1개의 공을 꺼내어 공에 적힌 수를 확인한 후 다시 넣는다. 이와 같은 시행을 2번 반복하여 얻은 두 수의 평균을 $\overline{X}$라 하자. $\mathrm{P}(\overline{X}=1)=\frac{1}{49}$일 때, $\mathrm{E}(\overline{X})$의 값을 구하시오.

02

주머니 속에 1이 적힌 공 1개, 2가 적힌 공 2개, 3이 적힌 공 5개가 들어 있다. 이 주머니에서 임의로 1개의 공을 꺼내어 공에 적힌 수를 확인한 후 다시 넣는다. 이와 같은 시행을 2번 반복할 때, 꺼낸 공에 적힌 수의 평균을 $\overline{X}$라 하자. $\mathrm{P}(\overline{X}=2)$의 값은?

① $\frac{5}{32}$　② $\frac{11}{64}$　③ $\frac{3}{16}$　④ $\frac{13}{64}$　⑤ $\frac{7}{32}$

03

A 회사에서 생산하는 배터리의 수명은 평균이 1750시간, 표준편차가 4시간인 정규분포를 따른다고 한다. A 회사에서 생산한 배터리 중에서 n개를 임의추출하여 구한 표본평균을 $\overline{X}$라 할 때, $\mathrm{P}\left(\overline{X}-1748\le\frac{5.44}{\sqrt{n}}\right)\le0.05$를 만족시키는 n의 최솟값을 구하시오. (단, Z가 표준정규분포를 따르는 확률변수일 때, $\mathrm{P}(0\le Z\le1.64)=0.45$, $\mathrm{P}(0\le Z\le1.96)=0.475$로 계산한다.)

04

어느 공장에서 생산되는 제품의 길이를 확률변수 X라 하면 X는 평균이 m cm, 표준편차가 4 cm인 정규분포를 따른다고 한다. $\mathrm{P}(m\le X\le a)=0.3413$일 때, 이 공장에서 생산된 제품 중에서 임의추출한 제품 16개의 길이의 표본평균이 $(a-2)$ cm 이상일 확률을 오른쪽 표준정규분포표를 이용하여 구한 것은?

z	$\mathrm{P}(0\le Z\le z)$
1.0	0.3413
1.5	0.4332
2.0	0.4772

① 0.0228　② 0.0668　③ 0.0919　④ 0.1359　⑤ 0.1587

05

대중교통을 이용하여 출근하는 어느 지역 직장인의 월 교통비는 평균이 8, 표준편차가 1.2인 정규분포를 따른다고 한다. 대중교통을 이용하여 출근하는 이 지역 직장인 중에서 임의추출한 n명의 월 교통비의 표본평균을 $\overline{X}$라 할 때, 오른쪽 표준정규분포표를 이용하여 $\mathrm{P}(7.76\le\overline{X}\le8.24)\ge0.6826$을 만족시키는 n의 최솟값을 구하시오. (단, 교통비의 단위는 만 원이다.)

z	$\mathrm{P}(0\le Z\le z)$
0.5	0.1915
1.0	0.3413
1.5	0.4332
2.0	0.4772

06

정규분포 $\mathrm{N}(0,\ 4^2)$을 따르는 모집단에서 크기가 9인 표본을 임의추출하여 구한 표본평균을 $\overline{X}$, 정규분포 $\mathrm{N}(3,\ 2^2)$을 따르는 모집단에서 크기가 16인 표본을 임의추출하여 구한 표본평균을 $\overline{Y}$라 하자. $\mathrm{P}(\overline{X}\ge1)=\mathrm{P}(\overline{Y}\le a)$일 때, a의 값은?

① $\frac{19}{8}$　② $\frac{5}{2}$　③ $\frac{21}{8}$　④ $\frac{11}{4}$　⑤ $\frac{23}{8}$

07

어느 회사에서 생산되는 비누의 무게는 정규분포를 따르며, 무게가 100 g 미만인 것은 불량품으로 판정한다. 회사에서는 판매 촉진을 위해 비누를 4개씩 포장하여 만든 세트 상품을 판매하기로 하였다.

z	$\mathrm{P}(0\le Z\le z)$
1.5	0.433
2.0	0.478
2.5	0.494
3.0	0.499

각 세트 상품 안에 들어 있는 비누 무게의 평균이 100 g 미만인 경우 세트를 불량품으로 판정할 때, 1000세트 중 1세트의 비율로 불량품이 생긴다고 한다. 회사에서 생산된 비누 1개를 검사할 때, 불량품으로 판정될 확률을 오른쪽 표준정규분포표를 이용하여 구한 것은?

① 0.001 ② 0.006 ③ 0.023
④ 0.067 ⑤ 0.159

08

어느 회사에서는 생산되는 제품을 1000개씩 상자에 넣어 판매한다. 이때 상자에서 임의로 추출한 16개 제품 무게의 표본평균이 12.7 g 이상이면 그 상자를 정상 판매하고, 12.7 g 미만이면 할인 판매한다. A 상자에 들어 있는 제품의 무게는 평균이 16 g, 표준편차가 6 g인 정규분포를 따르고, B 상자에 들어 있는 제품의 무게는 평균이 10 g, 표준편차가 6 g인 정규분포를 따른다고 한다. 오른쪽 표준정규분포표를 이용하여 A 상자가 할인 판매될 확률 p의 값과 B 상자가 정상 판매될 확률 q의 값을 구하시오.

z	$\mathrm{P}(0\le Z\le z)$
1.6	0.4452
1.8	0.4641
2.0	0.4772
2.2	0.4861

09

정규분포 $\mathrm{N}(50,\ 8^2)$을 따르는 모집단에서 크기가 16인 표본을 임의추출하여 구한 표본평균을 $\overline{X}$라 하고, 정규분포 $\mathrm{N}(75,\ \sigma^2)$을 따르는 모집단에서 크기가 25인 표본을 임의추출하여 구한 표본평균을 $\overline{Y}$라 하자. $\mathrm{P}(\overline{X}\le 53)+\mathrm{P}(\overline{Y}\le 69)=1$일 때, $\mathrm{P}(\overline{Y}\ge 71)$의 값을 오른쪽 표준정규분포표를 이용하여 구한 것은?

z	$\mathrm{P}(0\le Z\le z)$
1.0	0.3413
1.2	0.3849
1.4	0.4192
1.6	0.4452

① 0.8413 ② 0.8644 ③ 0.8849
④ 0.9192 ⑤ 0.9452

10

A 고등학교 학생의 몸무게는 평균이 60 kg, 표준편차가 6 kg인 정규분포를 따른다고 한다. 적재중량이 549 kg 이상이면 경고음을 내는 엘리베이터에 A 고등학교 학생 중에서 임의추출한 9명이 탔을 때, 경고음이 울릴 확률을 오른쪽 표준정규분포표를 이용하여 구한 것은?

z	$\mathrm{P}(0\le Z\le z)$
0.5	0.1915
1.0	0.3413
1.5	0.4332
2.0	0.4772

① 0.1587 ② 0.1915 ③ 0.3085
④ 0.3413 ⑤ 0.4332

11

어느 과수원에서 생산되는 사과의 무게는 평균이 350 g, 표준편차가 30 g인 정규분포를 따르고, 배의 무게는 평균이 490 g, 표준편차가 40 g인 정규분포를 따른다고 한다. 이 과수원에서 생산된 사과 중에서 임의로 뽑은 9개 무게의 합을 X g이라 하고, 배 중에서 임의로 뽑은 4개 무게의 합을 Y g이라 하자.
$X\ge 3240$이고 $Y\ge 2008$일 확률을 오른쪽 표준정규분포표를 이용하여 구한 것은?

z	$\mathrm{P}(0\le Z\le z)$
0.6	0.23
0.8	0.29
1.0	0.34
1.2	0.38

① 0.0432 ② 0.0482 ③ 0.0544
④ 0.0567 ⑤ 0.0614

12

어느 제과점에서 만드는 과자의 무게는 평균이 10 g, 표준편차가 2 g인 정규분포를 따른다고 한다. 철수와 영희가 임의로 과자를 4개씩 선택할 때, 철수와 영희가 선택한 과자 무게의 평균 중 적어도 하나는 9 g 이상이고 13 g 이하일 확률을 오른쪽 표준정규분포표를 이용하여 구한 것은?

z	$\mathrm{P}(0\le Z\le z)$
1.0	0.3413
2.0	0.4772
3.0	0.4987

① 0.6826 ② 0.7245 ③ 0.8746
④ 0.9744 ⑤ 0.9974

정답 및 풀이 69쪽

13

정규분포 $\mathrm{N}(10,\ 2^2)$을 따르는 모집단에서 임의추출한 크기가 n인 표본의 표본평균을 $\overline{X}$, 표준정규분포를 따르는 확률변수를 Z라 하자. **보기**에서 옳은 것만을 있는 대로 고른 것은?

보기

ㄱ. $\mathrm{V}(\overline{X})=\frac{4}{n}$

ㄴ. $\mathrm{P}(\overline{X}\le 10-a)=\mathrm{P}(\overline{X}\ge 10+a)$

ㄷ. $\mathrm{P}(\overline{X}\ge a)=\mathrm{P}(Z\le b)$이면 $a+\frac{2}{\sqrt{n}}b=10$이다.

① ㄱ　② ㄴ　③ ㄱ, ㄷ
④ ㄴ, ㄷ　⑤ ㄱ, ㄴ, ㄷ

14

어느 지역 학생들의 1일 인터넷 사용시간 X는 평균이 m분, 표준편차가 30분인 정규분포를 따른다고 한다. 이 지역 학생 중에서 9명을 임의추출하여 조사한 1일 인터넷 사용시간의 표본평균을 $\overline{X}$라 하자. 함수 $G(k)$, $H(k)$를

$G(k)=\mathrm{P}(X\le m+30k)$

$H(k)=\mathrm{P}(\overline{X}\ge m-30k)$

라 할 때, **보기**에서 옳은 것만을 있는 대로 고른 것은?

보기

ㄱ. $G(0)=H(0)$

ㄴ. $G(3)=H(1)$

ㄷ. $G(1)+H(-1)=1$

① ㄱ　② ㄷ　③ ㄱ, ㄴ
④ ㄴ, ㄷ　⑤ ㄱ, ㄴ, ㄷ

15

어느 회사에서 생산하는 초콜릿 한 개의 무게는 평균이 m g, 표준편차가 σ g인 정규분포를 따른다고 한다. 이 회사에서 생산한 초콜릿 중에서 임의추출한 크기가 49인 표본을 조사하였더니 초콜릿 무게의 표본평균의 값이 $\overline{x}$이었다. 이 결과를 이용하여 이 회사에서 생산하는 초콜릿 한 개 무게의 평균 m에 대한 신뢰도 95 %의 신뢰구간을 구하면 $1.73\le m\le 1.87$이다. $\frac{\sigma}{\overline{x}}=k$일 때, $180k$의 값을 구하시오.
(단, Z가 표준정규분포를 따르는 확률변수일 때, $\mathrm{P}(0\le Z\le 1.96)=0.475$로 계산한다.)

16

어느 지역 주민들의 하루 여가 활동 시간은 평균이 m분, 표준편차가 σ분인 정규분포를 따른다고 한다. 이 지역 주민 중에서 16명을 임의추출하여 조사한 하루 여가 활동 시간의 표본평균이 75분일 때, 모평균 m에 대한 신뢰도 95 %의 신뢰구간이 $a\le m\le b$이다. 이 지역 주민 중에서 16명을 다시 임의추출하여 구한 하루 여가 활동 시간의 표본평균이 77분일 때, 모평균 m에 대한 신뢰도 99 %의 신뢰구간이 $c\le m\le d$이다. $d-b=3.86$일 때, σ의 값을 구하시오.
(단, Z가 표준정규분포를 따르는 확률변수일 때, $\mathrm{P}(|Z|\le 1.96)=0.95$, $\mathrm{P}(|Z|\le 2.58)=0.99$로 계산한다.)

17

어느 공장에서 생산하는 제품의 무게는 모평균이 m g, 모표준편차가 $\frac{1}{2}$ g인 정규분포를 따른다고 한다. 이 공장에서 생산한 제품 중에서 25개를 임의추출하여 신뢰도 95 %로 추정한 모평균 m에 대한 신뢰구간이 $a\le m\le b$일 때, $\mathrm{P}(|Z|\le c)=0.95$를 만족시키는 c를 a, b로 나타낸 것은?
(단, 확률변수 Z는 표준정규분포를 따른다.)

① $3(b-a)$　② $\frac{7}{2}(b-a)$　③ $4(b-a)$
④ $\frac{9}{2}(b-a)$　⑤ $5(b-a)$

18

어느 고등학교 학생들의 1개월 동안 자율학습실 이용 시간은 평균이 m시간, 표준편차가 5시간인 정규분포를 따른다고 한다. 이 고등학교 학생 25명을 임의추출하여 1개월 동안 자율학습실 이용 시간을 조사한 표본평균이 $\overline{x_1}$시간일 때, 모평균 m에 대한 신뢰도 95 %의 신뢰구간이 $80-a\le m\le 80+a$이었다. 또 이 고등학교 학생 n명을 임의추출하여 1개월 동안 자율학습실 이용 시간을 조사한 표본평균이 $\overline{x_2}$시간일 때, 모평균 m에 대한 신뢰도 95 %의 신뢰구간은
$\frac{15}{16}\overline{x_1}-\frac{5}{7}a\le m\le \frac{15}{16}\overline{x_1}+\frac{5}{7}a$이다. n, $\overline{x_2}$의 값을 구하시오.
(단, Z가 표준정규분포를 따르는 확률변수일 때, $\mathrm{P}(0\le Z\le 1.96)=0.475$로 계산한다.)

➔ 정답 및 풀이 71쪽

01

어느 나라에서 작년에 운행된 택시의 연간 주행거리는 모평균이 m인 정규분포를 따른다고 한다. 이 나라에서 작년에 운행된 택시 중에서 16대를 임의추출하여 구한 연간 주행거리의 표본평균이 $\overline{x}$이고, 이 결과를 이용하여 신뢰도 95 %로 추정한 m에 대한 신뢰구간이 $\overline{x}-c\le m\le \overline{x}+c$이었다. 이 나라에서 작년에 운행된 택시 중에서 임의로 1대를 선택할 때, 이 택시의 연간 주행거리가 $m+c$ 이하일 확률을 오른쪽 표준정규분포표를 이용하여 구한 것은?
(단, 주행거리의 단위는 km이다.)

z	$P(0\le Z\le z)$
0.49	0.1879
0.98	0.3365
1.47	0.4292
1.96	0.4750

① 0.6242 ② 0.6635 ③ 0.6879
④ 0.8365 ⑤ 0.9292

02

어느 연구소 연구원들의 일주일 동안 자기 계발 시간은 평균이 m, 표준편차가 2인 정규분포를 따른다고 한다. 이 연구소의 연구원들 중에서 n명을 임의추출하여 조사한 일주일 동안 자기 계발 시간의 평균은 $\overline{x}$이고, 신뢰도 α %로 추정한 모평균 m에 대한 신뢰구간이 $5.25\le m\le 6.75$이었다. 이 연구소의 연구원들 중에서 임의로 한 명을 선택할 때, 이 연구원의 일주일 동안 자기 계발 시간이 $\overline{x}-c$보다 많을 확률이 $\frac{1}{2}+\frac{\alpha}{200}$이다. $m+c+n$의 값은? $\left(\text{단, 자기 계발 시간의 단위는 시간이고, } Z\text{가 표준정규분포를 따르는 확률변수일 때, } P(-1.5\le Z\le 1.5)=\frac{\alpha}{100}\text{로 계산한다.}\right)$

① 25 ② 27 ③ 29
④ 31 ⑤ 33

03

어떤 두 직업에 종사하는 전체 근로자 중 한 직업에서 표본 A를, 또 다른 직업에서 표본 B를 추출하여 월급을 조사하였더니 다음과 같았다.

표본	표본의 크기	평균	표준편차	신뢰도 (%)	모평균의 추정
A	n_1	240	12	α	$237\le m\le 243$
B	n_2	230	10	α	$228\le m\le 232$

(단위는 만 원이고, 표본 A, B의 월급의 분포는 정규분포를 이룬다.)

위 자료에 대한 설명으로 **보기**에서 옳은 것만을 있는 대로 고른 것은?

보기
ㄱ. 표본 A보다 표본 B의 분포가 더 고르다.
ㄴ. 표본 A의 크기가 표본 B의 크기보다 작다.
ㄷ. 신뢰도를 α보다 크게 하면 신뢰구간의 길이도 길어진다.

① ㄱ ② ㄱ, ㄴ ③ ㄱ, ㄷ
④ ㄴ, ㄷ ⑤ ㄱ, ㄴ, ㄷ

○ 표준정규분포표 ○

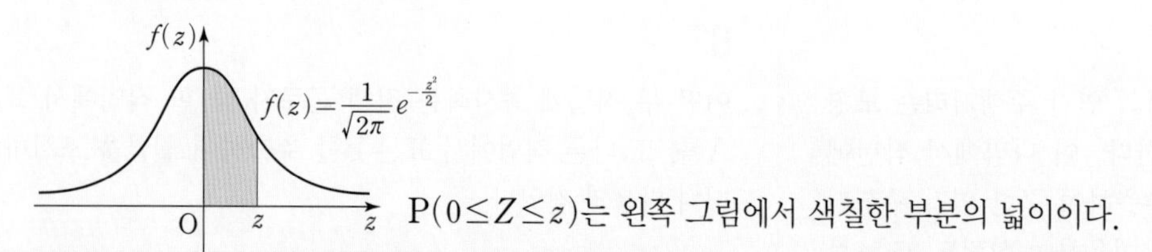

$\mathrm{P}(0 \le Z \le z)$는 왼쪽 그림에서 색칠한 부분의 넓이이다.

z	0.00	0.01	0.02	0.03	0.04	0.05	0.06	0.07	0.08	0.09
0.0	.0000	.0040	.0080	.0120	.0160	.0199	.0239	.0279	.0319	.0359
0.1	.0398	.0438	.0478	.0517	.0557	.0596	.0636	.0675	.0714	.0753
0.2	.0793	.0832	.0871	.0910	.0948	.0987	.1026	.1064	.1103	.1141
0.3	.1179	.1217	.1255	.1293	.1331	.1368	.1406	.1443	.1480	.1517
0.4	.1554	.1591	.1628	.1664	.1700	.1736	.1772	.1808	.1844	.1879
0.5	.1915	.1950	.1985	.2019	.2054	.2088	.2123	.2157	.2190	.2224
0.6	.2257	.2291	.2324	.2357	.2389	.2422	.2454	.2486	.2517	.2549
0.7	.2580	.2611	.2642	.2673	.2704	.2734	.2764	.2794	.2823	.2852
0.8	.2881	.2910	.2939	.2967	.2995	.3023	.3051	.3078	.3106	.3133
0.9	.3159	.3186	.3212	.3238	.3264	.3289	.3315	.3340	.3365	.3389
1.0	.3413	.3438	.3461	.3485	.3508	.3531	.3554	.3577	.3599	.3621
1.1	.3643	.3665	.3686	.3708	.3729	.3749	.3770	.3790	.3810	.3830
1.2	.3849	.3869	.3888	.3907	.3925	.3944	.3962	.3980	.3997	.4015
1.3	.4032	.4049	.4066	.4082	.4099	.4115	.4131	.4147	.4162	.4177
1.4	.4192	.4207	.4222	.4236	.4251	.4265	.4279	.4292	.4306	.4319
1.5	.4332	.4345	.4357	.4370	.4382	.4394	.4406	.4418	.4429	.4441
1.6	.4452	.4463	.4474	.4484	.4495	.4505	.4515	.4525	.4535	.4545
1.7	.4554	.4564	.4573	.4582	.4591	.4599	.4608	.4616	.4625	.4633
1.8	.4641	.4649	.4656	.4664	.4671	.4678	.4686	.4693	.4699	.4706
1.9	.4713	.4719	.4726	.4732	.4738	.4744	.4750	.4756	.4761	.4767
2.0	.4772	.4778	.4783	.4788	.4793	.4798	.4803	.4808	.4812	.4817
2.1	.4821	.4826	.4830	.4834	.4838	.4842	.4846	.4850	.4854	.4857
2.2	.4861	.4864	.4868	.4871	.4875	.4878	.4881	.4884	.4887	.4890
2.3	.4893	.4896	.4898	.4901	.4904	.4906	.4909	.4911	.4913	.4916
2.4	.4918	.4920	.4922	.4925	.4927	.4929	.4931	.4932	.4934	.4936
2.5	.4938	.4940	.4941	.4943	.4945	.4946	.4948	.4949	.4951	.4952
2.6	.4953	.4955	.4956	.4957	.4959	.4960	.4961	.4962	.4963	.4964
2.7	.4965	.4966	.4967	.4968	.4969	.4970	.4971	.4972	.4973	.4974
2.8	.4974	.4975	.4976	.4977	.4977	.4978	.4979	.4979	.4980	.4981
2.9	.4981	.4982	.4982	.4983	.4984	.4984	.4985	.4985	.4986	.4986
3.0	.4987	.4987	.4987	.4988	.4988	.4989	.4989	.4989	.4990	.4990
3.1	.4990	.4991	.4991	.4991	.4992	.4992	.4992	.4992	.4993	.4993
3.2	.4993	.4993	.4994	.4994	.4994	.4994	.4994	.4995	.4995	.4995
3.3	.4995	.4995	.4995	.4996	.4996	.4996	.4996	.4996	.4996	.4997

Memo

Memo

내신 1등급 문제서

절대등급

절대등급으로
수학 내신 1등급에
도전하세요.

내신 1등급 문제서

절대등급

정답 및 풀이

확률과 통계

동아출판

내신 1등급 문제서

절대등급 확률과 통계

모바일 빠른 정답

QR코드를 찍으면 **정답**을
쉽고 빠르게 확인할 수 있습니다.

I. 경우의 수

01. 여러 가지 순열

step A 기본 문제 7~10쪽

01 ⑤	02 ③	03 63	04 ②	05 ③
06 200	07 ③	08 ④	09 65	10 ①
11 ⑤	12 34	13 ③	14 ④	15 ②
16 ⑤	17 ③	18 60	19 ①	20 ⑤
21 36	22 ②	23 ⑤	24 24	25 ②
26 ③	27 ④	28 144	29 6	30 840
31 ⑤	32 2304			

step B 실력 문제 11~14쪽

01 211	02 33	03 ③	04 60	05 ③
06 60	07 ②	08 64	09 340	10 ④
11 546	12 450	13 56	14 46	15 ③
16 ②	17 19	18 90	19 1152	20 ③
21 ②	22 ④	23 ④	24 54	25 ④
26 ③				

step C 최상위 문제 15쪽

01 ④	02 38	03 209	04 40	05 504

02. 중복조합과 이항정리

step A 기본 문제 17~20쪽

01 126	02 35	03 ③	04 ③	05 ②
06 ②	07 ④	08 63	09 ①	10 ⑤
11 ④	12 ⑤	13 ⑤	14 ③	15 130
16 ③	17 ④	18 220	19 ④	20 ③
21 ⑤	22 4	23 592	24 ③	25 32
26 ②	27 ④	28 ③	29 ②	30 ①
31 165	32 120			

step B 실력 문제 21~25쪽

01 ①	02 ⑤	03 285	04 100	05 35
06 ①	07 ③	08 92	09 ④	10 68
11 96	12 32	13 80	14 ⑤	15 46
16 ①	17 32	18 $n=6$, $p=2$		19 ③
20 -5	21 ⑤	22 $a=3$, $n=4$		23 ④
24 ③	25 ④	26 682	27 -1024	28 ④
29 ①				

step C 최상위 문제 26쪽

01 49	02 824	03 ②	04 760

Ⅱ. 확률

03. 확률의 뜻과 활용

step A 기본 문제 29~32쪽

01 ② 02 ① 03 ② 04 ④ 05 $\frac{1}{3}$
06 ② 07 $\frac{1}{5}$ 08 ① 09 ④ 10 $\frac{9}{64}$
11 ④ 12 ③ 13 ③ 14 ③ 15 ⑤
16 ③ 17 $\frac{2}{9}$ 18 ② 19 ④ 20 7
21 ④ 22 ⑤ 23 $\frac{5}{7}$ 24 ⑤ 25 $\frac{6}{11}$
26 ④ 27 ⑤ 28 ② 29 ④ 30 ④
31 ⑤ 32 ④

step B 실력 문제 33~36쪽

01 ③ 02 ④ 03 ④ 04 $\frac{7}{10}$ 05 ③
06 ③ 07 ④ 08 ① 09 ③ 10 $\frac{5}{32}$
11 ① 12 ④ 13 ⑤ 14 ③ 15 ③
16 ③ 17 ④ 18 $\frac{8}{11}$ 19 $\frac{34}{55}$ 20 $\frac{34}{35}$
21 ③ 22 ① 23 $\frac{4}{45}$ 24 ②

step C 최상위 문제 37쪽

01 $\frac{3}{100}$ 02 ⑤ 03 ③ 04 $\frac{6}{7}$

04. 조건부확률

step A 기본 문제 39~43쪽

01 ③ 02 ③ 03 $\frac{1}{3}$ 04 ⑤ 05 ④
06 ③ 07 ⑤ 08 ③ 09 ② 10 $\frac{5}{18}$
11 ④ 12 $\frac{2}{7}$ 13 $\frac{2}{3}$ 14 ④ 15 $\frac{8}{23}$
16 ④ 17 $\frac{4}{7}$ 18 ② 19 ④ 20 ②
21 $\frac{2}{3}$ 22 ⑤ 23 120 24 $\frac{94}{125}$ 25 ⑤
26 ⑤ 27 $\frac{80}{243}$ 28 ① 29 ① 30 ①
31 ③ 32 ④

step B 실력 문제 44~48쪽

01 ④ 02 $a=48$, $b=24$ 03 ③ 04 ①
05 $\frac{36}{37}$ 06 ② 07 $\frac{1}{4}$ 08 ④ 09 $\frac{9}{19}$
10 $\frac{12}{31}$ 11 ① 12 ③ 13 ⑤ 14 $\frac{1}{2}$
15 $\frac{3}{5}$ 16 ④ 17 ③ 18 2, 6 19 252
20 ② 21 ① 22 $\frac{11}{32}$ 23 $\frac{40}{81}$ 24 ①
25 ① 26 ③ 27 ④ 28 $\frac{8}{243}$ 29 $\frac{9}{13}$
30 ④

step C 최상위 문제 49~50쪽

01 ④ 02 15, 16, 17 03 $\frac{78}{125}$ 04 ③
05 ③ 06 ④ 07 ② 08 $\frac{2}{9}$

Ⅲ. 통계

05. 확률분포

step A 기본 문제 53~57쪽

01 ③	**02** ⑤	**03** 10	**04** ②	**05** ⑤
06 37	**07** $\frac{22}{15}$	**08** 24	**09** ②	**10** ⑤
11 5	**12** ②	**13** ①	**14** ④	**15** ③
16 ②	**17** 5	**18** 920	**19** ③	**20** ①
21 ④	**22** ①	**23** ③	**24** 155	**25** ③
26 ④	**27** ④	**28** ⑤	**29** ⑤	**30** ④
31 ⑤	**32** ②	**33** ⑤	**34** 110	

step B 실력 문제 58~62쪽

01 14	**02** $\frac{19}{5}$	**03** ②	**04** ③	**05** $\frac{49}{15}$
06 13	**07** ④	**08** ①	**09** ⑤	**10** ①
11 ③	**12** 55	**13** ②	**14** ③	**15** $\frac{35}{12}$
16 ①	**17** ①	**18** $\frac{1}{9}$	**19** ⑤	**20** ①
21 ①	**22** ⑤	**23** 13	**24** ①	**25** ②
26 0.1359	**27** ⑤	**28** 0.062	**29** ③	**30** 0.0401
31 ⑤				

step C 최상위 문제 63~64쪽

01 ③	**02** $\frac{257}{43}$	**03** ④	**04** ④	**05** ④
06 ③	**07** 64	**08** ③		

06. 통계적 추정

step A 기본 문제 66~69쪽

01 ⑤	**02** ④	**03** ②	**04** ③	**05** ②
06 ⑤	**07** ②	**08** ①	**09** ②	**10** ②
11 ②	**12** 16	**13** ③	**14** ②	**15** ④
16 ②	**17** 51	**18** ③	**19** ①	**20** ⑤
21 385	**22** ③	**23** ①		

step B 실력 문제 70~72쪽

01 $\frac{19}{7}$	**02** ⑤	**03** 36	**04** ①	**05** 25
06 ③	**07** ④	**08** $p=0.0139$, $q=0.0359$		
09 ①	**10** ③	**11** ①	**12** ④	**13** ⑤
14 ③	**15** 25	**16** 12	**17** ⑤	
18 $n=49$, $\overline{x_2}=75$				

step C 최상위 문제 73쪽

01 ③	**02** ①	**03** ⑤

I. 경우의 수

01. 여러 가지 순열

step A 기본 문제 7~10쪽

01 ⑤	02 ③	03 63	04 ②	05 ③
06 200	07 ③	08 ④	09 65	10 ①
11 ⑤	12 34	13 ③	14 ④	15 ②
16 ⑤	17 ③	18 60	19 ①	20 ⑤
21 36	22 ②	23 ⑤	24 24	25 ②
26 ③	27 ④	28 144	29 6	30 840
31 ⑤	32 2304			

01

첫 번째 노트를 3명에게 줄 수 있으므로 3가지,
두 번째 노트를 3명에게 줄 수 있으므로 3가지,
세 번째, 네 번째 노트도 각각 3명에게 줄 수 있으므로

$3\times3\times3\times3=3^4=81$(가지)

답 ⑤

다른풀이

서로 다른 3개에서 중복을 허용하여 4개를 뽑아 나열하는 경우의 수이므로

${}_3\Pi_4=3^4=81$

02

각 과자를 2명에게 나누어 주는 경우는 2가지씩이므로 서로 다른 과자 5개를 두 사람에게 나누어 주는 경우의 수는

$2\times2\times2\times2\times2=2^5$

이때 한 사람에게 모두 주는 경우의 수는 빼야 하므로

$2^5-2=30$

답 ③

Note

서로 다른 과자 5개를 두 명에게 나누어 주는 경우의 수는 서로 다른 2개에서 중복을 허용하여 5개를 뽑아 나열하는 경우의 수와 같으므로

${}_2\Pi_5=2^5$

03

각각의 점은 볼록 튀어나오거나 그렇지 않은 2가지 경우이므로 점 6개로 표현할 수 있는 문자의 개수는

$2\times2\times2\times2\times2\times2=2^6$

이때 모든 점이 볼록 튀어나오지 않은 경우를 빼면

$2^6-1=63$

답 63

04

과일 6개 중에서 2개를 뽑아 A, B에게 한 개씩 나누어 주는 경우의 수는

$6\times5=30$

각 경우에 대하여 나머지 과일 4개를 C, D, E에게 나누어 주는 경우의 수는

$3\times3\times3\times3=81$

따라서 구하는 경우의 수는

$30\times81=2430$

답 ②

05

5의 배수이면 일의 자리의 수가 5이다.
천의 자리, 백의 자리, 십의 자리의 수는 1, 2, 3, 4, 5 중 어느 것이어도 되므로 5의 배수의 개수는

$5\times5\times5=125$

답 ③

06

홀수이면 일의 자리의 수가 1 또는 3이다.
또 천의 자리의 수는 1, 2, 3, 4 중 하나이고,
백의 자리와 십의 자리의 수는 0, 1, 2, 3, 4 중 하나이다.
따라서 홀수의 개수는

$4\times5\times5\times2=200$

답 200

07

그림에서 (다)에 속하는 원소는 3, 4, 5, 6 중의 하나이다.
각 경우에 대하여 남은 원소 3개가 (가) 또는 (나)에 속하므로 경우의 수는

$2\times2\times2=8$

따라서 순서쌍 (A, B)의 개수는

$4\times8=32$

답 ③

08

n이 홀수이면 $f(n)$은 짝수, n이 짝수이면 $f(n)$은 홀수이므로
$f(1)$, $f(3)$, $f(5)$의 값은 2, 4 중 하나이고
$f(2)$, $f(4)$의 값은 1, 3, 5 중 하나이다.
따라서 함수 f의 개수는

$2\times2\times2\times3\times3=72$

답 ④

09

$f(x)$의 최솟값이 3이므로 $f(2)$, $f(3)$, $f(4)$, $f(5)$의 값은 3, 4, 5 중 하나이다.

$3\times3\times3\times3=3^4$

이 중 $f(2)$, $f(3)$, $f(4)$, $f(5)$의 값이 모두 4, 5인 경우는 빼야 하므로

$3^4-2^4=65$

답 65

10

가운데 8자리에 흰색 깃발 3개, 파란색 깃발 5개를 일렬로 나열하면 되므로 경우의 수는

$\frac{8!}{3!5!}=56$ 　답 ①

11

(i) 일의 자리의 수가 1인 경우

1, 2, 3, 4, 5를 일렬로 나열하는 경우의 수는

$5!=120$

(ii) 일의 자리의 수가 3인 경우

1, 1, 2, 4, 5를 일렬로 나열하는 경우의 수는

$\frac{5!}{2!}=60$

(iii) 일의 자리의 수가 5인 경우

1, 1, 2, 3, 4를 일렬로 나열하는 경우의 수는

$\frac{5!}{2!}=60$

(i)~(iii)에서 $120+60+60=240$ 　답 ⑤

12

(i) □□□□□0인 경우

1, 1, 2, 2, 2를 일렬로 나열하는 경우의 수는

$\frac{5!}{3!2!}=10$

(ii) 1□□□□2인 경우

0, 1, 2, 2를 일렬로 나열하는 경우의 수는

$\frac{4!}{2!}=12$

(iii) 2□□□□2인 경우

0, 1, 1, 2를 일렬로 나열하는 경우의 수는

$\frac{4!}{2!}=12$

(i)~(iii)에서 $10+12+12=34$ 　답 34

Note

(ii), (iii)은 일의 자리의 수가 2이므로 0, 1, 1, 2, 2를 일렬로 나열하는 경우에서 0이 맨 앞에 오는 경우를 빼도 된다.

따라서 경우의 수는 $\frac{5!}{2!2!}-\frac{4!}{2!2!}=24$

13

u, u를 한 문자로 생각하여 5개의 문자 m, m, s, e, (u, u)를 일렬로 나열하면 된다.

따라서 경우의 수는

$\frac{5!}{2!}=60$ 　답 ③

14

A, L을 한 문자로 생각하여 6개의 문자 C, C, S, S, I, (A, L)을 나열하는 경우의 수는

$\frac{6!}{2!2!}=180$

각 경우에 대하여 A, L이 서로 자리를 바꾸는 경우의 수는

$2!=2$

따라서 구하는 경우의 수는

$180\times2=360$ 　답 ④

15

(i) 양 끝에 a가 오는 경우

a, b, n, n을 일렬로 나열하는 경우의 수는

$\frac{4!}{2!}=12$

(ii) 양 끝에 n이 오는 경우

a, a, a, b를 일렬로 나열하는 경우의 수는

$\frac{4!}{3!}=4$

(i), (ii)에서 $12+4=16$ 　답 ②

16

5개의 문자 a, a, a, b, b를 일렬로 나열하는 경우의 수는

$\frac{5!}{3!2!}=10$

∨ a ∨ a ∨ a ∨ b ∨ b ∨

위와 같이 여섯 군데 ∨ 중에서 두 곳을 뽑아 문자 c를 나열하는 경우의 수는

${}_6C_2=15$

따라서 구하는 경우의 수는

$10\times15=150$ 　답 ⑤

다른 풀이

7개의 문자 a, a, a, b, b, c, c를 일렬로 나열하는 경우의 수에서 c, c를 한 문자로 생각하여 6개의 문자 a, a, a, b, b, (c, c)를 나열하는 경우의 수를 빼면

$\frac{7!}{3!2!2!}-\frac{6!}{3!2!}=210-60=150$

17

모음 u, i, o를 한 문자 X로 생각하여

X, X, X, f, n, c, t, n을 일렬로 나열한 다음

첫 번째 X는 i, 두 번째 X는 o, 세 번째 X는 u로 바꾸면 된다.

따라서 경우의 수는

$\frac{8!}{3!2!}=3360$ 　답 ③

18

2, 4의 순서가 정해져 있고, 1, 3, 5의 순서가 정해져 있으므로

2, 4를 모두 X, 1, 3, 5를 모두 Y로 생각하여

X, X, Y, Y, Y, 6을 일렬로 나열한 다음

첫 번째 X는 2, 두 번째 X는 4로 바꾸고
첫 번째 Y는 1, 두 번째 Y는 3, 세 번째 Y는 5로 바꾸면 된다.
따라서 경우의 수는

$$\frac{6!}{3!2!}=60$$

답 60

19

$4=1\times1\times1\times1\times4=1\times1\times1\times2\times2$
이므로 $f(1)$, $f(2)$, $f(3)$, $f(4)$, $f(5)$의 값은
1, 1, 1, 1, 4를 나열하는 경우와
1, 1, 1, 2, 2를 나열하는 경우이다.
따라서 구하는 경우의 수는

$$\frac{5!}{4!}+\frac{5!}{3!2!}=5+10=15$$

답 ①

20

(i) A 지점에서 P 지점까지 최단 거리로 가는 경우의 수는

$$\frac{4!}{2!2!}=6$$

(ii) P 지점에서 B 지점까지 최단 거리로 가는 경우의 수는

$$\frac{4!}{3!}=4$$

(i), (ii)에서 $6\times4=24$

답 ⑤

21

그림과 같이 도로망에 C 지점을 정하자.

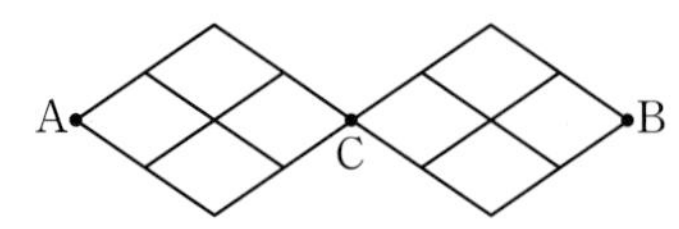

(i) A 지점에서 C 지점까지 최단 거리로 가는 경우의 수는

$$\frac{4!}{2!2!}=6$$

(ii) C 지점에서 B 지점까지 최단 거리로 가는 경우의 수는

$$\frac{4!}{2!2!}=6$$

(i), (ii)에서 $6\times6=36$

답 36

22

그림과 같이 도로망에 C, D, E 지점을 정하자.

(i) A → C → B로 가는 경우의 수는

$$1\times1=1$$

(ii) A → D → B로 가는 경우의 수는

$$\frac{4!}{3!}\times\frac{5!}{4!}=4\times5=20$$

(iii) A → E → B로 가는 경우의 수는

$$1\times\frac{5!}{4!}=1\times5=5$$

(i)~(iii)에서 $1+20+5=26$

답 ②

23

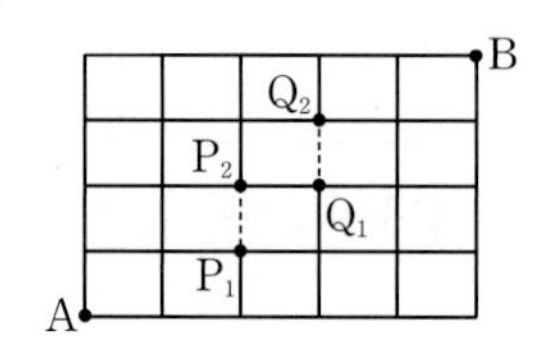

(i) 전체 경우의 수는 $\frac{9!}{5!4!}=126$

(ii) $A\to P_1\to P_2\to B$로 가는 경우의 수는

$$\frac{3!}{2!}\times\frac{5!}{3!2!}=3\times10=30$$

(iii) $A\to Q_1\to Q_2\to B$로 가는 경우의 수는

$$\frac{5!}{3!2!}\times\frac{3!}{2!}=30$$

(iv) $A\to P_1\to P_2\to Q_1\to Q_2\to B$로 가는 경우의 수는

$$\frac{3!}{2!}\times\frac{3!}{2!}=9$$

(i)~(iv)에서 $126-(30+30-9)=75$

답 ⑤

다른 풀이

합의 법칙을 이용하여 다음과 같이 풀어도 된다.

5 12 19 38 75 B
1 4 7 7 19 37
1 3 3 18
1 2 7 12 6
1 3 4 5
A 1 1 1 1 1

24

빨간색을 하나의 날개에 칠하면 파란색은 맞은편 날개에 칠해야 한다.
따라서 나머지 날개 4개에 4가지 색을 칠하면 되므로 구하는 경우의 수는

$$4!=24$$

답 24

25

A, B를 1개로 생각하여 5개를 원형의 실험 기구에 넣는 경우의 수는 $(5-1)!=24$
A, B가 서로 자리를 바꾸는 경우의 수는 $2!=2$
따라서 구하는 경우의 수는

$$24\times2=48$$

답 ②

26

어린이 5명이 원탁에 둘러앉는 경우의 수는 $(5-1)!=4!=24$
어린이 5명 사이사이에 어른 2명이 앉는 경우의 수는

$${}_5P_2=20$$

따라서 구하는 경우의 수는

$$24\times20=480$$

답 ③

다른 풀이

7명이 원탁에 둘러앉는 경우의 수는 $(7-1)!=720$

어른끼리 이웃하는 경우는 어른 2명을 1명으로 생각하여 6명이 원탁에 앉고, 어른끼리 자리를 바꿀 수 있으므로

$(6-1)!\times 2!=240$

따라서 구하는 경우의 수는

$720-240=480$

27

남학생 3명이 원탁에 둘러앉는 경우의 수는

$(3-1)!=2$

남학생 3명 사이사이에 여학생 3명이 앉는 경우의 수는

$3!=6$

따라서 구하는 경우의 수는

$2\times 6=12$ 답 ④

28

2, 4, 6을 한 개로 생각하여 숫자 5개를 원형으로 나열하는 경우의 수는

$(5-1)!=24$

2, 4, 6이 자리를 바꾸는 경우의 수는 $3!=6$

따라서 구하는 경우의 수는

$24\times 6=144$ 답 144

29

n가지 색에서 4가지 색을 고르는 경우의 수는 ${}_nC_4$

4가지 색을 타일에 칠하는 경우의 수는 $(4-1)!=3!=6$

조건에서 ${}_nC_4\times 6=90$

$$\frac{n(n-1)(n-2)(n-3)}{4!}\times 6=90$$

$$n(n-1)(n-2)(n-3)=6\times 5\times 4\times 3$$

$\therefore n=6$ 답 6

30

7가지 반찬 중에서 1가지를 뽑아 가운데에 넣고 나머지 6가지 반찬을 원형으로 나열하면 되므로 경우의 수는

${}_7C_1\times(6-1)!=7\times 120=840$ 답 840

31

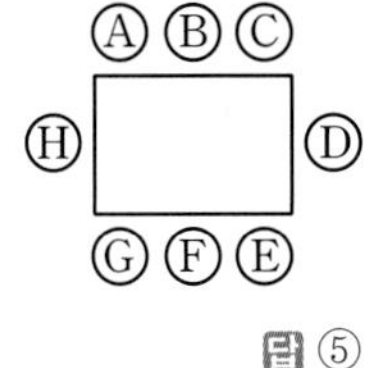

특정한 한 명이 A, B, C, D에 앉는 경우는 다른 경우이다.

각각의 경우 나머지 7명이 앉는 경우의 수는 $7!$이므로

$4\times 7!$ 답 ⑤

32

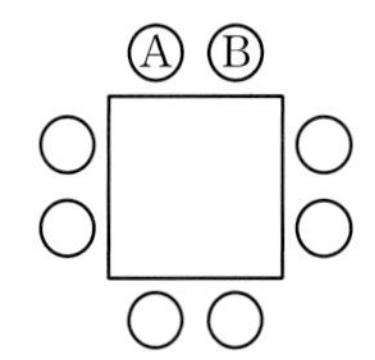

특정한 남자 1명이 A 또는 B에 앉는 경우 남은 남자 3명이 각각 한 면을 정하는 경우의 수는

$3!=6$

여자 4명이 한 면을 정하는 경우의 수는

$4!=24$

각 모서리에서 남자, 여자가 자리를 바꾸는 경우의 수는

$2^4=16$

따라서 구하는 경우의 수는 $6\times 24\times 16=2304$ 답 2304

step B 실력 문제 11~14쪽

01 211	**02** 33	**03** ③	**04** 60	**05** ③
06 60	**07** ②	**08** 64	**09** 340	**10** ④
11 546	**12** 450	**13** 56	**14** 46	**15** ③
16 ②	**17** 19	**18** 90	**19** 1152	**20** ③
21 ②	**22** ④	**23** ④	**24** 54	**25** ④
26 ③				

01

[전략] $A\subset B$인 경우를 벤다이어그램으로 나타내고 1, 2, 3, 4, 5를 쓰는 경우의 수를 생각한다.

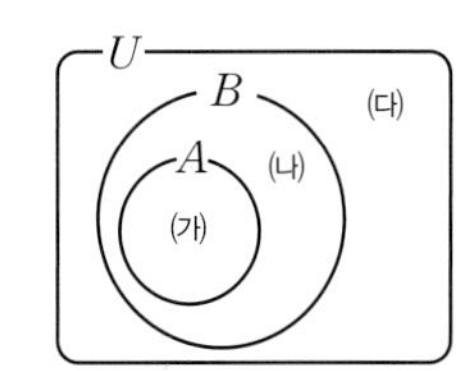

$A\subset B$인 A, B의 순서쌍의 개수는 1, 2, 3, 4, 5를 각각 (가) 또는 (나) 또는 (다)에 쓰는 경우의 수와 같으므로

$3^5=243$(개)

(나)와 (다)에만 1, 2, 3, 4, 5를 쓰면 A가 공집합이므로

$A\subset B$이고 A가 공집합인 순서쌍은 $2^5=32$(개)

따라서 순서쌍 (A, B)의 개수는 $243-32=211$ 답 211

02

[전략] a가 두 번, 세 번, 네 번 나오는 경우로 나눈다.

(i) a가 두 번 나오는 경우

네 자리에서 a의 위치 2곳을 정하고 나머지 두 자리에 b 또는 c를 중복을 허용하여 나열하면 되므로

${}_4C_2\times 2^2=24$

(ii) a가 세 번 나오는 경우

네 자리에서 a의 위치 3곳을 정하고 나머지 한 자리에 b 또는 c를 나열하면 되므로

${}_4C_3\times 2=8$

(iii) a가 네 번 나오는 경우는 1가지

(i)~(iii)에서 $24+8+1=33$ 답 33

Note

전체 경우에서 a가 1번인 경우, 0번인 경우를 빼도 된다.

03

[전략] $2310=2\times3\times5\times7\times11=a\times b$ 꼴로 나타낼 때, 2는 a 또는 b의 약수이다. 3, 5, 7, 11도 마찬가지이다.

$2310=a\times b$일 때
2는 a 또는 b의 약수이므로 2가지,
3은 a 또는 b의 약수이므로 2가지,
5, 7, 11도 각각 2가지씩이 가능하다.
그런데 a 또는 b가 1인 경우를 빼야 하므로 $2^5-2=30$
이때 a, b의 순서가 바뀌어도 같은 경우이므로 경우의 수는

$\frac{30}{2}=15$ 답 ③

다른 풀이

2, 3, 5, 7, 11 중 1개와 4개 또는 2개와 3개로 나누고 나눈 수의 곱을 a와 b라 해도 되므로 구하는 경우의 수는

${}_5C_1+{}_5C_2=15$

04

[전략] 3이 이웃하지 않으므로 3의 개수에 따라 경우를 나눈다.

(i) 3이 0개인 경우
네 자리에 1 또는 2를 나열하는 경우의 수이므로
$2^4=16$

(ii) 3이 1개인 경우
네 자리 중 3을 놓을 위치를 정하고, 나머지 세 자리에 1 또는 2를 나열하는 경우의 수이므로
${}_4C_1\times2^3=32$

(iii) 3이 2개인 경우
3이 이웃하지 않으므로 1, 2에서 중복을 허용하여 2개를 뽑아 나열하고, 두 수 사이와 양쪽 끝의 세 자리 중 두 자리에 3을 놓으면 되므로
$2^2\times{}_3C_2=12$

(i)~(iii)에서 $16+32+12=60$ 답 60

05

[전략] 전체 경우의 수에서 승객이 정류장 1개나 2개에서 모두 내리는 경우의 수를 뺀다.

승객 7명이 정류장 3개에서 내리는 경우의 수에서 승객이 정류장 1개나 2개에서 모두 내리는 경우의 수를 뺀다.

(i) 정류장 1개에서 모두 내리는 경우는
3가지

(ii) 정류장 2개에서 모두 내리는 경우
정류장 2개를 정하는 경우의 수는 ${}_3C_2=3$
정해진 정류장 2개에서 7명이 모두 내리는 경우는 2^7가지
이 중 한 정류장에서 모두 내리는 경우가 2가지이므로
$3\times(2^7-2)=378$

(iii) 정류장 3개에서 7명이 모두 내리는 경우는 $3^7=2187$(가지)

(i)~(iii)에서 $2187-3-378=1806$ 답 ③

Note

집합 $X=\{1, 2, 3, 4, 5, 6, 7\}$에서 집합 $Y=\{a, b, c\}$로의 함수 중 치역과 공역이 같은 함수의 개수와 같다.

06

[전략] f의 치역이 $\{1, 2, 3, 4\}$일 때 $f(a)=a$인 a가 1, 2, 3인 경우 조건 (가)를 만족시키는 f가 몇 개인지 생각한다.

치역의 원소 4개를 선택하는 경우의 수는 ${}_5C_4=5$
치역의 원소 4개 중에서 $f(a)=a$를 만족시키는 원소 3개를 정하는 경우의 수는 ${}_4C_3=4$
$f(a)=a$인 a를 a_1, a_2, a_3이라 하고, $f(a)\neq a$인 치역의 원소를 a_4라 하면 $f(a_4)$의 값은 a_1, a_2, a_3이 가능하고, 치역의 원소가 아닌 X의 나머지 원소를 a_5라 하면 $f(a_5)=a_4$이어야 한다.
따라서 구하는 함수 f의 개수는

$5\times4\times3\times1=60$ 답 60

Note

치역이 $\{1, 2, 3, 4\}$이고 $f(a)=a$인 a가 1, 2, 3이라 하면 $f(4)$의 값은 1, 2, 3 중 하나이고 $f(5)=4$이어야 한다.

07

[전략] f의 치역이 $\{1, 2\}$일 때, $f\circ f$의 치역의 원소가 1개이면 $f\circ f$의 치역은 $\{1\}$ 또는 $\{2\}$이다.
이때 가능한 f의 개수부터 구한다.

f의 치역이 $\{a, b\}$이면 $f\circ f$의 치역은 $\{a\}$ 또는 $\{b\}$이다.
$f\circ f$의 치역이 $\{a\}$이면 $f(a)=a$, $f(b)=a$이다.
또 나머지 세 원소의 함숫값은 a 또는 b이고, 모두 a인 경우는 빼야 한다.
따라서 가능한 f의 개수는 $2^3-1=7$이다.
f의 치역을 정하는 경우의 수는 ${}_5C_2=10$
$f\circ f$의 치역의 원소 1개를 정하는 경우의 수는 2
이때 나머지 원소의 함숫값을 정하는 경우의 수가 7이므로
함수 f의 개수는 $10\times2\times7=140$ 답 ②

08

[전략] $x>0$일 때, $f(x)>0$이므로 가능한 $f(x)$의 값은 1, 2, 3이다.
각각의 경우 $f(-x)$의 값도 정해진다.

조건 (가)에서
(i) $f(x)=1$이면 $f(-x)=-2$
(ii) $f(x)=2$이면 $f(-x)=-3$ 또는 $f(-x)=-1$
(iii) $f(x)=3$이면 $f(-x)=-2$
따라서 $f(1)$과 $f(-1)$, $f(2)$와 $f(-2)$, $f(3)$과 $f(-3)$의 값을 정하는 경우의 수는 각각 4이다.
따라서 구하는 함수 f의 개수는

$4\times4\times4=64$ 답 64

09

[전략] 전체 경우의 수에서 양 끝에 같은 문자가 오는 경우의 수를 뺀다.

a, b, b, c, c, c, d를 일렬로 나열하는 경우의 수는 $\frac{7!}{2!3!}=420$

(i) 양 끝에 b가 오는 경우
a, c, c, c, d를 나열하는 경우의 수는
$\frac{5!}{3!}=20$

(ⅱ) 양 끝에 c가 오는 경우

a, b, b, c, d를 나열하는 경우의 수는

$\frac{5!}{2!}=60$

(ⅰ), (ⅱ)에서 $420-20-60=340$ 답 340

10

[전략] 파란 공과 노란 공을 나열한 다음, 공 사이사이와 양 끝에 빨간 공을 2개, 1개로 나누어 넣는다.

파란 공 4개와 노란 공 2개를 일렬로 나열하는 경우의 수는

$\frac{6!}{4!2!}=15$

∨○∨○∨○∨○∨○∨○∨

나열된 공의 사이사이와 양 끝 7개의 자리 중에서 2개의 자리를 뽑아 한 자리는 빨간 공을 2개, 나머지 한 자리는 빨간 공을 1개 넣는 경우의 수는

${}_7P_2=42$

따라서 구하는 경우의 수는

$15\times42=630$ 답 ④

11

[전략] 뽑은 A, B, C의 개수를 각각 a, b, c라 하고 가능한 a, b, c의 값부터 구한다.

뽑은 A, B, C의 개수를 각각 a, b, c라 하자.

a, b, c는 홀수이고 그 합이 7이다.

(ⅰ) $(a, b, c)=(1, 1, 5)$일 때,

A, B, C, C, C, C, C를 일렬로 나열하는 경우의 수이므로

$\frac{7!}{5!}=42$

$(a, b, c)=(1, 5, 1)$, $(5, 1, 1)$일 때에도 경우의 수는 42이다.

(ⅱ) $(a, b, c)=(1, 3, 3)$일 때,

A, B, B, B, C, C, C를 일렬로 나열하는 경우의 수이므로

$\frac{7!}{3!3!}=140$

$(a, b, c)=(3, 1, 3)$, $(3, 3, 1)$일 때에도 경우의 수는 140이다.

(ⅰ), (ⅱ)에서 $42\times3+140\times3=546$ 답 546

12

[전략] 조건 (나)에서 짝수가 짝수 개이므로 홀수는 홀수 개이다.

조건 (나)에서 짝수가 짝수 개이므로 홀수는 홀수 개이다.

(ⅰ) 홀수를 1개 선택하는 경우

짝수 2개를 두 번씩 선택해야 한다.

따라서 선택하는 경우의 수는 ${}_3C_1\times{}_3C_2=9$

각각에 대하여 나열하는 경우의 수는 $\frac{5!}{2!2!}=30$

따라서 자연수의 개수는 $9\times30=270$

(ⅱ) 홀수를 3개 선택하는 경우

짝수 1개를 2번 선택해야 한다.

따라서 선택하는 경우의 수는 ${}_3C_3\times{}_3C_1=3$

각각에 대하여 나열하는 경우의 수는 $\frac{5!}{2!}=60$

따라서 자연수의 개수는 $3\times60=180$

(ⅲ) 홀수를 5개 선택할 수는 없다.

(ⅰ)~(ⅲ)에서 자연수의 개수는

$270+180=450$ 답 450

13

[전략] ↗ 방향으로 많이 이동할수록 움직인 거리가 짧아짐을 이용한다.

최단 거리로 이동하므로 ↑, →, ↗ 방향으로만 이동한다.

또 ↗ 방향으로 많이 이동할수록 움직인 거리가 짧다.

따라서 ↗ 방향으로 3번 이동하면 된다. 이때 ↑ 방향으로는 이동하지 않고, → 방향으로는 5번 이동한다.

따라서 ↗ 방향 3개와 → 방향 5개의 순서를 정하는 경우의 수와 같으므로

$\frac{8!}{5!3!}=56$ 답 56

14

[전략] 전체 경우의 수에서 교차로 P와 Q에서 좌회전하는 경우의 수를 뺀다.

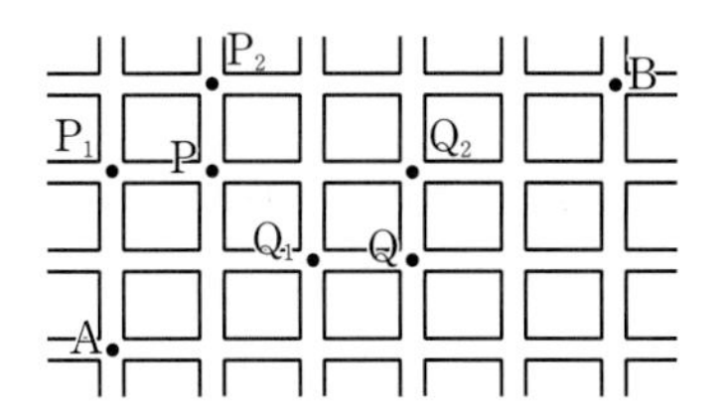

(ⅰ) A 지점에서 B 지점까지 최단 거리로 가는 경우의 수는

$\frac{8!}{5!3!}=56$

(ⅱ) 교차로 P에서 좌회전을 하는 경우

$A\to P_1\to P\to P_2\to B$이므로 경우의 수는 1이다.

(ⅲ) 교차로 Q에서 좌회전을 하는 경우

$A\to Q_1\to Q\to Q_2\to B$이므로 경우의 수는

$\frac{3!}{2!}\times\frac{3!}{2!}=9$

따라서 P와 Q에서 동시에 좌회전하는 경우는 없으므로 구하는 경우의 수는

$56-1-9=46$ 답 46

15

[전략] 좌회전은 2번까지 할 수 있으므로 전체 경우의 수에서 좌회전을 3번 하는 경우를 뺀다.

전체 경우의 수는 $\frac{7!}{4!3!}=35$

좌회전은 (→, ↑) 꼴로 움직이므로 좌회전을 3번하는 경우의 수는 (→, ↑), (→, ↑), (→, ↑), →를 나열하는 경우의 수이므로 $\frac{4!}{3!}=4$

따라서 구하는 경우의 수는

$35-4=31$ 답 ③

16

[전략] 오른쪽으로 출발하는 경우와 위로 출발하는 경우로 나누어 생각한다.

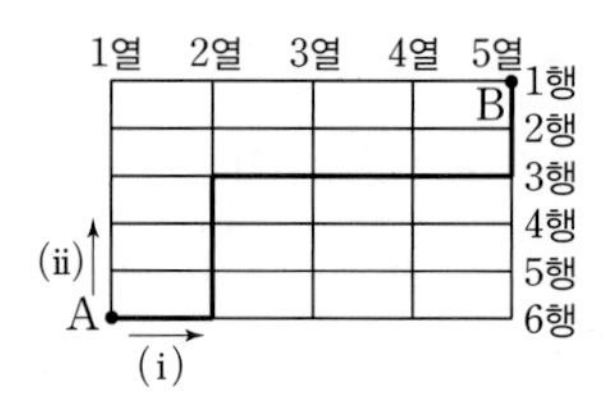

(i) 오른쪽으로 출발하는 경우
좌회전, 우회전, 좌회전 순이다.
이때 우회전하고 나면 5열에서 좌회전해야 한다. 따라서 처음 좌회전은 2열~4열 중 한 곳에서, 우회전은 2행~5행 중 한 곳에서 하면 되므로 경우의 수는
$3\times4=12$

(ii) 위로 출발하는 경우
우회전, 좌회전, 우회전 순으로 하고 마지막 우회전은 1행에서 해야 한다.
처음 우회전은 2행~5행 중 한 곳에서, 좌회전은 2열~4열 중 한 곳에서 하면 되므로 경우의 수는
$4\times3=12$

(i), (ii)에서 $12+12=24$ 답 ②

17

[전략] 점 A에서 점 B까지 이동하는 경우를 좌표평면 위에 나타내어 본다.

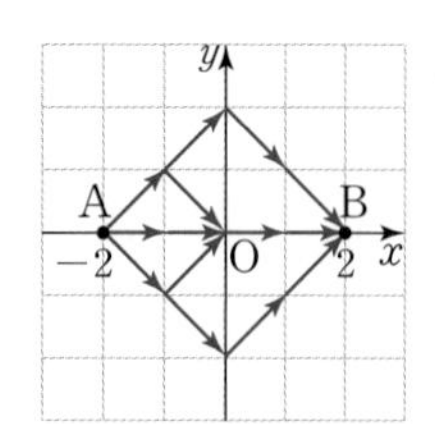

점 $A(-2, 0)$에서 점 $B(2, 0)$까지 4번만 점프하여 이동하는 경우에서 길이가 1만큼 이동하는 방향은 →, 길이가 $\sqrt{2}$만큼 이동하는 방향은 ↗ 또는 ↘이다.
이때 점 A에서 점 B로 이동하는 경우는 다음과 같다.

(i) →, →, →, →로 이동하는 경우의 수는
1

(ii) →, →, ↗, ↘로 이동하는 경우의 수는
$\frac{4!}{2!}=12$

(iii) ↗, ↗, ↘, ↘로 이동하는 경우의 수는
$\frac{4!}{2!2!}=6$

(i)~(iii)에서 $1+12+6=19$ 답 19

18

[전략] 아래로 한 번 움직이면 위로 네 번, 왼쪽으로 한 번 움직이면 오른쪽으로 두 번 움직인다.

상, 하, 좌, 우로 한 칸씩 움직이는 것을 각각 a, b, c, d라 하자.

(i) 아래로 한 번 움직일 때,
위로 네 번, 오른쪽으로 한 번 움직이므로 a, a, a, a, b, d를 일렬로 나열하는 경우의 수와 같다.
$\therefore \frac{6!}{4!}=30$

(ii) 왼쪽으로 한 번 움직일 때,
위로 세 번, 오른쪽으로 두 번 움직이므로 a, a, a, c, d, d를 일렬로 나열하는 경우의 수와 같다.
$\therefore \frac{6!}{3!2!}=60$

(i), (ii)에서 $30+60=90$ 답 90

19

[전략] 먼저 1을 적고 나머지 홀수를 쓰는 경우의 수부터 생각한다.

두 수의 합이 홀수이려면 (홀수)+(짝수)이어야 하므로 마주 보는 두 부채꼴에는 홀수와 짝수가 적혀야 한다.
먼저 1을 하나의 부채꼴에 적으면
3을 적는 경우는 1을 적은 부채꼴과 이 부채꼴과 마주 보는 부채꼴을 제외한 6개
5를 적는 경우는 1, 3을 적은 부채꼴과 이 부채꼴들과 마주 보는 부채꼴을 제외한 4개
7을 적는 경우는 1, 3, 5를 적은 부채꼴과 이 부채꼴들과 마주 보는 부채꼴을 제외한 2개
또한 2, 4, 6, 8을 적는 경우는 나머지 4개의 부채꼴에 적으면 되므로 4!
따라서 구하는 경우의 수는
$6\times4\times2\times4!=1152$ 답 1152

다른 풀이

숫자 1을 적는 위치를 정하는 경우의 수는 1이고, 1이 적힌 부채꼴과 마주 보는 부채꼴에는 짝수 2, 4, 6, 8 중에서 하나를 적어야 하므로
$1\times{}_4C_1=4$
나머지 6개의 부채꼴 중에서 3을 적는 부채꼴을 정하는 경우의 수는 6이고, 3이 적힌 부채꼴과 마주 보는 부채꼴에는 1이 적힌 부채꼴과 마주 보는 부채꼴에 적힌 짝수를 제외한 3개의 짝수 중에서 하나를 적어야 하므로
$6\times3=18$
나머지 4개의 부채꼴 중에서 5를 적는 부채꼴을 정하는 경우의 수는 4이고, 5가 적힌 부채꼴과 마주 보는 부채꼴에는 1, 3이 적힌 부채꼴과 마주 보는 부채꼴에 적힌 짝수를 제외한 2개의 짝수 중에서 하나를 적어야 하므로
$4\times2=8$
남은 2개의 숫자를 부채꼴에 적는 경우의 수는 2
따라서 구하는 경우의 수는
$4\times18\times8\times2=1152$

20

[전략] 같은 학교 학생 2명을 한 묶음으로 생각한다.

같은 학교 학생 2명을 한 묶음으로 생각하자.

3묶음을 나열하는 원순열의 수는

$(3-1)!=2$

같은 학교 학생끼리 자리를 바꾸는 경우의 수는 $2\times2\times2=8$

따라서 구하는 경우의 수는 $2\times8=16$ 답 ③

21

[전략] 남학생이 6명이므로 여학생 사이에 남학생은 1명, 2명, 3명 앉아야 한다.

(i) 여학생 3명이 원탁에 둘러앉는 경우의 수는 $(3-1)!=2$

(ii) 여학생 사이에 남학생은 1명, 2명, 3명 앉아야 한다.

여학생 사이에 앉는 남학생을 정하는 경우의 수는 $3!=6$

정해진 자리에 남학생이 앉는 경우의 수는 $6!$

$\therefore 6\times6!$

(i), (ii)에서 구하는 경우의 수는

$2\times6\times6!=12\times6!$

$\therefore n=12$ 답 ②

Note

(ii)에서 남학생 6명을 3명, 2명, 1명으로 나누는 경우의 수는

${}_6C_3\times{}_3C_2\times{}_1C_1$

남학생 3묶음을 여학생 사이의 3곳에 하나씩 나열하는 경우의 수 $3!$

남자끼리 위치를 바꾸는 경우의 수 $3!\times2!$

22

[전략] 같은 방에 들어갈 벌 2마리를 뽑고,
벌 2마리가 들어가는 방을 정한 다음,
나머지 벌을 방에 넣는 경우의 수를 생각한다.

(i) 가운데 방에 벌이 2마리 들어가는 경우

가운데 방에 들어갈 벌 2마리를 뽑는 경우의 수는 ${}_8C_2=28$

나머지 6개 방에 벌이 1마리씩 들어가는 경우의 수는

$(6-1)!=120$

따라서 경우의 수는 $28\times120=3360$

(ii) 바깥쪽 방에 벌이 2마리 들어가는 경우

같은 방에 들어갈 벌 2마리를 뽑는 경우의 수는 ${}_8C_2=28$

바깥쪽 방 중 벌이 2마리 들어가는 방을 고정하고, 나머지 6마리를 나머지 방에 나누어 넣는 경우의 수는 $6!=720$

따라서 경우의 수는 $28\times720=20160$

(i), (ii)에서 $3360+20160=23520$ 답 ④

23

[전략] 먼저 가운데 영역에 칠을 하고 나머지 영역에 칠하는 것은 원순열을 생각한다.

정육각형에 색을 칠하는 경우의 수는

${}_{13}C_1=13$

A나 B에 한 가지 색을 칠하고 나머지 11개 영역에 11가지 색을 칠하면 되므로 경우의 수는 $2\times11!$

따라서 구하는 경우의 수는 $13\times2\times11!=\frac{13!}{6}$ 답 ④

다른 풀이

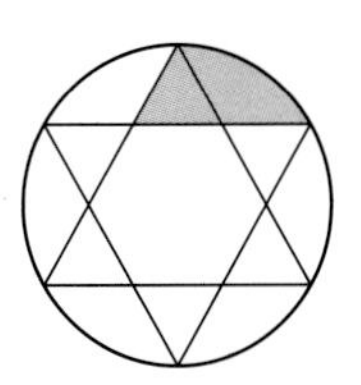

13개의 영역에 서로 다른 13가지의 색을 칠하는 경우의 수는 $13!$

그림과 같이 삼각형과 부채꼴을 한 도형으로 생각하면 원이 회전할 때 같은 경우가 6가지씩 있으므로 구하는 경우의 수는 $\frac{13!}{6}$

24

[전략] 1. 안쪽 영역을 칠하는 경우의 수부터 구한다.
2. 안쪽 영역에 칠할 색을 하나 정하고 이때 바깥쪽 영역을 칠하는 경우의 수를 구한다.

(i) 안쪽 4개의 영역에 색을 칠하는 경우의 수는

$(4-1)!=6$

(ii) 안쪽 영역을 그림과 같이 칠한 경우

(가)에 B를 칠한 경우

(나), (다), (라)에 가능한 쌍은

(A, D, C), (C, D, A), (D, A, C)

이므로 3가지이다.

(가)에 C, D를 칠하는 경우도 마찬가지로 3가지이다.

따라서 바깥쪽 영역에 칠하는 경우의 수는 $3\times3=9$

(i), (ii)에서 $6\times9=54$ 답 54

25

[전략] 5가지 색 중에서 2개의 영역에 칠하는 색과 위치를 먼저 정한다.

(i) 2개의 영역에는 같은 색을 칠해야 하므로 2개의 영역에 칠하는 색을 정하는 경우의 수는 ${}_5C_1=5$

(ii) 5가지 색을 A, B, C, D, E라 하고 A를 2개의 영역에 칠하는 경우는 다음 2가지가 있다.

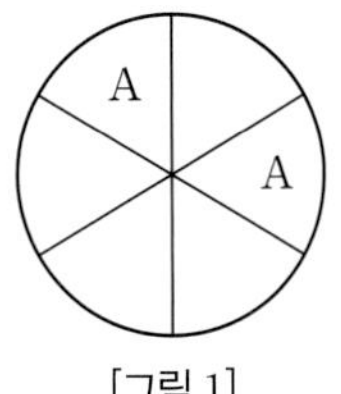

[그림 1]

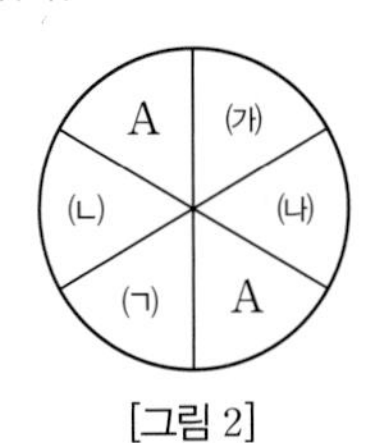

[그림 2]

[그림 1]과 같은 경우

나머지 4개의 영역에 나머지 4가지 색을 칠하는 경우의 수는

$4!=24$

[그림 2]와 같은 경우

B를 (가)와 (ㄱ), (나)와 (ㄴ)에 칠하는 것은 같은 경우이므로

B, C, D, E를 칠하는 경우의 수는

$\frac{4!}{2}=12$

(i), (ii)에서 $5\times(24+12)=180$ 답 ④

Note

[그림 2]에서 나머지 4개의 영역에 나머지 4개의 색을 칠하면 회전할 때, 2개씩 같은 경우가 생기므로 $\frac{4!}{2}$

26

[전략] 두 밑면을 칠하는 색을 먼저 정한다.

정육각기둥의 두 밑면을 칠하는 경우의 수는

$_8P_2=56$

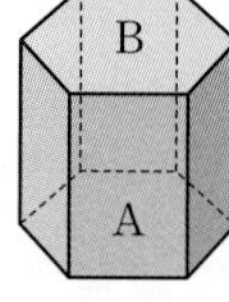

두 밑면을 제외한 6개의 옆면을 칠하는 경우의 수는

$(6-1)!=5!$

그런데 두 밑면 A, B의 위치가 바뀌는 경우도 같은 경우이므로 2가지씩 중복된다.

따라서 구하는 경우의 수는

$56\times5!\times\frac{1}{2}=4\times7\times5!$ 답 ③

Note

밑면에 칠하는 색을 정하는 경우의 수를 $_8C_2$라 하면 두 밑면의 위치가 바뀌어 생기는 중복을 고려하지 않아도 된다.

step C 최상위 문제 15쪽

01 ④ **02** 38 **03** 209 **04** 40 **05** 504

01

[전략] 먼저 A, B, C가 받을 수 있는 사탕의 개수부터 구한다.

A, B, C가 받은 사탕의 개수를 각각 a, b, c라 하면 조건을 만족시키는 순서쌍 (a, b, c)는

$(4, 1, 1)$, $(3, 2, 1)$, $(3, 1, 2)$, $(2, 1, 3)$

따라서 경우의 수는

$\frac{6!}{4!}+\frac{6!}{3!2!}+\frac{6!}{3!2!}+\frac{6!}{2!3!}$

$=30+60+60+60=210$ 답 ④

다른 풀이

사탕의 개수가 $(4, 1, 1)$인 경우의 수는

$_6C_4\times{_2C_1}\times{_1C_1}=30$

사탕의 개수가 $(3, 2, 1)$인 경우의 수는

$_6C_3\times{_3C_2}\times{_1C_1}=60$

사탕의 개수가 $(3, 1, 2)$인 경우의 수는

$_6C_3\times{_3C_1}\times{_2C_2}=60$

사탕의 개수가 $(2, 1, 3)$인 경우의 수는

$_6C_2\times{_4C_1}\times{_3C_3}=60$

02

[전략] 먼저 2, 2, 3, 3을 일렬로 나열하고, 사이사이에 1, 1, 1을 쓰는 방법을 생각한다.

2, 2, 3, 3을 일렬로 나열하면 2233, 3322, 2332, 3223, 2323, 3232이다.

(i) 2233의 경우

2와 2 사이, 3과 3 사이에 1을 쓰고 나머지 3개의 ∨ 중 1개에 1을 쓰면 되므로 3가지

1 1
∨ 2 ∨ 2 ∨ 3 ∨ 3 ∨

마찬가지로 3322의 경우도 3가지

(ii) 2332의 경우

3과 3 사이에 1을 쓰고 나머지 4개의 ∨ 중 2개에 1을 쓰면 되므로 $_4C_2=6$(가지)

1
∨ 2 ∨ 3 ∨ 3 ∨ 2 ∨

마찬가지로 3223의 경우도 6가지

(iii) 2323의 경우

5개의 ∨ 중 3곳에 1을 쓰면 되므로 $_5C_3=10$(가지)

∨ 2 ∨ 3 ∨ 2 ∨ 3 ∨

마찬가지로 3232의 경우도 10가지

(i)~(iii)에서 $2\times(3+6+10)=38$ 답 38

03

[전략] $f(4)$를 3으로 나눈 나머지가 0, 1, 2일 때로 나누어 $f(1)+f(2)+f(3)$에 대한 조건을 찾는다.

3으로 나눈 나머지가 각각 0, 1, 2인 원소로 Y의 부분집합을 생각하면 $A=\{3\}$, $B=\{1, 4\}$, $C=\{2, 5\}$이다.

(i) $f(4)=3$인 경우

$f(1)+f(2)+f(3)=3k$ (k는 자연수)이므로 A, B, C에서 $f(1)$, $f(2)$, $f(3)$의 값으로 가능한 원소의 개수와 각 경우 함수의 개수는 표와 같다.

A	B	C	함수의 개수
3	0	0	$1^3=1$
1	1	1	$3!\times2\times2=24$
0	3	0	$2^3=8$
0	0	3	$2^3=8$

$\therefore 1+24+8+8=41$

(ii) $f(4)=1$ 또는 $f(4)=4$인 경우

$f(1)+f(2)+f(3)=3k+1$ (k는 자연수)이므로 A, B, C에서 $f(1)$, $f(2)$, $f(3)$의 값으로 가능한 원소의 개수와 각 경우 함수의 개수는 표와 같다.

A	B	C	함수의 개수
2	1	0	$3\times2=6$
1	0	2	$3\times2^2=12$
0	2	1	$3\times2\times2^2=24$

$\therefore 2\times(6+12+24)=84$

(iii) $f(4)=2$ 또는 $f(4)=5$인 경우

$f(1)+f(2)+f(3)=3k+2$ (k는 자연수)이므로 A, B, C에서 $f(1)$, $f(2)$, $f(3)$의 값으로 가능한 원소의 개수와 각 경우 함수의 개수는 표와 같다.

A	B	C	함수의 개수
2	0	1	$3\times2=6$
1	2	0	$3\times2^2=12$
0	1	2	$3\times2\times2^2=24$

$\therefore 2\times(6+12+24)=84$

(i)~(iii)에서 $41+84+84=209$ 답 209

04

[전략] a 다섯 개와 b 세 개를 나열할 때, aaa, $aaaa$, $aaaaa$, bbb를 포함한 경우를 생각한다.

가로, 세로로 1만큼 움직이는 것을 각각 a, b라 할 때, a 다섯 개와 b 세 개를 일렬로 나열하는 경우이다.

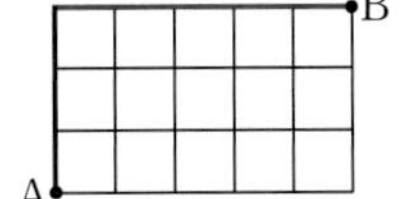

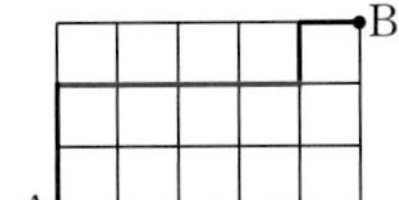

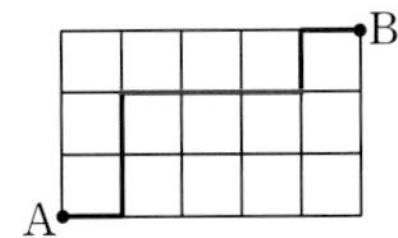

(i) $aaaaa$를 포함하는 경우

$aaaaa$, b, b, b를 일렬로 나열하는 경우의 수는 $\frac{4!}{3!}=4$

(ii) $aaaa$, a, b, b, b를 나열하는 경우

$aaaa$와 a는 인접하지 않아야 하므로 b, b, b에서 양 끝과 사이사이의 4곳 중 한 곳에 $aaaa$, 다른 곳에 a를 쓰는 경우의 수이므로

$4\times3=12$

(iii) aaa, a, a, b, b, b를 나열하는 경우

b, b, b에서 양 끝과 b 사이사이의 4곳 중 한 곳에 aaa를 쓰고 나머지 3곳 중 2곳에 a, a를 쓰거나 3곳 중 한 곳에 a 두 개를 쓰면 되므로

$4\times({}_3C_2+3)=24$

(iv) bbb를 포함하는 경우

aaa, $aaaa$, $aaaaa$를 나열하는 경우에 포함되므로 (i)~(iii)에 해당된다.

(i)~(iv)에서 $4+12+24=40$ 답 40

05

[전략] 부부 중 한 명의 위치를 고정시키고, 나머지 사람들이 앉는 경우의 수를 구한다.

한 쌍의 부부를 A(남), a(여)라 하고,
남자는 □에, 여자는 ○에 앉는다고 하자.

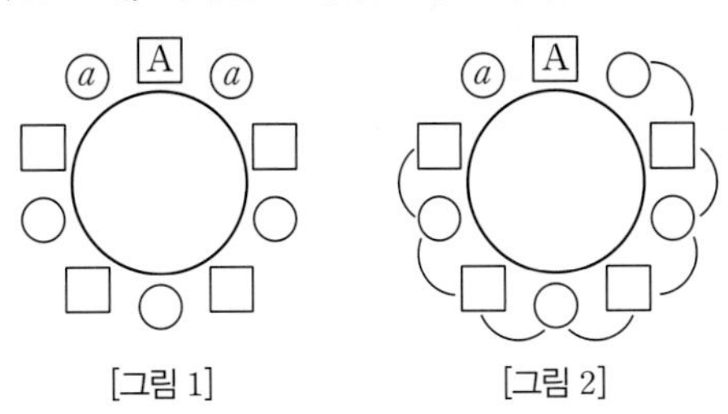

[그림 1] [그림 2]

[그림 1]과 같이 A의 위치를 고정하면 a가 앉는 경우의 수는 2

[그림 2]와 같이 Aa의 위치가 정해지면 다른 부부가 앉는 경우의 수는 7

또 부부가 아닌 남자 3명이 빈 자리에 앉는 경우의 수는 3!

부부가 아닌 여자 3명이 빈 자리에 앉는 경우의 수도 3!

따라서 구하는 경우의 수는

$2\times7\times3!\times3!=504$ 답 504

02. 중복조합과 이항정리

step A 기본 문제 17~20쪽

01 126	02 35	03 ③	04 ③	05 ②
06 ②	07 ④	08 63	09 ①	10 ⑤
11 ④	12 ⑤	13 ⑤	14 ③	15 130
16 ③	17 ④	18 220	19 ④	20 ③
21 ⑤	22 4	23 592	24 ③	25 32
26 ②	27 ④	28 ③	29 ②	30 ①
31 165	32 120			

01

${}_3H_r={}_{2+r}C_r={}_{2+r}C_2$이므로 ${}_{2+r}C_2={}_7C_2$에서

$\dfrac{(r+2)(r+1)}{2}=\dfrac{7\times6}{2}$

$r^2+3r-40=0,\ (r+8)(r-5)=0$

r는 자연수이므로 $r=5$

$\therefore {}_5H_5={}_9C_5={}_9C_4=126$

답 126

02

순서쌍 (x, y, z, w)의 개수는 서로 다른 4개에서 중복을 허용하여 4개를 뽑는 중복조합의 수이므로

${}_4H_4={}_7C_4={}_7C_3=35$

답 35

03

$x+y+z=4$에서

$x'=x+1,\ y'=y+1,\ z'=z+1$이라 하면

$x'+y'+z'=7$

$x',\ y',\ z'$은 음이 아닌 정수이므로 순서쌍 (x', y', z')의 개수는

${}_3H_7={}_9C_7={}_9C_2=36$

답 ③

04

$x+y+z+5w=14$에서

$x'=x-1,\ y'=y-1,\ z'=z-1,\ w'=w-1$이라 하면

$x'+y'+z'+5w'=6$

이고, $x',\ y',\ z',\ w'$은 음이 아닌 정수이다.

(i) $w'=0$일 때

$x'+y'+z'=6$이므로 순서쌍 (x', y', z')의 개수는

${}_3H_6={}_8C_6={}_8C_2=28$

(ii) $w'=1$일 때

$x'+y'+z'=1$이므로 순서쌍 (x', y', z')의 개수는

${}_3H_1={}_3C_1=3$

(i), (ii)에서 구하는 순서쌍 (x, y, z, w)의 개수는

$28+3=31$

답 ③

05

$\begin{cases} x+y+z+3w=14 & \cdots ❶ \\ x+y+z+w=10 & \cdots ❷ \end{cases}$

❶−❷를 하면 $2w=4 \quad \therefore w=2$

이때 두 방정식 모두 $x+y+z=8 \quad \cdots ❸$

이므로 ❸을 만족시키는 $x,\ y,\ z$와 $w=2$가 연립방정식의 해이다.

❸을 만족시키는 순서쌍 (x, y, z)의 개수는

${}_3H_8={}_{10}C_8={}_{10}C_2=45$

곧, 구하는 순서쌍 (x, y, z, w)의 개수는 45이다.

답 ②

06

$a,\ b,\ c,\ d,\ e$는 자연수이므로 $(a+b)(c+d+e)=21$에서

$a+b=3,\ c+d+e=7$ 또는 $a+b=7,\ c+d+e=3$

(i) $a+b=3,\ c+d+e=7$일 때

$a'=a-1,\ b'=b-1,\ c'=c-1,\ d'=d-1,\ e'=e-1$

이라 하면

$a'+b'=1,\ c'+d'+e'=4$

$a',\ b',\ c',\ d',\ e'$은 음이 아닌 정수이므로 순서쌍 (a', b', c', d', e')의 개수는

${}_2H_1\times{}_3H_4={}_2C_1\times{}_6C_4=2\times15=30$

(ii) $a+b=7,\ c+d+e=3$일 때

$a'=a-1,\ b'=b-1,\ c'=c-1,\ d'=d-1,\ e'=e-1$

이라 하면

$a'+b'=5,\ c'+d'+e'=0$

$a',\ b',\ c',\ d',\ e'$은 음이 아닌 정수이므로 순서쌍 (a', b', c', d', e')의 개수는

${}_2H_5\times{}_3H_0={}_6C_5\times{}_2C_0=6\times1=6$

(i), (ii)에서 구하는 순서쌍 (a, b, c, d, e)의 개수는

$30+6=36$

답 ②

07

각 자리의 수를 $a,\ b,\ c,\ d$라 할 때, 각 자리 수의 합이 7인 네 자리 자연수의 개수는 방정식 $a+b+c+d=7$을 만족시키는 순서쌍 (a, b, c, d)의 개수이다.

$a'=a-1,\ b'=b-1,\ c'=c-1,\ d'=d-1$이라 하면

$a'+b'+c'+d'=3$

따라서 구하는 자연수의 개수는 위 방정식을 만족시키는 음이 아닌 정수 $a',\ b',\ c',\ d'$의 순서쌍 (a', b', c', d')의 개수와 같으므로

${}_4H_3={}_6C_3=20$

답 ④

08

짝수 2, 4에서 중복을 허용하여 2개를 선택하는 경우의 수는

${}_2H_2={}_3C_2=3$

홀수 1, 3, 5에서 중복을 허용하여 5개를 선택하는 경우의 수는

${}_3H_5={}_7C_5={}_7C_2=21$

따라서 구하는 경우의 수는 $3\times21=63$

답 63

09

사과, 배, 감의 개수를 각각 $a,\ b,\ c$라 하면 구하는 경우의 수는 방정식 $a+b+c=10$을 만족시키는 자연수 $a,\ b,\ c$의 순서쌍 (a, b, c)의 개수이다.

$a'=a-1$, $b'=b-1$, $c'=c-1$이라 하면

$a'+b'+c'=7$

a', b', c'은 음이 아닌 정수이므로 순서쌍 (a', b', c')의 개수는

${}_3H_7={}_9C_7={}_9C_2=36$ 답 ①

10

후보 3명이 받는 표의 수를 각각 x, y, z라 하면

$x+y+z=20$

x, y, z는 음이 아닌 정수이므로 순서쌍 (x, y, z)의 개수는

${}_3H_{20}={}_{22}C_{20}={}_{22}C_2=231$ 답 ⑤

11

(i) 4가 0개일 때

1, 2, 3에서 중복을 허용하여 5개를 뽑는 경우의 수이므로

${}_3H_5={}_7C_5={}_7C_2=21$

(ii) 4가 1개일 때

1, 2, 3에서 중복을 허용하여 4개를 뽑는 경우의 수이므로

${}_3H_4={}_6C_4={}_6C_2=15$

(i), (ii)에서 $21+15=36$ 답 ④

12

(i) 학생 세 명에게 흰 탁구공을 각각 x, y, z개 나누어 준다면

$x+y+z=8$ ($x\geq1$, $y\geq1$, $z\geq1$인 자연수)

$x'=x-1$, $y'=y-1$, $z'=z-1$이라 하면

$x'+y'+z'=5$

x', y', z'은 음이 아닌 정수이므로

순서쌍 (x', y', z')의 개수는

${}_3H_5={}_7C_5={}_7C_2=21$

(ii) 학생 세 명에게 주황 탁구공을 각각 a, b, c개 나누어 준다면

$a+b+c=7$ ($a\geq1$, $b\geq1$, $c\geq1$인 자연수)

$a'=a-1$, $b'=b-1$, $c'=c-1$이라 하면

$a'+b'+c'=4$

a', b', c'은 음이 아닌 정수이므로

순서쌍 (a', b', c')의 개수는

${}_3H_4={}_6C_4={}_6C_2=15$

(i), (ii)에서 $21\times15=315$ 답 ⑤

13

세 사람에게 주스 4병을 나누어 주는 경우의 수는

${}_3H_4={}_6C_4={}_6C_2=15$

세 사람에게 생수 2병을 나누어 주는 경우의 수는

${}_3H_2={}_4C_2=6$

세 사람에게 우유 1병을 나누어 주는 경우의 수는

${}_3C_1=3$

따라서 구하는 경우의 수는

$15\times6\times3=270$ 답 ⑤

14

세 주머니에 넣는 구슬의 수를 a, b, c라 하면

$a+b+c=5$

a, b, c는 음이 아닌 정수이므로 순서쌍 (a, b, c)의 개수는

${}_3H_5={}_7C_5={}_7C_2=21$

이 중 주머니 한 개에 구슬이 4개 또는 5개인 경우를 뺀다.

(i) 주머니 한 개에 구슬 5개를 모두 넣는 경우

구슬 5개를 넣는 주머니 한 개를 선택하는 경우의 수이므로

${}_3C_1=3$

(ii) 주머니 두 개에 구슬을 1개와 4개로 나누어 넣는 경우

구슬 1개, 4개를 넣는 주머니 두 개를 선택하는 경우의 수이므로

${}_3P_2=6$

(i), (ii)에서 $21-(3+6)=12$ 답 ③

다른풀이

서로 다른 세 개의 주머니에 넣을 수 있는 구슬의 수는

$(3, 2, 0)$, $(3, 1, 1)$, $(2, 2, 1)$이다.

(i) $(3, 2, 0)$인 경우

구슬을 3개, 2개 넣는 주머니를 정하는 경우의 수이므로

${}_3P_2=6$

(ii) $(3, 1, 1)$인 경우

구슬을 3개 넣는 주머니를 정하는 경우의 수이므로

${}_3C_1=3$

(iii) $(2, 2, 1)$인 경우

구슬을 1개 넣는 주머니를 정하는 경우의 수이므로

${}_3C_1=3$

(i)~(iii)에서 $6+3+3=12$

15

연필 8개를 학생 4명에게 나누어 주는 경우의 수에서 모든 학생이 적어도 한 개씩 연필을 받는 경우의 수를 빼면 된다.

학생 4명이 받는 연필의 수를 각각 a, b, c, d라 하면

$a+b+c+d=8$

을 만족시키는 음이 아닌 정수 a, b, c, d의 순서쌍 (a, b, c, d)의 개수는

${}_4H_8={}_{11}C_8={}_{11}C_3=165$

$a'=a-1$, $b'=b-1$, $c'=c-1$, $d'=d-1$이라 하면

$a'+b'+c'+d'=4$

적어도 한 개씩 받는 경우의 수는 위 방정식을 만족시키는 음이 아닌 정수 a', b', c', d'의 순서쌍 (a', b', c', d')의 개수이므로

${}_4H_4={}_7C_4={}_7C_3=35$

따라서 구하는 경우의 수는

$165-35=130$ 답 130

다른풀이

같은 종류의 연필 8개를 학생 4명에게 나누어 주는 경우의 수는

${}_4H_8={}_{11}C_8={}_{11}C_3=165$

학생 4명 모두 적어도 한 개의 연필을 받는 경우는

먼저 4명에게 연필을 1개씩 나누어 준 후 나머지 4개의 연필을

나누어 주면 된다.
이때 나머지 4개의 연필을 나누어 주는 경우의 수는 서로 다른 4개에서 4개를 택하는 중복조합의 수와 같으므로

$${}_4H_4={}_7C_4={}_7C_3=35$$

따라서 구하는 경우의 수는 $165-35=130$

16

x, y, z에서 중복을 허용하여 5개를 택하는 경우의 수이므로

$${}_3H_5={}_7C_5={}_7C_2=21$$

답 ③

다른 풀이

전개식의 항은 $x^a y^b z^c$에서 $a+b+c=5$이고 a, b, c는 음이 아닌 정수이다.
따라서 순서쌍 (a, b, c)의 개수는

$${}_3H_5={}_7C_5={}_7C_2=21$$

17

3부터 10까지의 자연수 중에서 중복을 허용하여 4개를 뽑은 다음 작은 것부터 차례로 a, b, c, d라 하면 된다.
따라서 구하는 순서쌍의 개수는

$${}_8H_4={}_{11}C_4=330$$

답 ④

18

$a\times b\times c$가 홀수이므로 a, b, c는 모두 홀수이다.
따라서 20 이하의 홀수 중에서 중복을 허용하여 3개를 뽑은 다음 작은 것부터 차례로 a, b, c라 하면 된다.
따라서 구하는 순서쌍의 개수는

$${}_{10}H_3={}_{12}C_3=220$$

답 220

다른 풀이

$a\times b\times c$가 홀수이므로 a, b, c는 모두 홀수이다.
$a=2x_1-1$, $b=2x_2-1$, $c=2x_3-1$ (x_1, x_2, x_3은 자연수)로 놓으면 조건 (나)에서

$$2x_1-1\le 2x_2-1\le 2x_3-1\le 20$$

$$x_1\le x_2\le x_3\le \frac{21}{2}$$

$$\therefore x_1\le x_2\le x_3\le 10 \quad \cdots ❶$$

❶을 만족시키는 자연수 x_1, x_2, x_3의 순서쌍 (x_1, x_2, x_3)의 개수는

$${}_{10}H_3={}_{12}C_3=220$$

19

$f(1)\le f(2)\le f(3)=3$이므로 $f(1)$, $f(2)$의 값은 1, 2, 3 중에서 중복을 허용하여 2개를 뽑고 작은 값부터 차례로 대응시키면 된다. 곧, 경우의 수는

$${}_3H_2={}_4C_2=6$$

$3=f(3)\le f(4)\le f(5)$이므로 $f(4)$, $f(5)$의 값은 3, 4, 5, 6 중에서 중복을 허용하여 2개를 뽑고 작은 값부터 차례로 대응시키면 된다. 곧, 경우의 수는

$${}_4H_2={}_5C_2=10$$

따라서 구하는 함수 f의 개수는

$$6\times 10=60$$

답 ④

20

$1\le |a|\le |b|\le |c|\le 5$를 만족시키는 자연수 $|a|$, $|b|$, $|c|$의 순서쌍 $(|a|, |b|, |c|)$의 개수는 5 이하의 자연수 중에서 중복을 허용하여 3개를 뽑는 경우의 수이므로

$${}_5H_3={}_7C_3=35$$

이때 a, b, c는 각각 음수 또는 양수일 수 있으므로 구하는 순서쌍 (a, b, c)의 개수는

$$35\times 2\times 2\times 2=280$$

답 ③

21

$\left(2x^2-\frac{1}{x}\right)^5$의 전개식의 일반항은

$${}_5C_r(2x^2)^{5-r}\left(-\frac{1}{x}\right)^r={}_5C_r(-1)^r 2^{5-r}x^{10-3r}$$

$x^{10-3r}=x^4$에서

$$10-3r=4 \qquad \therefore r=2$$

따라서 x^4의 계수는

$${}_5C_2(-1)^2 2^3=10\times 1\times 8=80$$

답 ⑤

22

$\left(x^n+\frac{1}{x}\right)^{10}$의 전개식의 일반항은

$${}_{10}C_r(x^n)^r\left(\frac{1}{x}\right)^{10-r}={}_{10}C_r x^{nr+r-10}$$

이때 상수항은 $nr+r-10=0$일 때이므로 ${}_{10}C_r=45$
${}_{10}C_2={}_{10}C_8=45$이므로 $r=2$ 또는 $r=8$
(i) $r=2$일 때

$$2n+2-10=0 \qquad \therefore n=4$$

(ii) $r=8$일 때

$$8n+8-10=0$$

n은 자연수이므로 성립하지 않는다.
(i), (ii)에서 $n=4$

답 4

다른 풀이

$${}_{10}C_r(x^n)^r\left(\frac{1}{x}\right)^{10-r}={}_{10}C_r x^{nr+r-10}$$

이때 상수항은 $nr+r-10=0$에서 $(n+1)r=10$
$n=1$일 때 $r=5$이고 ${}_{10}C_5=252$
$n=4$일 때 $r=2$이고 ${}_{10}C_2=45$
$n=9$일 때 $r=1$이고 ${}_{10}C_1=10$
그런데 상수항이 45이므로 $n=4$

23

$(1+x)^4$의 전개식의 일반항은 ${}_4C_r x^r$
$(2+x)^5$의 전개식의 일반항은 ${}_5C_s 2^{5-s}x^s$
따라서 $(1+x)^4(2+x)^5$의 전개식의 일반항은

$${}_4C_r\,{}_5C_s 2^{5-s}x^{r+s}$$

$x^{r+s}=x^2$에서 $r+s=2$
$\therefore r=0, s=2$ 또는 $r=1, s=1$ 또는 $r=2, s=0$

따라서 x^2의 계수는

$${}_4C_0\times{}_5C_2\times2^3+{}_4C_1\times{}_5C_1\times2^4+{}_4C_2\times{}_5C_0\times2^5$$
$$=1\times10\times8+4\times5\times16+6\times1\times32=592$$

답 592

24

$$(x+1)^{32}={}_{32}C_0+{}_{32}C_1x+{}_{32}C_2x^2+\cdots+{}_{32}C_{32}x^{32}$$

의 양변에 $x=10$을 대입하면

$$11^{32}$$
$$={}_{32}C_0+{}_{32}C_1\times10+{}_{32}C_2\times10^2+\cdots+{}_{32}C_{32}\times10^{32}$$
$$=1+32\times10+10^2({}_{32}C_2+{}_{32}C_3\times10+\cdots+{}_{32}C_{32}\times10^{30})$$
$$=321+10^2({}_{32}C_2+{}_{32}C_3\times10+\cdots+{}_{32}C_{32}\times10^{30})$$

이때 $10^2({}_{32}C_2+{}_{32}C_3\times10+\cdots+{}_{32}C_{32}\times10^{30})$은 100으로 나누어떨어지므로 11^{32}을 100으로 나눈 나머지는 321을 100으로 나눈 나머지와 같다.

따라서 구하는 나머지는 21이다.

답 ③

25

$${}_5C_0\left(\frac{13}{8}\right)^5+{}_5C_1\left(\frac{3}{8}\right)\left(\frac{13}{8}\right)^4+{}_5C_2\left(\frac{3}{8}\right)^2\left(\frac{13}{8}\right)^3$$
$$+{}_5C_3\left(\frac{3}{8}\right)^3\left(\frac{13}{8}\right)^2+{}_5C_4\left(\frac{3}{8}\right)^4\left(\frac{13}{8}\right)+{}_5C_5\left(\frac{3}{8}\right)^5$$
$$=\left(\frac{3}{8}+\frac{13}{8}\right)^5=2^5=32$$

답 32

26

$${}_{2n}C_0+{}_{2n}C_1+{}_{2n}C_2+{}_{2n}C_3+\cdots+{}_{2n}C_{2n-1}+{}_{2n}C_{2n}=2^{2n}$$
$${}_{2n}C_0-{}_{2n}C_1+{}_{2n}C_2-{}_{2n}C_3+\cdots-{}_{2n}C_{2n-1}+{}_{2n}C_{2n}=0$$

두 식을 변변 빼면

$$2({}_{2n}C_1+{}_{2n}C_3+{}_{2n}C_5+\cdots+{}_{2n}C_{2n-1})=2^{2n}$$
$$\therefore {}_{2n}C_1+{}_{2n}C_3+{}_{2n}C_5+\cdots+{}_{2n}C_{2n-1}=2^{2n-1}$$

$512=2^9$이므로 $2n-1=9$ $\quad\therefore n=5$

답 ②

27

${}_{11}C_0+{}_{11}C_1+{}_{11}C_2+\cdots+{}_{11}C_{11}=2^{11}$에서

${}_{11}C_0={}_{11}C_{11},\ {}_{11}C_1={}_{11}C_{10},\ \cdots,\ {}_{11}C_5={}_{11}C_6$이므로

$${}_{11}C_0+{}_{11}C_1+{}_{11}C_2+\cdots+{}_{11}C_{11}$$
$$=2({}_{11}C_6+{}_{11}C_7+{}_{11}C_8+\cdots+{}_{11}C_{11})$$
$$\therefore {}_{11}C_6+{}_{11}C_7+{}_{11}C_8+\cdots+{}_{11}C_{11}$$
$$=\frac{1}{2}\times2^{11}=1024$$

답 ④

28

${}_nC_1+{}_nC_2+{}_nC_3+\cdots+{}_nC_n=2^n-{}_nC_0=2^n-1$이므로

$${}_1C_1+({}_2C_1+{}_2C_2)+({}_3C_1+{}_3C_2+{}_3C_3)+$$
$$\cdots+({}_{10}C_1+{}_{10}C_2+\cdots+{}_{10}C_{10})$$
$$=(2^1-1)+(2^2-1)+(2^3-1)+\cdots+(2^{10}-1)$$
$$=(2^1+2^2+2^3+\cdots+2^{10})-10$$
$$=\frac{2(2^{10}-1)}{2-1}-10=2^{11}-12$$

답 ③

29

${}_{n-1}C_{r-1}+{}_{n-1}C_r={}_nC_r$이므로

$${}_4C_1+{}_5C_2+{}_6C_3+{}_7C_4+{}_8C_5$$
$$={}_4C_0+{}_4C_1+{}_5C_2+{}_6C_3+{}_7C_4+{}_8C_5-{}_4C_0$$
$$={}_5C_1+{}_5C_2+{}_6C_3+{}_7C_4+{}_8C_5-{}_4C_0$$
$$={}_6C_2+{}_6C_3+{}_7C_4+{}_8C_5-{}_4C_0$$
$$={}_7C_3+{}_7C_4+{}_8C_5-{}_4C_0$$
$$={}_8C_4+{}_8C_5-{}_4C_0$$
$$={}_9C_5-{}_4C_0={}_9C_4-1$$
$$=126-1=125$$

답 ②

Note

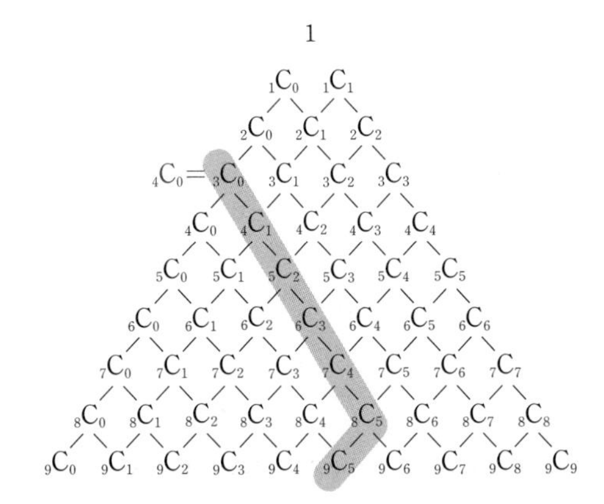

파스칼의 삼각형에서

$${}_3C_0+{}_4C_1+{}_5C_2+{}_6C_3+{}_7C_4+{}_8C_5={}_9C_5$$

30

$\left(\frac{x}{2}+\frac{a}{x}\right)^6$의 전개식의 일반항은

$${}_6C_r\left(\frac{x}{2}\right)^r\left(\frac{a}{x}\right)^{6-r}={}_6C_r\left(\frac{1}{2}\right)^ra^{6-r}x^{2r-6}$$

$x^{2r-6}=x^2$에서 $2r-6=2$ $\quad\therefore r=4$

이때 x^2의 계수가 15이므로

$${}_6C_4\left(\frac{1}{2}\right)^4a^2=15,\ \frac{15}{16}a^2=15 \qquad \therefore a^2=16$$

$a>0$이므로 $a=4$

답 ①

31

$(1+x)+(1+x)^2+(1+x)^3+\cdots+(1+x)^{10}$의 전개식에서 x^2의 계수는

$${}_2C_2+{}_3C_2+{}_4C_2+{}_5C_2+\cdots+{}_{10}C_2$$

${}_2C_2={}_3C_3$이고, ${}_{n-1}C_{r-1}+{}_{n-1}C_r={}_nC_r$이므로

$${}_2C_2+{}_3C_2+{}_4C_2+{}_5C_2+\cdots+{}_{10}C_2$$
$$={}_3C_3+{}_3C_2+{}_4C_2+{}_5C_2+\cdots+{}_{10}C_2$$
$$={}_4C_3+{}_4C_2+{}_5C_2+\cdots+{}_{10}C_2$$
$$={}_5C_3+{}_5C_2+\cdots+{}_{10}C_2$$
$$\vdots$$
$$={}_{10}C_3+{}_{10}C_2={}_{11}C_3=165$$

답 165

32

$x+y+z\le 10$에서 $x'=x-1$, $y'=y-1$, $z'=z-1$이라 하면

$x'+y'+z'\le 7$ … ❶

이고 x', y', z'은 음이 아닌 정수이다.

방정식 $x'+y'+z'=k\ (0\le k\le 7)$를 만족시키는 음이 아닌 정수 x', y', z'의 순서쌍 (x', y', z')의 개수는

$_3H_k={}_{k+2}C_k={}_{k+2}C_2$

따라서 부등식 ❶의 해의 개수는

$_2C_2+{}_3C_2+{}_4C_2+{}_5C_2+{}_6C_2+{}_7C_2+{}_8C_2+{}_9C_2$

$={}_3C_3+{}_3C_2+{}_4C_2+{}_5C_2+{}_6C_2+{}_7C_2+{}_8C_2+{}_9C_2$

$={}_4C_3+{}_4C_2+{}_5C_2+{}_6C_2+{}_7C_2+{}_8C_2+{}_9C_2$

$={}_5C_3+{}_5C_2+{}_6C_2+{}_7C_2+{}_8C_2+{}_9C_2$

⋮

$={}_9C_3+{}_9C_2$

$={}_{10}C_3=120$ 답 120

다른 풀이

$x'=x-1$, $y'=y-1$, $z'=z-1$이라 하면

$x+y+z\le 10$에서 $x'+y'+z'\le 7$ … ❶

이고 x', y', z'은 음이 아닌 정수이다.

$x'+y'+z'$의 값이 될 수 있는 수는 0, 1, …, 7이고 이때 w'의 값을 각각 7, 6, …, 0이라 하면 $x'+y'+z'+w'=7$이다.

따라서 방정식 $x'+y'+z'+w'=7$을 만족시키는 음이 아닌 정수 x', y', z', w'의 순서쌍 (x', y', z', w')의 개수는 ❶을 만족시키는 순서쌍 (x', y', z')의 개수와 같다.

$\therefore {}_4H_7={}_{10}C_7={}_{10}C_3=120$

step B 실력 문제 21~25쪽

01 ①	02 ⑤	03 285	04 100	05 35
06 ①	07 ③	08 92	09 ④	10 68
11 96	12 32	13 80	14 ⑤	15 46
16 ①	17 32	18 $n=6$, $p=2$	19 ③	
20 -5	21 ⑤	22 $a=3$, $n=4$	23 ④	
24 ③	25 ④	26 682	27 -1024	28 ④
29 ①				

01

[전략] a, b, c가 모두 2의 거듭제곱임을 이용한다.

$abc=2^n$이고 a, b, c가 1보다 큰 자연수이므로

$a=2^\alpha$, $b=2^\beta$, $c=2^\gamma\ (\alpha\ge 1, \beta\ge 1, \gamma\ge 1)$

으로 놓을 수 있다.

$2^{\alpha+\beta+\gamma}=2^n \qquad \therefore \alpha+\beta+\gamma=n$

$\alpha'=\alpha-1$, $\beta'=\beta-1$, $\gamma'=\gamma-1$이라 하면

$\alpha'+\beta'+\gamma'=n-3$ … ❶

방정식 ❶을 만족시키는 음이 아닌 정수 α', β', γ'의 순서쌍 $(\alpha', \beta', \gamma')$의 개수는

$_3H_{n-3}={}_{n-1}C_{n-3}={}_{n-1}C_2$

이때 순서쌍 (a, b, c)의 개수가 45이므로

$\dfrac{(n-1)(n-2)}{2}=45$, $(n-1)(n-2)=90$

$n^2-3n-88=0$, $(n+8)(n-11)=0$

n은 자연수이므로 $n=11$ 답 ①

02

[전략] 같은 종류의 주머니라도 다른 종류의 사탕이 들어가면 주머니가 구분된다는 것을 이용한다.

서로 다른 종류의 사탕 3개를 같은 종류의 주머니 3개에 적어도 1개씩 넣는 경우의 수는 1이고 이때 주머니 3개는 구분된다.

같은 종류의 구슬 7개를 주머니 3개에 적어도 1개 이상씩 넣는 경우의 수는 먼저 3개의 주머니에 구슬을 1개씩 넣고 나머지 4개를 나누어 넣는 경우의 수와 같으므로

$_3H_4={}_6C_4={}_6C_2=15$ 답 ⑤

03

[전략] 1. A, B, C가 받는 사탕의 개수를 x, y, z, 초콜릿의 개수를 a, b, c라 하고 방정식의 해의 개수를 생각한다.
2. C가 한 개도 받지 못하는 경우의 수를 뺀다.

A, B, C가 받는 사탕의 개수를 각각 x, y, z라 하고, 초콜릿의 개수를 각각 a, b, c라 하자.

조건 (가)를 만족시키는 경우의 수는 방정식

$x+y+z=6$ … ❶

(x는 1 이상인 정수, y, z는 0 이상인 정수)의 해의 개수이므로

$_3H_5={}_7C_5={}_7C_2=21$

조건 (나)를 만족시키는 경우의 수는 방정식

$a+b+c=5$ … ❷

(b는 1 이상인 정수, a, c는 0 이상인 정수)의 해의 개수이므로

$_3H_4={}_6C_4=15$

조건 (다)를 만족시키는 경우는 조건 (가), (나)를 만족시키는 경우에서 C가 사탕도, 초콜릿도 받지 못하는 경우를 뺀 것이다.

그런데 C가 사탕을 받지 못하는 경우의 수는 ❶에서 $z=0$인 해의 개수이므로

$_2H_5={}_6C_5=6$

초콜릿을 받지 못하는 경우의 수는 ❷에서 $c=0$인 해의 개수이므로

$_2H_4={}_5C_4=5$

따라서 구하는 경우의 수는

$21\times 15-6\times 5=285$ 답 285

04

[전략] 네 자리의 자연수를 $abcd$라 하고, a, b, c, d에 대한 조건을 찾는다.

네 자리의 자연수를 $abcd$라 하면 3000보다 작으므로 $a=1$ 또는 $a=2$이다.

또 b, c, d는 음이 아닌 정수이고 $a+b+c+d=10$이다.

(i) $a=1$일 때,

$b+c+d=9$인 음이 아닌 정수 b, c, d의 순서쌍 (b, c, d)의 개수는

$_3H_9={}_{11}C_9={}_{11}C_2=55$

(ii) $a=2$일 때,

$b+c+d=8$인 음이 아닌 정수 b, c, d의 순서쌍 (b, c, d)의 개수는

$_3H_8={}_{10}C_8={}_{10}C_2=45$

(i), (ii)에서 $55+45=100$ 답 100

05

[전략] 2, 3, 5, 7의 개수를 각각 a, b, c, d라 하고 곱해서 60의 배수가 될 조건을 a, b, c, d로 나타낸다.

2, 3, 5, 7을 각각 a, b, c, d개 뽑았다고 하면

$a+b+c+d=8$

이고 a, b, c, d는 음이 아닌 정수이다.

$60=2^2\times3\times5$이므로 60의 배수이면 $a\geq2$, $b\geq1$, $c\geq1$

$a'=a-2$, $b'=b-1$, $c'=c-1$, $d'=d$라 하면

$a'+b'+c'+d'=4$

이고 a', b', c', d'은 음이 아닌 정수이다.

따라서 순서쌍 (a', b', c', d')의 개수는

$_4H_4={}_7C_4={}_7C_3=35$ 답 35

06

[전략] 조건을 x_1, x_2, x_3, x_4에 대한 부등식으로 나타낸다.

조건 (가)에서

$x_2\geq x_1+2$, $x_3\geq x_2+2$, $x_4\geq x_3+2$

$x_1\geq0$이고 조건 (나)에서 $x_4\leq12$이므로

$6\leq x_1+6\leq x_2+4\leq x_3+2\leq x_4\leq12$

$x_1+6=x_1'$, $x_2+4=x_2'$, $x_3+2=x_3'$, $x_4=x_4'$이라 하면

$6\leq x_1'\leq x_2'\leq x_3'\leq x_4'\leq12$

따라서 6에서 12까지 자연수 중 중복을 허용하여 4개를 뽑은 다음 작은 것부터 차례로 x_1', x_2', x_3', x_4'이라 하면 되므로 순서쌍 (x_1', x_2', x_3', x_4')의 개수는

$_7H_4={}_{10}C_4=210$ 답 ①

07

[전략] $|a|$, $|b|$, $|c|$에 대한 조건이 있으므로 순서쌍 $(|a|, |b|, |c|)$의 개수부터 구한다.

조건 (가)에서 $|a|\geq1$, $|b|\geq2$, $|c|\geq3$이므로

$|a|=a'+1$, $|b|=b'+2$, $|c|=c'+3$이라 하면

조건 (나)에서 $a'+b'+c'=4$

a', b', c'은 음이 아닌 정수이므로 순서쌍 (a', b', c')의 개수는

$_3H_4={}_6C_4={}_6C_2=15$

하나의 순서쌍 (a', b', c')에 대하여

$a=\pm(a'+1)$, $b=\pm(b'+2)$, $c=\pm(c'+3)$

이 가능하므로 순서쌍 (a, b, c)의 개수는

$15\times2\times2\times2=120$ 답 ③

08

[전략] x가 음이 아닌 정수이므로 $x^2\leq5$에서 x는 0, 1, 2이다.

조건 (가)에서 $x=0$ 또는 $x=1$ 또는 $x=2$

(i) $x=0$일 때, $0\leq y\leq z\leq w\leq5$

정수 y, z, w의 순서쌍 (y, z, w)의 개수는 0, 1, 2, 3, 4, 5에서 중복을 허용하여 3개를 택하는 경우의 수이므로

$_6H_3={}_8C_3=56$

이때 모든 순서쌍 (x, y, z, w)가 조건 (나)를 만족시킨다.

따라서 순서쌍 (x, y, z, w)의 개수는 56이다.

(ii) $x=1$일 때, $1\leq y\leq z\leq w\leq5$

정수 y, z, w의 순서쌍 (y, z, w)의 개수는 1, 2, 3, 4, 5에서 중복을 허용하여 3개를 택하는 경우의 수이므로

$_5H_3={}_7C_3=35$

이때 순서쌍 $(1, 5, 5, 5)$는 조건 (나)를 만족시키지 않는다.

따라서 순서쌍 (x, y, z, w)의 개수는 $35-1=34$

(iii) $x=2$일 때, $4\leq y\leq z\leq w\leq5$

$2+y+z+w\leq15$를 만족시키는 순서쌍 (y, z, w)는 $(4, 4, 4)$, $(4, 4, 5)$의 2개이다.

따라서 순서쌍 (x, y, z, w)의 개수는 2이다.

(i)~(iii)에서 $56+34+2=92$ 답 92

09

[전략] $0<y+z<10$이므로 여사건을 생각한다.

$x+y+z=10$을 만족시키는 음이 아닌 정수 x, y, z의 순서쌍 (x, y, z)의 개수는

$_3H_{10}={}_{12}C_{10}={}_{12}C_2=66$

$0<y+z<10$이므로 $y+z=0$ 또는 $y+z=10$인 경우를 빼면 조건 (나)를 만족시킨다.

$y+z=0$일 때, 순서쌍 (y, z)는 $(0, 0)$의 1개

$y+z=10$일 때, 순서쌍 (y, z)의 개수는

$_2H_{10}={}_{11}C_{10}={}_{11}C_1=11$

따라서 구하는 순서쌍 (x, y, z)의 개수는

$66-1-11=54$ 답 ④

10

[전략] 전체 경우의 수에서 $x=u$인 경우의 수를 뺀다.

$x+y+z+u=6$을 만족시키는 음이 아닌 정수 x, y, z, u의 순서쌍 (x, y, z, u)의 개수는

$_4H_6={}_9C_6={}_9C_3=84$

$x=u$인 경우는

(i) $x=u=0$일 때, $y+z=6$

따라서 순서쌍 (y, z)의 개수는 $_2H_6={}_7C_6={}_7C_1=7$

(ii) $x=u=1$일 때, $y+z=4$

따라서 순서쌍 (y, z)의 개수는 $_2H_4={}_5C_4=5$

(iii) $x=u=2$일 때, $y+z=2$

따라서 순서쌍 (y, z)의 개수는 $_2H_2={}_3C_2=3$

(iv) $x=u=3$일 때, $y+z=0$

$y=0$, $z=0$이므로 순서쌍 (y, z)는 1개

(i)~(iv)에서 구하는 순서쌍 (x, y, z, u)의 개수는

$84-(7+5+3+1)=68$ 답 68

Note

$2x+y+z=6$을 만족시키는 음이 아닌 정수의 순서쌍 (x, y, z)의 개수를 뺀다고 생각해도 된다.

11

[전략] $(a-b)(b-c)(c-a)\neq0$인 경우를 모두 구하기 어려우면 $(a-b)(b-c)(c-a)=0$인 경우를 생각한다.

$abc=180=2^2\times3^2\times5$에서

2, 2를 a, b, c에게 나누어 주는 경우의 수는 a, b, c에서 중복을 허용하여 2개를 택하는 경우의 수이므로

$_3H_2={}_4C_2=6$

3, 3을 a, b, c에게 나누어 주는 경우의 수는

$_3H_2={}_4C_2=6$

5를 a, b, c에 나누어 주는 경우의 수는 3

따라서 $abc=180$인 자연수 a, b, c의 순서쌍 (a, b, c)의 개수는

$6\times6\times3=108$

조건 (나)에서 $a\neq b$, $b\neq c$, $c\neq a$이므로 이를 만족시키지 않는 경우는 $a=b$ 또는 $a=c$ 또는 $b=c$이다.

이 중 $a=b=c$인 경우는 존재하지 않는다.

a, b, c 중 두 수가 같은 순서쌍은

(1, 1, 180), (2, 2, 45), (3, 3, 20), (6, 6, 5)
(1, 180, 1), (2, 45, 2), (3, 20, 3), (6, 5, 6)
(180, 1, 1), (45, 2, 2), (20, 3, 3), (5, 6, 6)

의 12개이다.

따라서 구하는 순서쌍의 개수는

$108-12=96$ 답 96

다른 풀이

$180=2^2\times3^2\times5$이므로 조건 (가)를 만족시키는 순서쌍 (a, b, c)의 개수는 $a=2^{x_1}3^{y_1}5^{z_1}$, $b=2^{x_2}3^{y_2}5^{z_2}$, $c=2^{x_3}3^{y_3}5^{z_3}$에서

(단, $i=1$, 2, 3에 대하여 x_i, y_i, z_i는 음이 아닌 정수)

$x_1+x_2+x_3=2$, $y_1+y_2+y_3=2$, $z_1+z_2+z_3=1$

$_3H_2\times{}_3H_2\times{}_3H_1={}_4C_2\times{}_4C_2\times{}_3C_1=108$ … ❶

같은 두 수가 1일 때, 나머지 수는 180이고, 순서쌍의 개수는 3이다.

같은 두 수가 2, 3, 6일 때에도 마찬가지이므로 두 수가 같은 경우의 수는

$3\times4=12$ … ❷

❶, ❷에서 $108-12=96$

12

[전략] a, b, c가 d의 배수이므로 $a=dp$, $b=dq$, $c=dr$로 놓을 수 있다.

a, b, c가 d의 배수이고 2 이상이므로

$a=dp$, $b=dq$, $c=dr$ (p, q, r는 자연수)

로 놓을 수 있다. 조건 (가)에서

$dp+dq+dr+d=20$

$(p+q+r+1)d=20$

$d\geq2$, $p+q+r+1\geq4$이므로 $d=2$, 4, 5

(i) $d=2$일 때,

$p+q+r=9$이므로 순서쌍 (p, q, r)의 개수는

$_3H_{9-3}={}_8C_6={}_8C_2=28$

(ii) $d=4$일 때,

$p+q+r=4$이므로 순서쌍 (p, q, r)의 개수는

$_3H_{4-3}={}_3C_1=3$

(iii) $d=5$일 때,

$p+q+r=3$이므로 순서쌍 (p, q, r)의 개수는 (1, 1, 1)뿐이다.

(i)~(iii)에서 $28+3+1=32$ 답 32

13

[전략] 1. 네 자리 수를 $abcd$라 하고, a, b, c, d에 대한 식을 찾는다.
2. 예를 들어 부등식 $x+y\leq7$의 해의 개수는 $x+y+z=7$의 해로 바꾸어 생각할 수 있다.

네 자리의 수를 $abcd$라 하면

조건 (가)에서 $a\neq0$이고, d는 홀수이다.

조건 (나)에서 $a+b+c+d\leq7$

$a'=a-1$이라 하면

$a'+b+c+d\leq6$ (단, a', b, c는 음이 아닌 정수)

(i) $d=1$일 때, $a'+b+c\leq5$ … ❶

$a'+b+c$의 값이 될 수 있는 수는 0, 1, …, 5이고,

이때 z의 값이 각각 5, 4, …, 0이라 하면

$a'+b+c+z=5$이므로 이것을 만족시키는 음이 아닌 정수 a', b, c, z의 순서쌍 (a', b, c, z)의 개수는 ❶을 만족시키는 순서쌍 (a', b, c)의 개수와 같다.

$\therefore {}_4H_5={}_8C_5={}_8C_3=56$

(ii) $d=3$일 때, $a'+b+c\leq3$

방정식 $a'+b+c+z=3$의 음이 아닌 해의 개수와 같으므로

$_4H_3={}_6C_3=20$

(iii) $d=5$일 때, $a'+b+c\leq1$

방정식 $a'+b+c+z=1$의 음이 아닌 해의 개수와 같으므로

$_4H_1={}_4C_1=4$

(i)~(iii)에서 $56+20+4=80$ 답 80

Note

부등식 $a'+b+c\leq5$의 해의 개수는 파스칼의 삼각형을 이용하여 구할 수 있다.

$a'+b+c=5$, $a'+b+c=4$, …, $a'+b+c=0$

따라서 해의 개수는

$_3H_5+{}_3H_4+\cdots+{}_3H_0={}_7C_5+{}_6C_4+\cdots+{}_2C_0={}_8C_5=56$

14

[전략] 중복을 허용하여 세 수를 뽑은 다음 작은 것부터 차례로 a, b, c라 하면 된다.

$a\leq b\leq c\leq15$이므로 15 이하의 자연수 중에서 중복을 허용하여 세 수를 뽑은 다음 작은 것부터 차례로 a, b, c라 하면 된다.

또 세 수의 합이 짝수이면 3개 모두 짝수이거나 1개만 짝수이다.

(i) a, b, c가 모두 짝수인 경우

2, 4, …, 14에서 중복을 허용하여 3개를 뽑는 경우의 수이므로 $_7H_3={}_9C_3=84$

(ⅱ) a, b, c 중 1개만 짝수인 경우

짝수 1개를 선택하는 경우의 수는 ${}_7C_1=7$

홀수 1, 3, ⋯, 15에서 중복을 허용하여 2개를 뽑는 경우의 수는 ${}_8H_2={}_9C_2=36$

따라서 1개만 짝수인 경우의 수는 $7\times36=252$

(ⅰ), (ⅱ)에서 $84+252=336$ 답 ⑤

15

[전략] $f(1)+f(5)=6$을 만족시키는 $f(1)$, $f(5)$의 값을 먼저 구한다.

조건 (가)에서 $f(1)\le f(2)\le f(3)\le f(4)\le f(5)$

조건 (나)에서 $f(1)=1$, $f(5)=5$ 또는 $f(1)=2$, $f(5)=4$ 또는 $f(1)=3$, $f(5)=3$

(ⅰ) $f(1)=1$, $f(5)=5$일 때,

$1\le f(2)\le f(3)\le f(4)\le5$에서 $f(2)$, $f(3)$, $f(4)$의 값이 될 수 있는 수는 1, 2, 3, 4, 5이므로 $f(2)$, $f(3)$, $f(4)$의 값을 정하는 경우의 수는 서로 다른 5개에서 3개를 택하는 중복조합의 수와 같다.

$\therefore {}_5H_3={}_7C_3=35$

(ⅱ) $f(1)=2$, $f(5)=4$일 때,

$2\le f(2)\le f(3)\le f(4)\le4$에서 $f(2)$, $f(3)$, $f(4)$의 값이 될 수 있는 수는 2, 3, 4이므로 $f(2)$, $f(3)$, $f(4)$의 값을 정하는 경우의 수는 서로 다른 3개에서 3개를 택하는 중복조합의 수와 같다.

$\therefore {}_3H_3={}_5C_3={}_5C_2=10$

(ⅲ) $f(1)=3$, $f(5)=3$일 때,

$f(2)=f(3)=f(4)=3$

이므로 함수 f는 1개이다.

(ⅰ)~(ⅲ)에서 $35+10+1=46$ 답 46

16

[전략] x, y, z가 이 순서대로 등비수열을 이루면 $y^2=xz$이다.

$(x+a)^{10}$의 전개식에서 일반항은

$${}_{10}C_r\,a^{10-r}x^r$$

이때 x, x^2, x^4의 계수는 각각

$${}_{10}C_1a^9,\ {}_{10}C_2a^8,\ {}_{10}C_4a^6$$

이고 $10a^9$, $45a^8$, $210a^6$이 이 순서대로 등비수열을 이루므로

$$(45a^8)^2=10a^9\times210a^6$$

$$45^2\times a^{16}=10\times210\times a^{15}$$

$$\therefore a=\frac{28}{27}$$ 답 ①

17

[전략] $\left(x+\frac{1}{x^3}\right)^k$의 전개식에서 일반항을 구하고 상수항이 있을 때 k의 값부터 찾는다.

$\left(x+\frac{1}{x^3}\right)^k$의 전개식에서 일반항은

$${}_kC_r\,x^r\left(\frac{1}{x^3}\right)^{k-r}={}_kC_r\,x^{4r-3k}$$

상수항이면 $4r-3k=0$

따라서 k가 4의 배수이므로 4 또는 8이다.

(ⅰ) $k=4$일 때

$r=3$이고 이때 상수항은 ${}_4C_3=4$

(ⅱ) $k=8$일 때

$r=6$이고 이때 상수항은 ${}_8C_6={}_8C_2=28$

(ⅰ), (ⅱ)에서 $4+28=32$ 답 32

18

[전략] $160=2^5\times5$이고 n은 자연수, p는 소수임을 이용하여 부정방정식을 푼다.

$\left(x+\frac{p}{x}\right)^n$의 전개식에서 일반항은

$${}_nC_r\,x^r\left(\frac{p}{x}\right)^{n-r}={}_nC_r\,p^{n-r}x^{2r-n}$$

상수항이면 $2r-n=0$ $\therefore n=2r$

상수항이 $160=2^5\times5$이므로

$${}_{2r}C_r\,p^r=2^5\times5$$

${}_{2r}C_r$는 자연수, p는 소수이므로 p^r은 $2^5\times5$의 약수이다.

$\therefore p=2$ 또는 $p=5$

(ⅰ) $p=5$이면 ${}_{2r}C_r5^r=2^5\times5$

${}_{2r}C_r$가 자연수이므로 $r=1$이고 ${}_2C_1=2^5$이므로 성립하지 않는다.

(ⅱ) $p=2$이면 ${}_{2r}C_r2^r=2^5\times5$

${}_{2r}C_r$가 자연수이므로 r의 값이 될 수 있는 것은 1, 2, 3, 4, 5

이때 ${}_{2r}C_r$가 5의 배수이므로 $2r>5$이다.

$r=3$일 때 ${}_6C_3\times2^3=2^5\times5$이므로 성립한다.

$r\ge4$이면 ${}_{2r}C_r\times2^r\ne{}_6C_3\times2^3=160$이므로 성립하지 않는다.

(ⅰ), (ⅱ)에서 $n=6$, $p=2$ 답 $n=6$, $p=2$

19

[전략] ${}_nC_r=\frac{n!}{(n-r)!r!}$을 이용한다.

$(x+2)^{19}$의 전개식에서 일반항은 ${}_{19}C_r2^{19-r}x^r$

x^k의 계수는 ${}_{19}C_k2^{19-k}$, x^{k+1}의 계수는 ${}_{19}C_{k+1}2^{18-k}$이므로

$${}_{19}C_k2^{19-k}>{}_{19}C_{k+1}2^{18-k}$$

$${}_{19}C_k\times2>{}_{19}C_{k+1}$$

$$\frac{19!}{k!(19-k)!}\times2>\frac{19!}{(k+1)!(18-k)!}$$

$$\frac{2}{19-k}>\frac{1}{k+1}$$

$19-k>0$, $k+1>0$이므로

$$2(k+1)>19-k \qquad \therefore k>\frac{17}{3}$$

따라서 자연수 k의 최솟값은 6이다. 답 ③

20

[전략] $(x^2+1)^3\left(x-\frac{2}{x}\right)^4$의 전개식에서 일반항을 먼저 구한다.

$(x^2+1)^3$의 전개식에서 일반항은

$${}_3C_r(x^2)^r={}_3C_rx^{2r}$$

$\left(x-\frac{2}{x}\right)^4$의 전개식에서 일반항은

$${}_4C_s x^s\left(-\frac{2}{x}\right)^{4-s}={}_4C_s(-2)^{4-s}x^{2s-4}$$

따라서 $(x^2+1)^3\left(x-\frac{2}{x}\right)^4$의 전개식에서 일반항은

$${}_3C_r x^{2r}\times{}_4C_s(-2)^{4-s}x^{2s-4}$$
$$={}_3C_r\times{}_4C_s(-2)^{4-s}x^{2r+2s-4}$$

$x^{2r+2s-4}=x^8$에서 $2r+2s-4=8$

$\therefore r+s=6$

x^8항은 $r+s=6$ (r, s는 각각 $0\le r\le 3$, $0\le s\le 4$인 정수)일 때이므로 이를 만족시키는 r, s의 순서쌍 (r, s)는 $(2, 4)$, $(3, 3)$

따라서 x^8의 계수는

$${}_3C_2\times{}_4C_4\times(-2)^0+{}_3C_3\times{}_4C_3\times(-2)^1$$
$$=3-8=-5$$

답 -5

21

[전략] $(x+1)^m$, $(x+1)^n$의 전개식에서 x와 x^2의 계수를 각각 구한다.

$(x+1)^m$의 전개식에서 x, x^2항은 각각 ${}_mC_1x$, ${}_mC_2x^2$

$(x+1)^n$의 전개식에서 x, x^2항은 각각 ${}_nC_1x$, ${}_nC_2x^2$

x의 계수가 12이므로 ${}_mC_1+{}_nC_1=12$

$\therefore m+n=12 \quad \cdots ❶$

x^2의 계수는

$${}_mC_2+{}_nC_2=\frac{m(m-1)}{2}+\frac{n(n-1)}{2}$$

❶에서 $n=12-m$을 대입하여 정리하면

$${}_mC_2+{}_nC_2=\frac{m^2-m+(12-m)(11-m)}{2}$$
$$=m^2-12m+66$$
$$=(m-6)^2+30$$

따라서 x^2의 계수는 $m=6$일 때 최솟값 30을 가지므로

$\alpha=6$, $\beta=30$

$\therefore \alpha+\beta=36$

답 ⑤

22

[전략] $(x^2-2a)(x+a)^n$은 $x^2(x+a)^n$과 $-2a(x+a)^n$으로 나누어 x^{n-1}의 계수를 구한다.

$(x+a^2)^n$의 전개식에서 x^{n-1}항은

$${}_nC_{n-1}a^2x^{n-1}={}_nC_1a^2x^{n-1} \quad \cdots ❶$$

$x^2(x+a)^n-2a(x+a)^n$에서 x^{n-1}항은

$$x^2\times{}_nC_{n-3}a^3x^{n-3}-2a\,{}_nC_{n-1}ax^{n-1}$$
$$=(a^3\,{}_nC_3-2a^2\,{}_nC_1)x^{n-1} \quad \cdots ❷$$

❶$=$❷이므로

$$a^2n=a^3\times\frac{n(n-1)(n-2)}{6}-2a^2n$$
$$18a^2n=a^3n(n-1)(n-2)$$

$n\ge 4$이고 a는 자연수이므로 $18=(n-1)(n-2)a$

(i) $n=4$일 때, $18=6a \quad \therefore a=3$

(ii) $n=5$일 때, $18=12a$이므로 자연수 a는 없다.

(iii) $n\ge 6$이면 $(n-1)(n-2)\ge 20$이므로 자연수 a는 없다.

(i)~(iii)에서 $a=3$, $n=4$

답 $a=3$, $n=4$

23

[전략] $(x^2+3)^5=\{(x^2+2)+1\}^5$의 전개식을 생각한다.

$$(x^2+3)^5$$
$$=\{(x^2+2)+1\}^5$$
$$={}_5C_5(x^2+2)^5+{}_5C_4(x^2+2)^4+\cdots+{}_5C_1(x^2+2)+{}_5C_0$$

이므로 $(x^2+2)^2$으로 나눈 나머지 $R(x)$는

$$R(x)=5(x^2+2)+1$$
$$\therefore R(2)=5\times 6+1=31$$

답 ④

24

[전략] $12^{10}=(10+2)^{10}$의 전개식을 생각한다.

$$12^{10}=(10+2)^{10}$$
$$={}_{10}C_{10}\times 10^{10}+{}_{10}C_9\times 10^9\times 2^1+\cdots+{}_{10}C_1\times 10\times 2^9+2^{10}$$

에서

$${}_{10}C_{10}\times 10^{10}+{}_{10}C_9\times 10^9\times 2^1+\cdots+{}_{10}C_2\times 10^2\times 2^8$$

은 10^3의 배수이므로 a, b, c의 값과 관계없다.

$${}_{10}C_1\times 10\times 2^9+2^{10}=51200+1024=52224$$

이므로 $a=4$, $b=2$, $c=2$이다.

$\therefore a+b+c=8$

답 ③

25

[전략] $(a+b)^n=\sum_{k=0}^{n}{}_nC_k a^k b^{n-k}$임을 이용하여 주어진 식을 간단히 한다.

$$\sum_{k=0}^{10}{}_{10}C_k(x+2)^k(2x-1)^{10-k}=\{(x+2)+(2x-1)\}^{10}$$
$$=(3x+1)^{10}$$

따라서 $(3x+1)^{10}$의 전개식에서 x^2항은

$${}_{10}C_2(3x)^2=45\times 9x^2=405x^2$$

이므로 x^2의 계수는 405이다.

답 ④

26

[전략] 다항식 $(x+1)^{2k}$의 전개식에 $x=1$, $x=-1$을 각각 대입하여 구하는 값을 찾는다.

$$(x+1)^{2k}={}_{2k}C_{2k}x^{2k}+{}_{2k}C_{2k-1}x^{2k-1}+{}_{2k}C_{2k-2}x^{2k-2}+\cdots$$
$$+{}_{2k}C_1x+{}_{2k}C_0$$

의 양변에 $x=1$을 대입하면

$$2^{2k}={}_{2k}C_{2k}+{}_{2k}C_{2k-1}+{}_{2k}C_{2k-2}+\cdots+{}_{2k}C_2+{}_{2k}C_1+{}_{2k}C_0 \quad \cdots ❶$$

양변에 $x=-1$을 대입하면

$$0={}_{2k}C_{2k}-{}_{2k}C_{2k-1}+{}_{2k}C_{2k-2}-\cdots+{}_{2k}C_2-{}_{2k}C_1+{}_{2k}C_0 \quad \cdots ❷$$

❶$-$❷를 하면

$$2({}_{2k}C_1+{}_{2k}C_3+{}_{2k}C_5+\cdots+{}_{2k}C_{2k-1})=2^{2k}$$
$${}_{2k}C_1+{}_{2k}C_3+{}_{2k}C_5+\cdots+{}_{2k}C_{2k-1}=\frac{2^{2k}}{2}=2^{2k-1}$$
$$\therefore f(5)=\sum_{k=1}^{5}2^{2k-1}=\frac{2(4^5-1)}{4-1}=682$$

답 682

27

[전략] $(1+x)^{20}$의 전개식을 생각한다.

$$(1+x)^{20}={}_{20}C_0+{}_{20}C_1x+{}_{20}C_2x^2+\cdots+{}_{20}C_{20}x^{20}$$

의 양변에 $x=i$를 대입하면

$$\begin{aligned}(1+i)^{20}&={}_{20}C_0+{}_{20}C_1i+{}_{20}C_2i^2+{}_{20}C_3i^3+\cdots+{}_{20}C_{20}i^{20}\\&=({}_{20}C_0-{}_{20}C_2+{}_{20}C_4-{}_{20}C_6+\cdots+{}_{20}C_{20})\\&\quad+i({}_{20}C_1-{}_{20}C_3+{}_{20}C_5-{}_{20}C_7+\cdots-{}_{20}C_{19})\end{aligned}$$

$(1+i)^{20}=\{(1+i)^2\}^{10}=(2i)^{10}=-2^{10}$이므로

$${}_{20}C_0-{}_{20}C_2+{}_{20}C_4-{}_{20}C_6+\cdots-{}_{20}C_{18}+{}_{20}C_{20}$$
$$=-2^{10}=-1024$$

답 -1024

28

[전략] 다음을 이용한다.

1. $\{a_n\}$이 등차수열이면 $a_{13-k}+a_k$가 일정하다.
2. ${}_nC_k={}_nC_{n-k}$이다.

$$S=a_1\times{}_{11}C_0+a_2\times{}_{11}C_1+a_3\times{}_{11}C_2+\cdots+a_{12}\times{}_{11}C_{11} \quad \cdots ❶$$

이라 하면 ${}_nC_k={}_nC_{n-k}$이므로

$$S=a_1\times{}_{11}C_{11}+a_2\times{}_{11}C_{10}+a_3\times{}_{11}C_9+\cdots+a_{12}\times{}_{11}C_0 \quad \cdots ❷$$

$a_n=5+(n-1)\times2=2n+3$에서

$$a_k+a_{13-k}=2k+3+2(13-k)+3=32$$

❶+❷를 하면

$$\begin{aligned}2S&=32\times({}_{11}C_0+{}_{11}C_1+{}_{11}C_2+\cdots+{}_{11}C_{11})\\&=32\times2^{11}=2^{16}\end{aligned}$$

$\therefore S=2^{15}$

답 ④

29

[전략] ${}_nC_k={}_nC_{n-k}$임을 이용한다.

$(1+x)^{2n}$의 전개식에서 x^n의 계수는 $\boxed{{}_{2n}C_n}$이다.

$(1+x)^n(1+x)^n$의 전개식에서 x^n의 계수는

$\sum_{k=0}^{n}({}_nC_k\times{}_nC_{n-k})=\sum_{k=0}^{n}({}_nC_k)^2$이므로

$\sum_{k=0}^{n}({}_nC_k)^2={}_{2n}C_n$이다. 그러므로

$$\begin{aligned}&\sum_{k=1}^{n}\{2k\times({}_nC_k)^2\}\\&=\sum_{k=1}^{n}\{k\times({}_nC_k)^2\}+\sum_{k=1}^{n}\{k\times({}_nC_{n-k})^2\}\\&=\{({}_nC_1)^2+2\times({}_nC_2)^2+\cdots+n\times({}_nC_n)^2\}\\&\quad+\{({}_nC_{n-1})^2+2\times({}_nC_{n-2})^2+\cdots+n\times({}_nC_0)^2\}\\&=\{({}_nC_1)^2+2\times({}_nC_2)^2+\cdots+n\times({}_nC_n)^2\}\\&\quad+\{n\times({}_nC_0)^2+(n-1)\times({}_nC_1)^2+\cdots+({}_nC_{n-1})^2\}\\&=n\times({}_nC_0)^2+n\times({}_nC_1)^2+\cdots+n\times({}_nC_n)^2\\&=\boxed{n}\times\{({}_nC_0)^2+({}_nC_1)^2+\cdots+({}_nC_n)^2\}\\&=\boxed{n}\times\boxed{{}_{2n}C_n}\end{aligned}$$

이다.

따라서 부등식

$\sum_{k=1}^{n}\{2k\times({}_nC_k)^2\}\geq10\times{}_{2n}C_{n+1}$에서

$$n\times{}_{2n}C_n\geq10\times{}_{2n}C_{n+1}$$
$$n\times\frac{(2n)!}{n!n!}\geq10\times\frac{(2n)!}{(n+1)!(n-1)!}$$
$$n\times\frac{1}{n}\geq10\times\frac{1}{n+1},\ n+1\geq10 \qquad \therefore n\geq9$$

따라서 자연수 n의 최솟값은 $\boxed{9}$이다.

곧, $f(n)={}_{2n}C_n$, $g(n)=n$, $p=9$이므로

$$f(3)+g(3)+p={}_6C_3+3+9=32$$

답 ①

step C 최상위 문제 26쪽

01 49 **02** 824 **03** ② **04** 760

01

[전략] 연필은 여학생에게 먼저 나누어 주고
볼펜은 남학생에게 먼저 나누어 준다.

(i) 연필을 나누어 주는 경우의 수

여학생이 받는 연필이 1자루일 때, 남은 연필 4자루를 남학생 2명에게 나누어 주는 경우의 수는 ${}_2H_4={}_5C_4={}_5C_1=5$

여학생이 받는 연필이 2자루일 때, 남은 연필 1자루를 남학생 2명에게 나누어 주는 경우의 수는 2가지

따라서 경우의 수는 $5+2=7$

(ii) 볼펜을 나누어 주는 경우의 수

남학생이 받는 볼펜이 1자루일 때, 남은 볼펜 2자루를 여학생 3명에게 나누어 주는 경우의 수는 ${}_3H_2={}_4C_2=6$

남학생이 받는 볼펜이 2자루일 때, 여학생은 볼펜을 받지 못하므로 경우의 수는 1

따라서 경우의 수는 $6+1=7$

(i), (ii)에서 $7\times7=49$

답 49

02

[전략] $2a+2b+c+d=2n$이므로 c, d가 둘 다 짝수이거나 둘 다 홀수이다.

$2a+2b+c+d=2n$이므로 $c=2k_1$, $d=2k_2$ 또는 $c=2k_1+1$, $d=2k_2+1$이다. (단, k_1, k_2는 음이 아닌 정수)

(i) $c=2k_1$, $d=2k_2$일 때,

$2a+2b+2k_1+2k_2=2n$에서

$$a+b+k_1+k_2=n$$

따라서 순서쌍 (a,b,k_1,k_2)의 개수는

$${}_4H_n={}_{n+3}C_n={}_{n+3}C_3$$

(ii) $c=2k_1+1$, $d=2k_2+1$일 때,

$2a+2b+(2k_1+1)+(2k_2+1)=2n$에서

$$a+b+k_1+k_2=n-1$$

따라서 순서쌍 (a,b,k_1,k_2)의 개수는

$${}_4H_{n-1}={}_{n+2}C_{n-1}={}_{n+2}C_3$$

(i), (ii)에서 순서쌍 (a, b, c, d)의 개수 a_n은

$$a_n = {}_{n+3}C_3 + {}_{n+2}C_3$$

$$\begin{aligned}\sum_{n=1}^{8} {}_{n+3}C_3 &= {}_4C_3 + {}_5C_3 + {}_6C_3 + \cdots + {}_{11}C_3 \\ &= {}_4C_1 + {}_5C_2 + {}_6C_3 + \cdots + {}_{11}C_8 \\ &= ({}_4C_0 + {}_4C_1 + {}_5C_2 + {}_6C_3 + \cdots + {}_{11}C_8) - {}_4C_0 \\ &= ({}_5C_1 + {}_5C_2 + {}_6C_3 + \cdots + {}_{11}C_8) - 1 \\ &= ({}_6C_2 + {}_6C_3 + \cdots + {}_{11}C_8) - 1 \\ &= ({}_7C_3 + \cdots + {}_{11}C_8) - 1 \\ &\vdots \\ &= {}_{12}C_8 - 1 = {}_{12}C_4 - 1\end{aligned}$$

$$\begin{aligned}\sum_{n=1}^{8} {}_{n+2}C_3 &= {}_3C_3 + {}_4C_3 + {}_5C_3 + \cdots + {}_{10}C_3 \\ &= {}_3C_0 + {}_4C_1 + {}_5C_2 + \cdots + {}_{10}C_7 \\ &= {}_4C_0 + {}_4C_1 + {}_5C_2 + \cdots + {}_{10}C_7 \\ &= {}_5C_1 + {}_5C_2 + \cdots + {}_{10}C_7 \\ &= {}_6C_2 + \cdots + {}_{10}C_7 \\ &\vdots \\ &= {}_{11}C_7 = {}_{11}C_4\end{aligned}$$

$$\begin{aligned}\therefore \sum_{n=1}^{8} a_n &= \sum_{n=1}^{8} {}_{n+3}C_3 + \sum_{n=1}^{8} {}_{n+2}C_3 \\ &= ({}_{12}C_4 - 1) + {}_{11}C_4 \\ &= (495 - 1) + 330 \\ &= 824\end{aligned}$$

답 824

03

[전략] 조건 (나)를 만족시키는 경우를 구하기 어려우면 조건 (나)를 만족시키지 않는 경우를 생각한다.

$a+b+c+d=12$를 만족시키는 자연수 a, b, c, d의 순서쌍 (a, b, c, d)의 개수는

$${}_4H_8 = {}_{11}C_8 = {}_{11}C_3 = 165$$

(i) 두 점 (a, b), (c, d)가 같은 경우

$a=c$, $b=d$에서 $a+b=6$이므로

이것을 만족시키는 자연수 a, b의 순서쌍 (a, b)의 개수는

$${}_2H_4 = {}_5C_4 = {}_5C_1 = 5$$

(ii) 점 (a, b)가 직선 $y=2x$ 위에 있는 경우

$b=2a$이므로 $3a+c+d=12$

$a=1$일 때, $c+d=9$이므로 이것을 만족시키는 자연수 c, d의 순서쌍 (c, d)의 개수는

$${}_2H_7 = {}_8C_7 = {}_8C_1 = 8$$

$a=2$일 때, $c+d=6$이므로 이것을 만족시키는 자연수 c, d의 순서쌍 (c, d)의 개수는

$${}_2H_4 = {}_5C_4 = {}_5C_1 = 5$$

$a=3$일 때, $c+d=3$이므로 이것을 만족시키는 자연수 c, d의 순서쌍 (c, d)의 개수는

$${}_2H_1 = {}_2C_1 = 2$$

따라서 점 (a, b)가 직선 $y=2x$ 위에 있는 순서쌍 (a, b, c, d)의 개수는

$$8+5+2=15$$

이 중 순서쌍 $(2, 4, 2, 4)$는 (i)과 중복이다.

(iii) 점 (c, d)가 직선 $y=2x$ 위에 있는 경우

(ii)와 같이 순서쌍의 개수는 15이고, 순서쌍 $(2, 4, 2, 4)$는 (i)과 중복이다.

(iv) 두 점 (a, b), (c, d)가 모두 직선 $y=2x$ 위에 있는 경우

$3a+3c=12$에서 $a+c=4$이므로 이것을 만족시키는 자연수 a, c의 순서쌍 (a, c)의 개수는

$${}_2H_2 = {}_3C_2 = 3$$

이 중 순서쌍 $(2, 4, 2, 4)$는 (i)과 중복이다.

(i)~(iv)에서 조건 (나)를 만족시키지 않는 순서쌍의 개수는

$$5+14+14-2=31$$

따라서 구하는 순서쌍의 개수는

$$165-31=134$$

답 ②

04

[전략] 중복조합을 활용하여 추론한다.

m번째 꺼낸 공에 적힌 수를 $f(m)$이라 하면 조건 (가)에서

$$f(1) \le f(2) \le f(3) \le f(4) \le f(5)$$

또 조건 (나)에서 $f(1)=f(3)-1$이므로

$$f(3)-1 \le f(2) \le f(3) \le f(4) \le f(5)$$

따라서 $f(2)$의 값은 $f(3)$ 또는 $f(3)-1$의 2가지이다.

또 $f(3) \ge 1$이므로 $f(3)$, $f(4)$, $f(5)$의 값은 1에서 n까지 자연수에서 중복을 허용하여 3개 택하여 작은 것부터 차례로 $f(3)$, $f(4)$, $f(5)$의 값으로 놓는다.

따라서 경우의 수 a_n은

$$\begin{aligned}a_n &= 2 \times {}_nH_3 = 2 \times {}_{n+2}C_3 \\ &= 2 \times \frac{n(n+1)(n+2)}{6} = \frac{n(n+1)(n+2)}{3}\end{aligned}$$

$$\begin{aligned}\therefore \sum_{n=1}^{18} \frac{a_n}{n+2} &= \frac{1}{3}\sum_{n=1}^{18} n(n+1) = \frac{1}{3}\sum_{n=1}^{18}(n^2+n) \\ &= \frac{1}{3}\left(\frac{18 \times 19 \times 37}{6} + \frac{18 \times 19}{2}\right) = 760\end{aligned}$$

답 760

Note

$f(3)-1 \le f(2) \le f(3) \le f(4) \le f(5)$에서

(i) $f(3)=1$일 때,

$f(2)$의 값은 0 또는 1

$f(4)$, $f(5)$의 값은 $1, 2, 3, \cdots, n$에서 중복을 허용하여 2개를 택하는 경우의 수이므로 ${}_nH_2$

$\therefore 2 \times {}_nH_2 = 2 \times {}_{n+1}C_2$

(ii) $f(3)=k$일 때,

$f(2)$의 값은 $k-1$ 또는 k

$f(4)$, $f(5)$의 값은 $k, k+1, \cdots, n$에서 중복을 허용하여 2개를 택하는 경우의 수이므로 ${}_{n-k+1}H_2$

$2 \times {}_{n-k+1}H_2 = 2 \times {}_{n-k+2}C_2$

$1 \le k \le n$이므로

$a_n = 2({}_{n+1}C_2 + {}_nC_2 + {}_{n-1}C_2 + \cdots + {}_3C_2 + {}_2C_2)$

따라서 파스칼의 삼각형을 이용하여 이 식을 정리해도 된다.

II. 확률

03. 확률의 뜻과 활용

step A 기본 문제 29~32쪽

01 ②	02 ①	03 ②	04 ④	05 $\frac{1}{3}$
06 ②	07 $\frac{1}{5}$	08 ①	09 ④	10 $\frac{9}{64}$
11 ④	12 ③	13 ③	14 ③	15 ⑤
16 ③	17 $\frac{2}{9}$	18 ②	19 ④	20 7
21 ④	22 ⑤	23 $\frac{5}{7}$	24 ⑤	25 $\frac{6}{11}$
26 ④	27 ⑤	28 ②	29 ④	30 ④
31 ⑤	32 ④			

01

주머니에서 공 2개를 동시에 꺼내는 경우의 수는

$${}_7C_2=21$$

흰 공 1개, 검은 공 1개를 꺼내는 경우의 수는

$${}_3C_1\times{}_4C_1=3\times4=12$$

따라서 확률은 $\frac{12}{21}=\frac{4}{7}$ 답 ②

02

카드 15장에서 3장을 꺼내는 경우의 수는

$${}_{15}C_3=455$$

3의 배수가 적힌 카드는 5장 중에서 2장, 나머지 카드 10장 중에서 1장을 꺼내는 경우의 수는

$${}_5C_2\times{}_{10}C_1=10\times10=100$$

따라서 확률은 $\frac{100}{455}=\frac{20}{91}$ 답 ①

03

카드 10장에서 2장을 꺼내는 경우의 수는

$${}_{10}C_2=45$$

꺼낸 카드 2장에 적힌 수가 같은 경우의 수는

$${}_2C_2+{}_3C_2+{}_4C_2=1+3+6=10$$

따라서 확률은 $\frac{10}{45}=\frac{2}{9}$ 답 ②

04

주머니에서 구슬 2개를 동시에 꺼내는 경우의 수는

$${}_7C_2=21$$

주머니에서 꺼낸 구슬 2개에 적힌 두 수를 각각 $a, b\ (a<b)$라 하면

두 수 a, b가 서로소인 순서쌍 (a, b)는

$(2, 3), (2, 5), (2, 7), (3, 4), (3, 5), (3, 7), (3, 8),$
$(4, 5), (4, 7), (5, 6), (5, 7), (5, 8), (6, 7), (7, 8)$

의 14가지이다.

따라서 확률은 $\frac{14}{21}=\frac{2}{3}$ 답 ④

다른 풀이

주머니에서 구슬 2개를 동시에 꺼내는 경우의 수는

$${}_7C_2=21$$

서로소가 아니면 2, 4, 6, 8에서 2개를 꺼내거나 3, 6을 꺼내는 경우이므로 경우의 수는 ${}_4C_2+1=7$

따라서 확률은 $1-\frac{7}{21}=\frac{2}{3}$

05

학생 5명의 순서를 정하는 경우의 수는 $5!=120$

학생 A, B가 학생 C보다 먼저 달리는 경우의 수는

A, B, C를 X, X, X로 놓고 일렬로 나열한 후에 X, X, X에서 순서대로 A, B, C 또는 B, A, C를 나열하는 경우의 수이므로

$$\frac{5!}{3!}\times2=40$$

따라서 확률은 $\frac{40}{120}=\frac{1}{3}$ 답 $\frac{1}{3}$

06

카드 6장을 각각 A_1, A_2, A_3, B_1, B_2, C라 하면 일렬로 나열하는 경우의 수는 $6!$

이때 A_1, A_2, A_3 중 2장을 선택하여 양 끝에 나열하는 경우의 수는 ${}_3P_2$, 나머지 카드 4장을 일렬로 나열하는 경우의 수는 $4!$

따라서 확률은 $\frac{{}_3P_2\times4!}{6!}=\frac{1}{5}$ 답 ②

Note

카드 6장을 일렬로 나열하는 경우의 수는

$$\frac{6!}{3!2!}=60$$

양 끝에 A가 적힌 카드가 오는 경우의 수는

A, B, B, C를 일렬로 나열하는 경우의 수와 같으므로

$$\frac{4!}{2!}=12$$

따라서 확률은 $\frac{12}{60}=\frac{1}{5}$

07

1, 2, 3, 4, 5를 써넣는 경우의 수는 $5!$

합이 같은 두 수는 (1, 5)와 (2, 4), (1, 4)와 (2, 3), (2, 5)와 (3, 4)이다.

(1, 5)와 (2, 4)인 경우 A에는 3을 쓰고 B, C, D, E 중 한 군데 1을 쓰고 맞은 편에는 5를 쓴다.

	B	
E	A	C
	D	

또 나머지 두 군데에 2와 4를 쓰면 되므로 경우의 수는

$4\times2=8$

$(1, 4)$와 $(2, 3)$, $(2, 5)$와 $(3, 4)$인 경우도 각각 8가지

따라서 확률은 $\frac{8\times3}{5!}=\frac{1}{5}$ 답 $\frac{1}{5}$

Note

5개 수의 합이 15이고 B+D=C+E이므로 B, C, D, E에 써넣은 수의 합이 짝수이다. 따라서 A에 써넣은 수는 홀수이어야 하므로 A에 1, 3, 5를 쓰는 경우로 나누어 풀어도 된다.

08

주사위 한 개를 세 번 던질 때 모든 경우의 수는

$6\times6\times6=216$

$a<b<c$인 경우의 수는 1, 2, 3, 4, 5, 6에서 3개를 택한 후 작은 수부터 차례로 a, b, c에 대응시키면 되므로 ${}_6C_3=20$

따라서 확률은 $\frac{20}{216}=\frac{5}{54}$ 답 ①

09

주사위 한 개를 두 번 던질 때 모든 경우의 수는 $6\times6=36$

$f(x)<0$에서 $2<x<5$이므로

$x=3$, 4일 때 $f(x)<0$

$x=1$, 6일 때 $f(x)>0$

따라서 $f(a)f(b)<0$이면 3, 4에서 한 개, 1, 6에서 한 개를 뽑아 한 개를 a, 나머지를 b라 하면 되므로 경우의 수는

$2\times2\times2=8$

따라서 확률은 $\frac{8}{36}=\frac{2}{9}$ 답 ④

10

정사면체 모양의 주사위 한 개를 네 번 던질 때 모든 경우의 수는

$4\times4\times4\times4=256$

이 중에서 밑면에 1이 두 번, 2, 3이 한 번씩 나오는 경우의 수는

$\frac{4!}{2!}=12$

밑면에 2가 두 번, 1, 3이 한 번씩 나오는 경우의 수와 밑면에 3이 두 번, 1, 2가 한 번씩 나오는 경우의 수도 각각 12이므로 주사위를 네 번 던져서 나오는 눈의 수의 집합이 $\{1, 2, 3\}$인 경우의 수는 $12\times3=36$

따라서 확률은 $\frac{36}{256}=\frac{9}{64}$ 답 $\frac{9}{64}$

11

점 8개 중에서 3개를 택하는 경우의 수는

${}_8C_3=56$

삼각형의 한 변이 원의 지름일 때 직각삼각형이다.

그런데 지름은 4개이므로 지름의 양 끝 점을 택하고, 다른 한 점을 택하는 경우의 수는

$4\times{}_6C_1=24$

따라서 확률은 $\frac{24}{56}=\frac{3}{7}$ 답 ④

12

점 12개 중에서 3개를 택하는 경우의 수는

${}_{12}C_3=220$

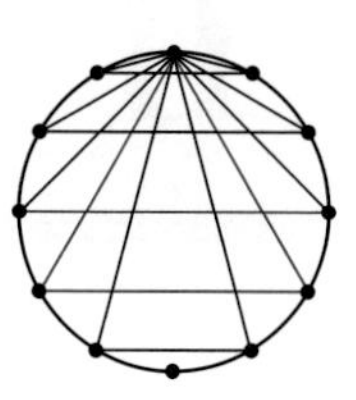

한 꼭짓점에 대하여 정삼각형이 아닌 이등변삼각형은 4개씩 있다. 또 정삼각형은 4개이므로 이등변삼각형의 개수는

$12\times4+4=52$

따라서 확률은 $\frac{52}{220}=\frac{13}{55}$ 답 ③

13

집합 S의 모든 부분집합의 개수는 2^8

$\{2, 3, 5\}\cap X=\{1, 3, 5, 7\}\cap X$

이므로 1, 2, 7은 X의 원소가 아니다.

곧, X는 집합 $\{3, 4, 5, 6, 8\}$의 부분집합이므로 2^5개이다.

따라서 확률은 $\frac{2^5}{2^8}=\frac{1}{8}$ 답 ③

14

집합 X에서 집합 Y로의 함수 f의 개수는 $5^3=125$

$f(a)\le f(b)\le f(c)$인 함수의 개수는 1, 2, 3, 4, 5 중에서 중복을 허용하여 3개를 택한 후 작은 수부터 차례로 $f(a)$, $f(b)$, $f(c)$에 대응시키면 되므로

${}_5H_3={}_7C_3=35$

따라서 확률은 $\frac{35}{125}=\frac{7}{25}$ 답 ③

15

(i) 치역의 원소가 2개이므로 X의 원소 중 2개를 택하는 경우의 수는 ${}_4C_2=6$

또 치역이 $\{1, 2\}$인 함수의 개수는 $2^4-2=14$

따라서 치역의 원소가 2개인 함수의 개수는 $6\times14=84$

(ii) 치역이 $\{1, 2\}$이고 $f(3)<f(4)$이면

$f(3)=1$, $f(4)=2$이고 $f(1)$, $f(2)$는 1 또는 2이므로

함수의 개수는 $2\times2=4$

따라서 $f(3)<f(4)$이고 치역의 원소가 2개인 f의 개수는

$6\times4=24$

(i), (ii)에서 확률은 $\frac{24}{84}=\frac{2}{7}$ 답 ⑤

16

갑이 카드 2장을 꺼내고, 을이 남은 카드 2장 중 1장을 꺼내는 경우의 수는

${}_4C_2\times{}_2C_1=6\times2=12$

갑이 꺼낸 카드 2장에 적힌 두 수의 곱이 을이 꺼낸 카드에 적힌 수보다 작은 경우는 다음 표와 같이 3가지이다.

을	4	4	3
갑	1, 2	1, 3	1, 2

따라서 확률은 $\frac{3}{12}=\frac{1}{4}$ 답 ③

17

모든 경우의 수는

$_{4}C_{2}\times{}_{4}C_{2}=6\times6=36$

$3=1+2,\ 4=1+3,\ 5=1+4=2+3$

$6=2+4,\ 7=3+4$

이므로 갑과 을이 꺼낸 카드에 적힌 두 수의 합이 3, 4, 6, 7인 경우는 각각 1가지,

합이 5인 경우는

$2\times2=4$(가지)

따라서 확률은 $\frac{1+1+4+1+1}{36}=\frac{2}{9}$ 답 $\frac{2}{9}$

18

8명을 3명, 3명, 2명의 세 조로 나누는 경우의 수는

$_{8}C_{3}\times{}_{5}C_{3}\times{}_{2}C_{2}\times\frac{1}{2!}=280$

(i) A, B가 3명인 조에 속하는 경우

A, B를 뺀 6명을 1명, 3명, 2명의 세 조로 나누면 되므로

경우의 수는 $_{6}C_{1}\times{}_{5}C_{3}\times{}_{2}C_{2}=60$

(ii) A, B가 2명인 조에 속하는 경우

A, B를 뺀 6명을 3명, 3명의 두 조로 나누면 되므로

경우의 수는 $_{6}C_{3}\times{}_{3}C_{3}\times\frac{1}{2!}=10$

(i), (ii)에서 확률은 $\frac{60+10}{280}=\frac{1}{4}$ 답 ②

19

9명을 3명씩 세 조로 나누는 경우의 수는

$_{9}C_{3}\times{}_{6}C_{3}\times{}_{3}C_{3}\times\frac{1}{3!}=280$

A, B, C 중 같은 조에 속하는 두 명을 택하고 A, B, C를 뺀 6명의 학생을 1명, 2명, 3명의 세 조로 나누는 경우의 수는

$_{3}C_{2}\times({}_{6}C_{1}\times{}_{5}C_{2}\times{}_{3}C_{3})=180$

따라서 확률은 $\frac{180}{280}=\frac{9}{14}$ 답 ④

20

2개 모두 흰 구슬이 아닐 확률은

$1-\frac{6}{7}=\frac{1}{7}$

모든 경우의 수는 $_{n}C_{2}$이고, 흰 구슬을 꺼내지 않는 경우의 수는 $_{n-4}C_{2}$이므로

$\frac{_{n-4}C_{2}}{_{n}C_{2}}=\frac{1}{7}$

$\frac{\frac{(n-4)(n-5)}{2}}{\frac{n(n-1)}{2}}=\frac{(n-4)(n-5)}{n(n-1)}=\frac{1}{7}$

$7(n^{2}-9n+20)=n^{2}-n,\ 3n^{2}-31n+70=0$

$(3n-10)(n-7)=0$

n은 4 이상의 자연수이므로 $n=7$ 답 7

21

같은 숫자가 적어도 2번 나오는 사건을 A라 하면

A^{C}은 모두 다른 숫자가 나오는 사건이다.

시행을 3번 반복할 때, 모든 경우의 수는 $6^{3}=216$

3번 모두 다른 숫자가 나오는 경우의 수는 서로 다른 6개에서 3개를 택하여 일렬로 나열하는 경우의 수이므로 $_{6}P_{3}=120$

$\therefore P(A^{C})=\frac{120}{216}=\frac{5}{9}$

$\therefore P(A)=1-P(A^{C})=1-\frac{5}{9}=\frac{4}{9}$ 답 ④

22

두 가지 이상의 색의 카드가 나오는 사건을 A라 하면

A^{C}은 한 가지 색의 카드가 나오는 사건이다.

카드 12장에서 3장을 꺼내는 경우의 수는

$_{12}C_{3}=220$

한 가지 색의 카드가 나오는 경우의 수는

$_{3}C_{3}+{}_{4}C_{3}+{}_{5}C_{3}=1+4+10=15$

$\therefore P(A^{C})=\frac{15}{220}=\frac{3}{44}$

$\therefore P(A)=1-P(A^{C})=1-\frac{3}{44}=\frac{41}{44}$ 답 ⑤

23

같은 숫자가 적힌 공이 이웃하지 않는 사건을 A라 하면

A^{C}은 같은 숫자가 적힌 공이 이웃하는 사건이다.

공 7개를 일렬로 나열하는 경우의 수는 $7!$

같은 숫자가 적힌 공이 이웃하는 경우는 4가 적힌 흰 공과 검은 공을 한 묶음으로 보고 6개를 일렬로 나열하는 경우이고, 흰 공과 검은 공의 위치가 바뀔 수 있으므로 경우의 수는 $6!\times2!$

$\therefore P(A^{C})=\frac{6!\times2!}{7!}=\frac{2}{7}$

$\therefore P(A)=1-P(A^{C})=1-\frac{2}{7}=\frac{5}{7}$ 답 $\frac{5}{7}$

24

꺼낸 카드에 적힌 수의 최댓값이 6 이상인 사건을 A라 하면

A^{C}은 최댓값이 5 이하인 사건이다.

카드 10장에서 3장을 꺼내는 경우의 수는

$_{10}C_{3}=120$

최댓값이 5 이하이면 1부터 5까지의 자연수가 적힌 카드 5장에서 3장을 꺼내는 경우이므로 경우의 수는

$_{5}C_{3}=10$

$\therefore P(A^{C})=\frac{10}{120}=\frac{1}{12}$

$\therefore P(A)=1-P(A^{C})=1-\frac{1}{12}=\frac{11}{12}$ 답 ⑤

25

두 점 사이의 거리가 무리수인 사건을 A라 하면

A^C은 두 점 사이의 거리가 유리수인 사건이다.

점 12개 중에서 2개를 택하는 경우의 수는 ${}_{12}C_2=66$

두 점 사이의 거리가 1인 경우의 수는

$3\times3+2\times4=17$

두 점 사이의 거리가 2인 경우의 수는

$2\times3+1\times4=10$

두 점 사이의 거리가 3인 경우의 수는 3

$\therefore P(A^C)=\frac{17+10+3}{66}=\frac{5}{11}$

$\therefore P(A)=1-P(A^C)=1-\frac{5}{11}=\frac{6}{11}$　답 $\frac{6}{11}$

26

서로 다른 주사위 두 개를 동시에 던질 때 모든 경우의 수는

$6\times6=36$

(i) 눈의 수의 합이 7인 경우

(1, 6), (2, 5), (3, 4), (4, 3), (5, 2), (6, 1)

이므로 확률은 $\frac{6}{36}$

(ii) 눈의 수의 합이 10인 경우

(4, 6), (5, 5), (6, 4)

이므로 확률은 $\frac{3}{36}$

(i), (ii)에서 확률은 $\frac{6}{36}+\frac{3}{36}=\frac{1}{4}$　답 ④

27

9명 중에서 3명을 뽑는 경우의 수는

${}_9C_3=84$

(i) A조에서 1명, B조에서 2명을 뽑을 확률은

$\frac{{}_5C_1\times{}_4C_2}{84}=\frac{30}{84}$

(ii) A조에서 2명, B조에서 1명을 뽑을 확률은

$\frac{{}_5C_2\times{}_4C_1}{84}=\frac{40}{84}$

(i), (ii)에서 확률은 $\frac{30}{84}+\frac{40}{84}=\frac{5}{6}$　답 ⑤

다른 풀이

A, B조에서 각각 적어도 한 명을 포함하여 3명을 뽑는 사건을 A라 하면 A^C은 A조에서만 3명을 뽑거나 B조에서만 3명을 뽑는 사건이다.

9명 중에서 3명을 뽑는 경우의 수는 ${}_9C_3=84$

A조에서만 3명을 뽑는 경우의 수는 ${}_5C_3=10$

B조에서만 3명을 뽑는 경우의 수는 ${}_4C_3=4$

$\therefore P(A^C)=\frac{10+4}{84}=\frac{1}{6}$

$\therefore P(A)=1-P(A^C)=1-\frac{1}{6}=\frac{5}{6}$

28

10개 중에서 4개를 꺼내는 경우의 수는

${}_{10}C_4=210$

(i) 흰 공이 3개일 확률은

$\frac{{}_6C_3\times{}_4C_1}{210}=\frac{80}{210}$

(ii) 흰 공이 4개일 확률은

$\frac{{}_6C_4}{210}=\frac{15}{210}$

(i), (ii)에서 확률은 $\frac{80}{210}+\frac{15}{210}=\frac{19}{42}$　답 ②

29

$a>b$인 자연수와 $a<b$인 자연수의 개수가 같으므로

$a>b$일 확률은 $\frac{1}{2}$

마찬가지로 $c>d$일 확률은 $\frac{1}{2}$

또 $a>b$인 자연수의 $\frac{1}{2}$이 $c>d$이고 나머지 $\frac{1}{2}$이 $c<d$이므로

$a>b$이고 $c>d$일 확률은 $\frac{1}{2}\times\frac{1}{2}$

따라서 $a>b$ 또는 $c>d$일 확률은

$\frac{1}{2}+\frac{1}{2}-\frac{1}{2}\times\frac{1}{2}=\frac{3}{4}$　답 ④

다른 풀이

1부터 6까지 자연수 중에서 임의로 4개를 택하여 일렬로 나열하는 경우의 수는 ${}_6P_4=360$

$a>b$ 또는 $c>d$인 사건을 A라 하면 a, b, c, d는 서로 다른 수이므로 A^C은 $a<b$이고 $c<d$인 사건이다.

1부터 6까지 자연수 중에서 임의로 2개를 택하여 a, b를 정하는 경우의 수는 ${}_6C_2=15$

a, b를 정하고 남은 자연수 4개 중에서 임의로 2개를 택하여 c, d를 정하는 경우의 수는 ${}_4C_2=6$

따라서 $a<b$이고 $c<d$인 경우의 수는 $15\times6=90$

$\therefore P(A^C)=\frac{90}{360}=\frac{1}{4}$

$\therefore P(A)=1-P(A^C)=1-\frac{1}{4}=\frac{3}{4}$

30

$P(B^C)=\frac{2}{3}$이므로

$P(B)=1-P(B^C)=1-\frac{2}{3}=\frac{1}{3}$

$P(A\cup B)=\frac{3}{4}$이고 A와 B가 배반사건이므로

$P(A)+P(B)=\frac{3}{4}$

$\therefore P(A)=\frac{3}{4}-P(B)=\frac{3}{4}-\frac{1}{3}=\frac{5}{12}$

$\therefore P(A^C)=1-P(A)=1-\frac{5}{12}=\frac{7}{12}$　답 ④

31

$\mathrm{P}(A)$

$=\mathrm{P}(A\cap B)+\mathrm{P}(A\cap B^C)$

$=\frac{1}{8}+\frac{3}{16}=\frac{5}{16}$

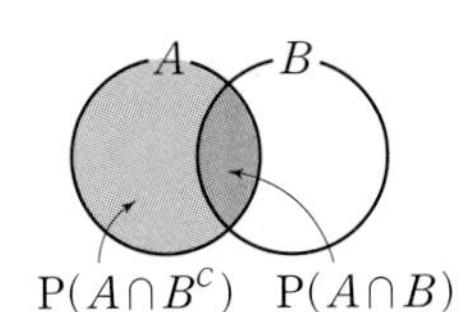

답 ⑤

32

A와 B가 배반사건이므로 $\mathrm{P}(A\cap B)=0$

$\therefore \mathrm{P}(A\cup B)=\mathrm{P}(A)+\mathrm{P}(B)$

$A\cup B=S$이므로 $\mathrm{P}(A\cup B)=1$

$\therefore \mathrm{P}(A)+\mathrm{P}(B)=1$ ⋯ ❶

또 $\mathrm{P}(A\cup B)=5\mathrm{P}(A)-2\mathrm{P}(B)$이므로

$5\mathrm{P}(A)-2\mathrm{P}(B)=1$ ⋯ ❷

❶, ❷를 연립하여 풀면 $\mathrm{P}(B)=\frac{4}{7}$

답 ④

step B 실력 문제 33~36쪽

01 ③	02 ④	03 ④	04 $\frac{7}{10}$	05 ③
06 ③	07 ④	08 ①	09 ③	10 $\frac{5}{32}$
11 ①	12 ④	13 ⑤	14 ③	15 ③
16 ③	17 ④	18 $\frac{8}{11}$	19 $\frac{34}{55}$	20 $\frac{34}{35}$
21 ③	22 ①	23 $\frac{4}{45}$	24 ②	

01

[전략] 두 눈의 수를 a, b라 하면 b가 a의 배수 또는 a가 b의 배수이다.

서로 다른 주사위 두 개를 동시에 던질 때 모든 경우의 수는

$6\times6=36$

두 주사위의 눈의 수를 a, b라 할 때, 한 눈의 수가 다른 눈의 수의 배수인 경우는

b가 a의 약수 또는 배수이다.

$a=1$일 때 $b=1, 2, 3, 4, 5, 6$

$a=2$일 때 $b=1, 2, 4, 6$

$a=3$일 때 $b=1, 3, 6$

$a=4$일 때 $b=1, 2, 4$

$a=5$일 때 $b=1, 5$

$a=6$일 때 $b=1, 2, 3, 6$

따라서 경우의 수는 $6+4+3+3+2+4=22$이므로

확률은 $\frac{22}{36}=\frac{11}{18}$

답 ③

02

[전략] a, b, c가 실수이므로

$(a-b)^2+(b-c)^2+(c-a)^2\le0$이면 $a=b=c$이다.

주사위 한 개를 세 번 던질 때 모든 경우의 수는

$6\times6\times6=216$

$(a-b)^2+(b-c)^2+(c-a)^2>0$인 사건을 A라 하면

A^C은 $(a-b)^2+(b-c)^2+(c-a)^2\le0$인 사건이므로

$a=b=c$인 사건이다. 따라서 A^C인 경우는

$(1, 1, 1), (2, 2, 2), (3, 3, 3), (4, 4, 4),$

$(5, 5, 5), (6, 6, 6)$

이다.

$\therefore \mathrm{P}(A^C)=\frac{6}{216}=\frac{1}{36}$

$\therefore \mathrm{P}(A)=1-\mathrm{P}(A^C)=1-\frac{1}{36}=\frac{35}{36}$

답 ④

03

[전략] 한 점에서 만들 수 있는 둔각삼각형을 찾는다.

점 8개 중에서 임의로 3개를 택하는 경우의 수는 ${}_8\mathrm{C}_3=56$

한 점에서 만들 수 있는 둔각삼각형은 다음 그림과 같이 3가지이다.

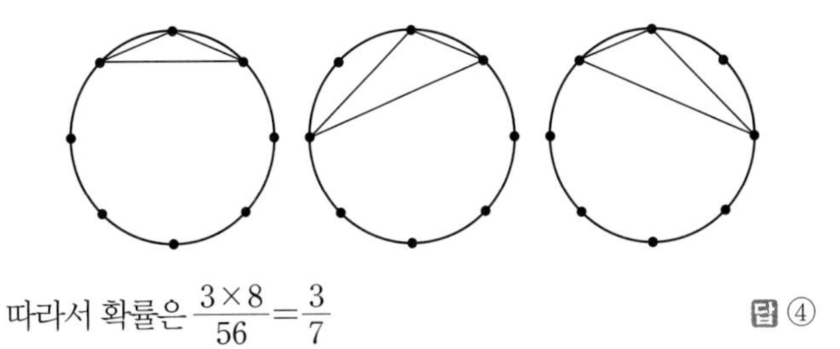

따라서 확률은 $\frac{3\times8}{56}=\frac{3}{7}$

답 ④

04

[전략] 모양이 다른 삼각형을 모두 찾고, 넓이를 각각 구한다.

6개의 꼭짓점 중에서 임의로 3개를 택하는 경우의 수는

${}_6\mathrm{C}_3=20$

넓이가 다른 삼각형은 다음 그림과 같이 3가지이다.

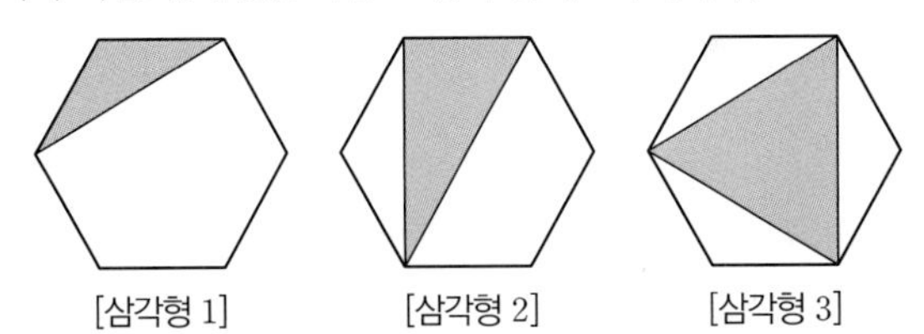

[삼각형 1] [삼각형 2] [삼각형 3]

[삼각형 1]의 넓이는 $\frac{\sqrt{3}}{4}$이고 같은 모양이 6개,

[삼각형 2]의 넓이는 $\frac{\sqrt{3}}{2}$이고 같은 모양이 12개,

[삼각형 3]의 넓이는 $\frac{3\sqrt{3}}{4}$이고 같은 모양이 2개 있다.

따라서 넓이가 $\frac{\sqrt{3}}{2}$ 이상인 삼각형은 [삼각형 2]와 [삼각형 3]의 14개이므로 확률은 $\frac{14}{20}=\frac{7}{10}$

답 $\frac{7}{10}$

05

[전략] 4개를 택하여 만든 사각형에서 두 선분이 만나는 경우를 생각한다.

꼭짓점 7개 중에서 4개를 택하여 A, B, C, D라 하는 경우의 수는

${}_7\mathrm{P}_4$

두 선분 AB, CD가 만나려면 점 4개를 택하여 한 점을 A라 하면 $\overline{AB}$를 대각선으로 하는 점을 B라 하고 나머지 두 점을 C, D라 하면 되므로 경우의 수는

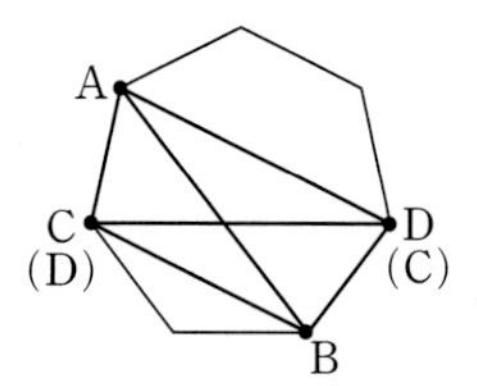

$_{7}C_{4}\times4\times2$

따라서 확률은 $\dfrac{_{7}C_{4}\times4\times2}{_{7}P_{4}}=\dfrac{1}{3}$ 답 ③

06

[전략] c, o를 먼저 나열하고 f와 e를 이웃하지 않게 나열하는 경우를 생각한다.

문자 c, o, f, f, e, e를 일렬로 나열하는 경우의 수는

$\dfrac{6!}{2!2!}=180$

c, o를 일렬로 나열하는 경우의 수는 2

(i) c와 o 사이와 양 끝의 세 곳 중 두 곳에 f, f를 쓰는 경우

c, o, f, f 사이와 양 끝 다섯 곳 중 두 곳에 e, e를 쓰는 경우의 수는

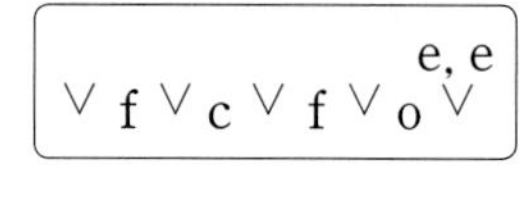

$_{3}C_{2}\times{}_{5}C_{2}=30$

(ii) c와 o 사이와 양 끝의 세 곳 중 한 곳에 f, f를 같이 쓰는 경우 f와 f 사이에 e를 하나 쓰고 나머지 네 곳 중 한 곳에 e를 쓰는 경우의 수는

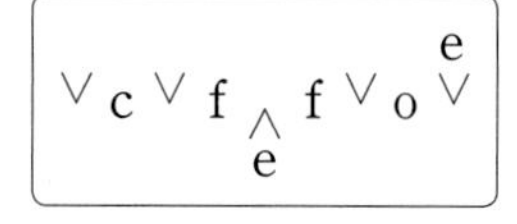

$3\times4=12$

(i), (ii)에서 같은 문자끼리 이웃하지 않는 경우의 수는

$2\times(30+12)=84$

따라서 확률은 $\dfrac{84}{180}=\dfrac{7}{15}$ 답 ③

다른 풀이

문자 c, o, f, f, e, e를 일렬로 나열하는 경우의 수는

$\dfrac{6!}{2!2!}=180$

(i) f가 이웃하는 경우의 수는 f, f를 한 문자 F로 보고 c, o, F, e, e를 나열하는 경우의 수이므로 $\dfrac{5!}{2!}=60$

(ii) e가 이웃하는 경우의 수도 (i)과 같은 이유로 60

(iii) f도 이웃하고 e도 이웃하는 경우의 수는 f, f를 한 문자 F로, e, e를 한 문자 E로 보고 c, o, F, E를 나열하는 경우의 수이므로 $4!=24$

(i)~(iii)에서 확률은 $1-\dfrac{60+60-24}{180}=\dfrac{7}{15}$

07

[전략] 빈자리 10개 사이와 양 끝에 5명이 앉는 경우를 생각한다.

자리 15개에 5명이 앉는 경우의 수는 $_{15}P_{5}$

5명이 이웃하지 않게 앉는 경우의 수는 빈자리 10개 사이의 9자리와 양 끝 2자리에 5명이 앉는 자리를 정하는 경우의 수이므로

$_{11}P_{5}$

따라서 확률은

$\dfrac{_{11}P_{5}}{_{15}P_{5}}=\dfrac{11\times10\times9\times8\times7}{15\times14\times13\times12\times11}=\dfrac{2}{13}$ 답 ④

08

[전략] 3으로 나눈 나머지가 0, 1, 2인 수로 나누어 경우의 수를 생각한다.

1부터 20까지의 자연수 중에서 세 수를 뽑는 경우의 수는

$_{20}C_{3}=1140$

$A=\{3, 6, 9, \cdots, 18\}$

$B=\{1, 4, 7, \cdots, 19\}$

$C=\{2, 5, 8, \cdots, 20\}$

이라 할 때, A, B, C에서 3개씩 뽑거나 A, B, C에서 하나씩 뽑으면 3의 배수이다.

(i) A에서 세 수를 뽑는 경우의 수는 $_{6}C_{3}=20$

(ii) B에서 세 수를 뽑는 경우의 수는 $_{7}C_{3}=35$

(iii) C에서 세 수를 뽑는 경우의 수는 $_{7}C_{3}=35$

(iv) A, B, C에서 하나씩 뽑는 경우의 수는

$_{6}C_{1}\times{}_{7}C_{1}\times{}_{7}C_{1}=294$

(i)~(iv)에서 확률은 $\dfrac{20+35+35+294}{1140}=\dfrac{32}{95}$ 답 ①

09

[전략] 세 수의 곱은 2^n 꼴이다.

따라서 2^n을 3으로 나눈 나머지가 1일 때, n의 값부터 구한다.

모든 경우의 수는 $3^3=27$

2, 2^2, 2^3, 2^4, 2^5, 2^6, $\cdots$을 3으로 나눈 나머지는 각각 2, 1, 2, 1, 2, 1, $\cdots$이므로 3으로 나눈 나머지가 1이면 세 수의 곱이 2^{2k} 꼴이다.

따라서 지수의 합이 짝수이다.

(i) 지수가 짝수, 짝수, 짝수인 경우

$1\times2\times1=2$(가지)

(ii) 지수가 짝수, 홀수, 홀수인 경우

$1\times1\times2=2$(가지)

(iii) 지수가 홀수, 짝수, 홀수인 경우

$2\times2\times2=8$(가지)

(iv) 지수가 홀수, 홀수, 짝수인 경우

$2\times1\times1=2$(가지)

(i)~(iv)에서 확률은 $\dfrac{2+2+8+2}{27}=\dfrac{14}{27}$ 답 ③

10

[전략] 중복을 허용하여 Y의 원소 중 $ab=c$인 a, b, c를 찾는다.

집합 X에서 집합 Y로의 함수 f의 개수는 $4^3=64$

중복을 허용하여 Y의 원소 중 $ab=c$를 만족시키는 경우는

$a=1$이거나 $2\times2=4$, $2\times4=8$

(i) $f(1)=1$일 때, $f(2)=f(3)$이므로 4가지

$f(2)=1$일 때, $f(1)=f(3)$이므로 4가지

이 중 $f(1)=f(2)=1$인 경우는 중복이다.

따라서 $f(1)=1$ 또는 $f(2)=1$인 경우는 7가지

(ii) $f(1)=2,\ f(2)=2,\ f(3)=4$인 경우

(iii) $f(1)=2,\ f(2)=4,\ f(3)=8$

또는 $f(1)=4,\ f(2)=2,\ f(3)=8$인 경우

따라서 f의 개수는 $7+1+2=10$이므로 확률은

$\frac{10}{64}=\frac{5}{32}$ 답 $\frac{5}{32}$

다른 풀이

$f(3)$의 값에 따라 순서쌍 $(f(1),\ f(2))$를 나타내면 다음과 같다.

(i) $f(3)=1$일 때 $(1,\ 1)$

(ii) $f(3)=2$일 때 $(1,\ 2),\ (2,\ 1)$

(iii) $f(3)=4$일 때 $(1,\ 4),\ (2,\ 2),\ (4,\ 1)$

(iv) $f(3)=8$일 때 $(1,\ 8),\ (2,\ 4),\ (4,\ 2),\ (8,\ 1)$

따라서 f의 개수는 $1+2+3+4=10$이므로 확률은

$\frac{10}{64}=\frac{5}{32}$

11

[전략] 같은 수가 없는 경우를 구한다.
그리고 갑이 꺼낸 두 수가 같을 때와 다를 때로 나누어 생각한다.

갑과 을은 각각 6^2가지 가능하므로 모든 경우의 수는 $6^4=1296$

갑과 을이 꺼낸 공에 같은 수가 없는 경우는 다음과 같다.

(i) 갑이 꺼낸 두 구슬에 적힌 숫자가 같은 경우

갑이 가능한 경우는 6가지,

을은 갑이 꺼낸 수를 제외한 나머지 수가 적힌 공을 꺼내야 하므로 5^2가지

따라서 경우의 수는 $6\times5^2=150$

(ii) 갑이 꺼낸 두 구슬에 적힌 숫자가 다른 경우

갑이 가능한 경우는 ${}_6\mathrm{P}_2=6\times5$(가지),

을은 갑이 꺼낸 수를 제외한 나머지 수가 적힌 공을 꺼내야 하므로 4^2가지

따라서 경우의 수는 $6\times5\times4^2=480$

(i), (ii)에서 확률은

$1-\frac{150+480}{1296}=\frac{37}{72}$ 답 ①

12

[전략] 10의 배수이면 2와 5의 곱이 있어야 한다.
따라서 2의 배수와 5가 없는 경우를 생각한다.

서로 다른 주사위 세 개를 동시에 던질 때 모든 경우의 수는

$6^3=216$

세 눈의 수의 곱이 10의 배수이면 2의 배수와 5가 적어도 하나씩 있어야 한다.

따라서 10의 배수가 아니면 2의 배수가 없거나 5가 없다.

(i) 2의 배수가 없는 경우

1, 3, 5에서 중복을 허용하여 3개 택하는 경우의 수이므로

$3^3=27$

(ii) 5가 없는 경우

1, 2, 3, 4, 6에서 중복을 허용하여 3개 택하는 경우의 수이므로

$5^3=125$

(iii) 1, 3에서 중복을 허용하여 3개 택하는 경우의 수는 $2^3=8$

(i)~(iii)에서 10의 배수가 아닌 경우의 수는

$27+125-8=144$

따라서 확률은 $1-\frac{144}{216}=\frac{1}{3}$ 답 ④

다른 풀이

서로 다른 주사위 세 개를 동시에 던지는 경우의 수는

$6^3=216$

이 중에서 나온 세 눈의 수의 곱이 10의 배수가 되기 위해서는 2의 배수의 눈이 적어도 한 번 나오고 5의 눈이 적어도 한 번 나와야 한다.

(i) 세 수가 모두 다른 경우

5가 1번 나오고 나머지 두 수 중 하나는 짝수, 다른 하나는 홀수인 경우의 수는 2, 4, 6 중에서 하나를 선택하고 1, 3 중에서 하나를 선택하여 세 수를 일렬로 나열하는 경우의 수와 같으므로

${}_3\mathrm{C}_1\times{}_2\mathrm{C}_1\times3!=36$

5가 1번 나오고 나머지 두 수가 서로 다른 짝수인 경우의 수는 2, 4, 6 중에서 2개를 선택하여 세 수를 일렬로 나열하는 경우의 수와 같으므로

${}_3\mathrm{C}_2\times3!=18$

(ii) 세 수 중에서 두 수가 같은 경우

5가 1번 나오고 나머지 두 수가 서로 같은 경우의 수는 2, 4, 6 중에서 하나를 선택하여 세 수를 일렬로 나열하는 경우의 수와 같으므로 ${}_3\mathrm{C}_1\times\frac{3!}{2!}=9$

5가 2번 나오고 나머지 한 수가 짝수인 경우의 수는 2, 4, 6 중에서 하나를 선택하여 세 수를 일렬로 나열하는 경우의 수와 같으므로 ${}_3\mathrm{C}_1\times\frac{3!}{2!}=9$

(i), (ii)에서 세 눈의 수의 곱이 10의 배수인 경우의 수는

$36+18+9+9=72$

따라서 확률은 $\frac{72}{216}=\frac{1}{3}$

13

[전략] 모두 다른 숫자가 적힌 카드를 뽑을 확률을 이용한다.

카드 12장에서 3장을 뽑는 경우의 수는 ${}_{12}\mathrm{C}_3=220$

카드 3장에 적힌 수가 모두 다른 경우의 수는 1, 2, 3, 4 중 3개를 뽑고, 뽑은 숫자에 대하여 카드를 선택하는 경우의 수이므로

${}_4\mathrm{C}_3\times3^3=108$

따라서 확률은 $1-\frac{108}{220}=\frac{28}{55}$ 답 ⑤

14

[전략] A, B가 같은 조이면 C, D, E, F를 2명씩 두 조로 나누어야 한다.

6명을 2명씩 짝 짓는 방법의 수는

${}_6\mathrm{C}_2\times{}_4\mathrm{C}_2\times{}_2\mathrm{C}_2\times\frac{1}{3!}=15$

A와 B가 같은 조이면 C, D, E, F를 2명씩 두 조로 나누어야 한다. 따라서 C와 D는 서로 다른 조인 경우는 (C, E), (D, F)와 (C, F), (D, E)의 2가지이다.

따라서 확률은 $\frac{2}{15}$ 답 ③

15

[전략] 합이 7이 되는 경우부터 생각한다.

집합 A의 공집합이 아닌 부분집합의 개수는 $2^6-1=63$

원소의 최솟값을 m, 최댓값을 M이라 하자.

(i) $m=1$, $M=6$일 때,

2, 3, 4, 5가 원소일 수 있으므로 개수는 $2^4=16$

(ii) $m=2$, $M=5$일 때,

3, 4가 원소일 수 있으므로 개수는 $2^2=4$

(iii) $m=3$, $M=4$일 때,

$\{3, 4\}$만 가능하므로 1개이다.

(i)~(iii)에서 확률은 $\frac{16+4+1}{63}=\frac{1}{3}$ 답 ③

16

[전략] $n(A\cap B)$가 1, 2, …인 경우로 나누어 구한다.

집합 S의 공집합이 아닌 부분집합은 $2^4-1=15$(개)

서로 다른 두 부분집합을 택하는 경우의 수는 ${}_{15}P_2=210$

(i) $n(A\cap B)=1$일 때,

$n(A)=2$, $n(B)=1$ 또는 $n(A)=1$, $n(B)=2$

$n(A)=2$, $n(B)=1$일 때, $n(A\cap B)=1$이므로

$B\subset A$

따라서 가능한 A는 ${}_4C_2$개이고 각 경우 B는 2개가 가능하므로 경우의 수는 ${}_4C_2\times{}_2C_1=12$

마찬가지로 $n(A)=1$, $n(B)=2$일 때도 12가지이다.

(ii) $n(A\cap B)=2$일 때,

$n(A)\times n(B)=4$이고 $n(A)\geq 2$, $n(B)\geq 2$이므로

$n(A)=2$, $n(B)=2$

따라서 조건을 만족시키는 A, B가 존재하지 않는다.

(iii) $n(A\cap B)=3$일 때,

$n(A)\geq n(A\cap B)$, $n(B)\geq n(A\cap B)$이므로

$n(A)\times n(B)>2\times n(A\cap B)$

따라서 조건을 만족시키는 A, B가 존재하지 않는다.

(i)~(iii)에서 확률은 $\frac{12+12}{210}=\frac{4}{35}$ 답 ③

17

[전략] 합이 16 미만인 경우를 구해도 되고,
합이 16 이상인 경우를 구하여 여사건의 확률을 이용해도 된다.

집합 S의 부분집합의 개수는 $2^6=64$

원소의 합이 16 이상인 경우를 구한다.

(i) 원소가 3개 이하인 경우

원소의 합은 최대 $4+5+6=15$이므로 16 이상일 수 없다.

(ii) 원소가 4개인 경우

S의 모든 원소의 합이 21이므로 빠지는 두 원소의 합이 5 이하이다. 따라서 빠지는 두 원소는 1과 2, 1과 3, 1과 4, 2와 3이므로 4개이다.

(iii) 원소가 5개인 경우

빠지는 원소는 5 이하이므로 1, 2, 3, 4, 5가 빠질 수 있다. 따라서 5개이다.

(iv) 원소가 6개인 경우

$\{1, 2, 3, 4, 5, 6\}$의 1개이다.

따라서 확률은 $1-\frac{4+5+1}{64}=\frac{27}{32}$ 답 ④

Note

합이 16, 17, 18, 19, 20, 21인 집합을 모두 찾아도 된다.

18

[전략] $(x-y)(y-z)(z-x)=0$을 만족시키는 음이 아닌 정수 x, y, z의 순서쌍을 찾는 것이 더 간단하다.

방정식 $x+y+z=10$을 만족시키는 음이 아닌 정수 x, y, z의 순서쌍 (x, y, z)의 개수는

${}_3H_{10}={}_{12}C_{10}={}_{12}C_2=66$

$(x-y)(y-z)(z-x)\neq 0$인 사건을 A라 하면

A^C은 $(x-y)(y-z)(z-x)=0$이므로 x, y, z 중에서 적어도 두 개가 같은 사건이다.

(i) $x=y$일 때, $2x+z=10$에서

$(x, z)=(0, 10)$, $(1, 8)$, $\cdots$, $(5, 0)$이므로 6개

(ii) $y=z$, $z=x$인 경우도 각각 6개

(iii) $x=y=z$인 경우는 없다.

$\therefore P(A^C)=\frac{6+6+6}{66}=\frac{3}{11}$

$\therefore P(A)=1-P(A^C)=1-\frac{3}{11}=\frac{8}{11}$ 답 $\frac{8}{11}$

19

[전략] '$a<2$ 또는 $b<2$'인 경우를 생각하거나
여사건 '$a\geq 2$이고 $b\geq 2$'인 경우를 생각한다.

방정식 $a+b+c=9$를 만족시키는 음이 아닌 정수 a, b, c의 순서쌍 (a, b, c)의 개수는

${}_3H_9={}_{11}C_9={}_{11}C_2=55$

$a<2$ 또는 $b<2$인 사건을 A라 하면

A^C은 $a\geq 2$이고 $b\geq 2$인 사건이다.

$a+b+c=9$에서 $a'=a-2$, $b'=b-2$라 하면

$a'+b'+c=5$

이고 a', b', c는 음이 아닌 정수이다.

따라서 순서쌍 (a', b', c)의 개수는 ${}_3H_5={}_7C_5={}_7C_2=21$

$\therefore P(A^C)=\frac{21}{55}$

$\therefore P(A)=1-P(A^C)=1-\frac{21}{55}=\frac{34}{55}$ 답 $\frac{34}{55}$

20

[전략] 적어도 남학생 2명이 이웃하는 경우이므로 남학생이 이웃하지 않는 경우를 생각한다.

8명의 자리를 배정하는 경우의 수는 $8!$

적어도 남학생 2명이 이웃하는 사건을 A라 하면

A^C은 이웃한 남학생이 없는 사건이다.

이웃한 남학생이 없는 경우는 다음과 같다.

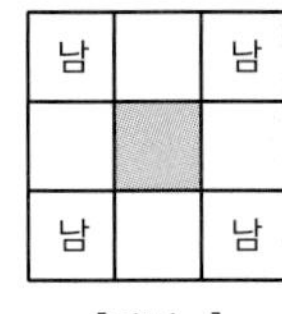

[방법 1]

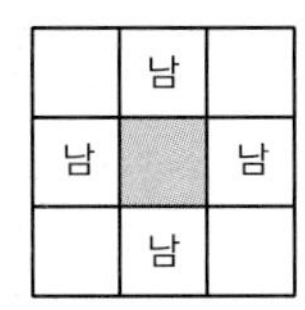

[방법 2]

두 방법 모두 남학생과 여학생을 배정하는 방법의 수는 각각 $4!$, $4!$이므로

$\therefore \mathrm{P}(A^C)=\dfrac{4!\times4!\times2}{8!}=\dfrac{1}{35}$

$\therefore \mathrm{P}(A)=1-\mathrm{P}(A^C)=1-\dfrac{1}{35}=\dfrac{34}{35}$

답 $\dfrac{34}{35}$

21

[전략] 1 세 개를 1_A, 1_B, 1_C라 하고 경우의 수를 조사한다.

공에 적힌 수를 각각 1_A, 1_B, 1_C, 2, 3, 4라 하자.

공 6개 중에서 4개를 꺼내어 일렬로 나열하는 경우의 수는

${}_6\mathrm{P}_4=360$

(i) 1_A, 1_B, 1_C를 모두 포함하는 경우

a, b, c에 1_A, 1_B, 1_C를 나열하고,

d에 2, 3, 4를 쓰는 경우의 수이므로 $3!\times3=18$

(ii) 1_A, 1_B, 1_C 중 2개를 포함하는 경우

a, b에 1_A, 1_B, 1_C 중 2개를 나열하고,

c, d는 2, 3, 4 중 2개를 꺼내는 경우의 수이므로

${}_3\mathrm{P}_2\times{}_3\mathrm{C}_2=18$

(iii) 1_A, 1_B, 1_C 중 1개를 포함하는 경우

a에 1_A, 1_B, 1_C 중 1개를 쓰고

b, c, d는 2, 3, 4이므로 경우의 수는 3

(i)~(iii)에서 확률은 $\dfrac{18+18+3}{360}=\dfrac{13}{120}$

답 ③

22

[전략] $a\times b\times c$가 3의 배수이므로 적어도 하나는 3의 배수이다. 따라서 3, 6, 9 중 적어도 하나를 포함한다.

주머니에서 공을 3개 꺼내는 경우의 수는 ${}_9\mathrm{C}_3=84$

조건 (가)에서 짝수 2개, 홀수 1개 또는 홀수 3개이다.

조건 (나)에서 a, b, c 중 적어도 하나는 3의 배수이다.

(i) 짝수 2개, 홀수 1개인 경우

6을 포함할 때, 짝수는 2, 4, 8 중에서 1개,

홀수는 1, 3, 5, 7, 9 중에서 1개이므로 경우의 수는

${}_3\mathrm{C}_1\times{}_5\mathrm{C}_1=15$

6을 포함하지 않을 때, 짝수는 2, 4, 8 중에서 2개,

홀수는 3, 9 중에서 1개이므로 경우의 수는

${}_3\mathrm{C}_2\times{}_2\mathrm{C}_1=6$

(ii) 홀수 3개인 경우

3, 9 중에서 적어도 한 개를 꺼내야 하므로

홀수 5개 중에서 3개를 꺼내는 경우에서 1, 5, 7을 꺼내는 경우를 제외해야 한다.

$\therefore {}_5\mathrm{C}_3-{}_3\mathrm{C}_3=9$

(i), (ii)에서 확률은 $\dfrac{15+6+9}{84}=\dfrac{5}{14}$

답 ①

23

[전략] E, (A, B)의 순서로 위치를 정한다.

6명이 자리에 앉는 경우의 수는 $6!=720$

조건 (다)에서 E는 2열과 3열의 4자리 중 한 곳에 앉아야 하므로

${}_4\mathrm{C}_1=4$(가지)

조건 (가)에서 A, B는 E가 앉지 않은 2개의 열 중 한 곳을 선택하고 A, B가 앉는 자리가 바뀔 수 있으므로 $2\times2=4$(가지)

조건 (나)에서 F는 E, (A, B)가 앉지 않은 열에 앉아야 C, D가 다른 열에 앉게 되므로 F가 앉는 곳을 선택하는 경우는 2가지

C와 D가 남은 자리에 앉는 경우는 2가지

따라서 확률은 $\dfrac{4\times4\times2\times2}{720}=\dfrac{4}{45}$

답 $\dfrac{4}{45}$

24

[전략] $\mathrm{P}(A\cap B)=a$라 하고 벤다이어그램에 확률을 나타낸다.

$\mathrm{P}(A\cap B)=a$라 하면

$a=\dfrac{1}{4}\mathrm{P}(A)=\dfrac{1}{3}\mathrm{P}(B)$이므로

$\mathrm{P}(A)=4a$, $\mathrm{P}(B)=3a$

$\mathrm{P}(A-B)=3a$, $\mathrm{P}(B-A)=2a$

따라서 $\mathrm{P}(A\cup B)=1$일 때, $\mathrm{P}(A)$는 최대이다.

곧, $3a+a+2a=1$이므로 $a=\dfrac{1}{6}$

$\therefore \mathrm{P}(A)=4a=\dfrac{2}{3}$

답 ②

step C 최상위 문제 37쪽

01 $\dfrac{3}{100}$ 02 ⑤ 03 ③ 04 $\dfrac{6}{7}$

01

[전략] 두 부등식에 있는 a_3을 이용하여 경우의 수를 구한다.

중복을 허용하여 만들 수 있는 네 자리 자연수의 개수는

$4\times5\times5\times5=500$

$1\le a_1<a_2<a_3$이므로 a_3은 3 또는 4이다.

(i) $a_3=3$일 때, $a_1=1$, $a_2=2$

a_4는 0, 1, 2 중 한 가지이므로 경우의 수는 3

(ii) $a_3=4$일 때,

$a_1\geq1$이므로 a_1, a_2는 1, 2, 3 중 2개의 수를 뽑아 작은 수를 a_1, 큰 수를 a_2라 하면 되므로 경우의 수는 ${}_3C_2=3$

그리고 a_4는 0, 1, 2, 3 중 한 가지이므로 경우의 수는 4

따라서 경우의 수는 $3\times4=12$

(i), (ii)에서 확률은 $\frac{3+12}{500}=\frac{3}{100}$ 답 $\frac{3}{100}$

02

[전략] 1, 2, 3, 4, 5, 6을 2개씩 3조로 나눌 때 합이 같은 경우가 없으면 합이 작은 조부터 1열, 2열, 3열에 쓰면 된다.

바둑알 6개를 놓는 경우의 수는 $6!=720$

1, 2, 3, 4, 5, 6을 2개씩 3조로 나누는 경우의 수는

$${}_6C_2\times{}_4C_2\times{}_2C_2\times\frac{1}{3!}=15$$

이 중 두 수의 합이 같은 조가 있는 경우는

(1, 6), (2, 5), (3, 4)
(1, 5), (2, 4), (3, 6)
(1, 4), (2, 3), (5, 6)
(2, 6), (3, 5), (1, 4)
(3, 6), (4, 5), (1, 2)

이므로 5가지이다.

나머지 10가지는 합이 작은 순으로 1열, 2열, 3열에 배열한 다음, 각 열에서 두 수는 1행, 2행에 바꾸어 쓸 수 있으므로 경우의 수는 $10\times2^3=80$

따라서 구하는 확률은 $\frac{80}{720}=\frac{1}{9}$ 답 ⑤

Note

6개의 수의 합이 21이므로 $f(1)+f(2)+f(3)=21$
따라서 $f(3)>7$이다.
또 $f(3)$의 최댓값은 $5+6=11$이다.
따라서 $f(3)=8, 9, 10, 11$인 경우로 나누어 생각해도 된다.

03

[전략] a를 하나 정하고 조건을 만족시키는 b를 찾는다.
이때 a의 네 숫자와 b의 네 숫자가 모두 같은 경우, a의 세 숫자와 b의 세 숫자만 같은 경우로 나누어 푼다.

$a=1234$일 때 조건을 만족시키는 b의 개수는 다음과 같다.

(i) b가 1, 2, 3, 4로 만든 수일 때,

b의 천의 자리의 숫자가 2일 때, 다음과 같이 3개이다.

a	1	2	3	4
b	2	1	4	3
		3	4	1
		4	1	3

b의 천의 자리의 숫자가 3, 4일 때에도 3개씩이므로 b의 개수는 $3\times3=9$

(ii) b가 2, 3, 4, 5로 만든 수일 때,

b의 천의 자리의 숫자가 5일 때, 다음과 같이 2개이다.

a	1	2	3	4
b	5	3	4	2
		4	2	3

b의 백의 자리의 숫자가 5일 때, 다음과 같이 3개이다.

a	1	2	3	4
b	2	5	4	3
	3		4	2
	4		2	3

b의 십의 자리의 숫자, 일의 자리의 숫자가 5일 때에도 3개씩 있다.

따라서 b의 개수는 $2+3\times3=11$

(iii) 2, 3, 4, 5와 같이 a와 3개만 같고 하나가 다른 수를 뽑는 경우의 수는 ${}_4C_3=4$

(i)~(iii)에서 $a=1234$일 때, 조건을 만족시키는 b의 개수는

$9+4\times11=53$

a가 정해질 때마다 b를 뽑는 경우의 수는 ${}_5P_4=120$이고 조건을 만족시키는 b는 53개이므로 확률은 $\frac{53}{120}$이다. 답 ③

04

[전략] f는 일대일함수이고, g의 치역이 Z임을 이용하여 조건을 만족시키지 않는 경우를 생각한다.

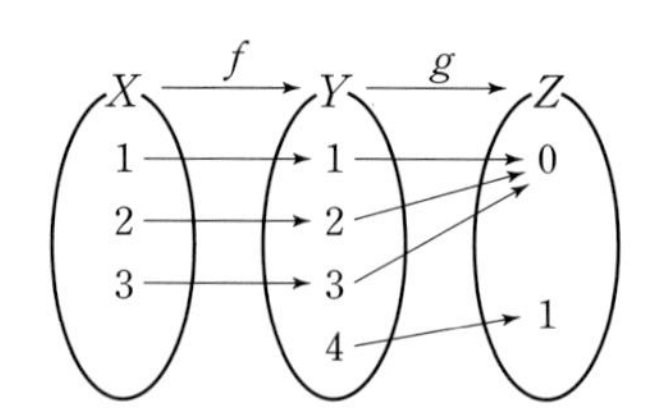

조건 (나)에서 g의 치역이 Z이므로 Y의 원소 중 g에 의해 0에 대응하는 원소도 있고, 1에 대응하는 원소도 있다.

조건 (가)에서 f가 일대일함수이므로 f의 치역의 원소는 3개이다.

따라서 $g\circ f$의 치역이 Z가 아니면 f의 치역에 속하는 원소 세 개는 모두 0 또는 모두 1에 대응해야 한다.

따라서 f가 일대일함수이면 $g\circ f$의 치역이 Z가 아닌 g는 2개이다.

또 Y에서 Z로의 함수 중 치역이 Z인 함수의 개수는

$2^4-2=14$

따라서 확률은 $1-\frac{2}{14}=\frac{6}{7}$ 답 $\frac{6}{7}$

04. 조건부확률

step A 기본 문제 39~43쪽

01 ③	02 ③	03 $\frac{1}{3}$	04 ⑤	05 ④
06 ③	07 ⑤	08 ③	09 ②	10 $\frac{5}{18}$
11 ④	12 $\frac{2}{7}$	13 $\frac{2}{3}$	14 ④	15 $\frac{8}{23}$
16 ④	17 $\frac{4}{7}$	18 ②	19 ④	20 ②
21 $\frac{2}{3}$	22 ⑤	23 120	24 $\frac{94}{125}$	25 ⑤
26 ⑤	27 $\frac{80}{243}$	28 ①	29 ①	30 ①
31 ③	32 ④			

01

6의 눈이 한 번도 나오지 않는 사건을 A, 두 눈의 수의 합이 4의 배수인 사건을 B라 하면

$n(A)=5\times5=25$

또 사건 $A\cap B$는

합이 4일 때 $(1, 3), (2, 2), (3, 1)$

합이 8일 때 $(3, 5), (4, 4), (5, 3)$

이므로 $n(A\cap B)=6$

$$\therefore \mathrm{P}(B|A)=\frac{n(A\cap B)}{n(A)}=\frac{6}{25}$$

답 ③

다른 풀이

전체 경우의 수가 $6\times6=36$이므로

$\mathrm{P}(A)=\frac{25}{36}$

사건 $A\cap B$는

$(1, 3), (2, 2), (3, 1), (3, 5), (4, 4), (5, 3)$

이므로 $\mathrm{P}(A\cap B)=\frac{6}{36}=\frac{1}{6}$

$$\therefore \mathrm{P}(B|A)=\frac{\mathrm{P}(A\cap B)}{\mathrm{P}(A)}=\frac{\frac{1}{6}}{\frac{25}{36}}=\frac{6}{25}$$

02

ab가 6의 배수인 사건을 A라 하고, $a+b=7$인 사건을 B라 하자.

사건 A는

$(1, 6), (2, 3), (3, 2), (6, 1), (2, 6),$

$(3, 4), (4, 3), (6, 2), (3, 6), (6, 3),$

$(4, 6), (6, 4), (5, 6), (6, 5), (6, 6)$

이므로 $n(A)=15$

사건 $A\cap B$는

$(1, 6), (3, 4), (4, 3), (6, 1)$

이므로 $n(A\cap B)=4$

$$\therefore \mathrm{P}(B|A)=\frac{n(A\cap B)}{n(A)}=\frac{4}{15}$$

답 ③

03

정팔각형의 꼭짓점 8개 중에서 임의로 3개를 택하여 만든 삼각형이 직각삼각형인 사건을 A, 이등변삼각형인 사건을 B라 하자.

직각삼각형이면 한 변이 지름이므로

그림과 같이 지름을 한 개 그리면 직각삼각형은 6개 만들 수 있고, 이 중 이등변삼각형은 2개이다.

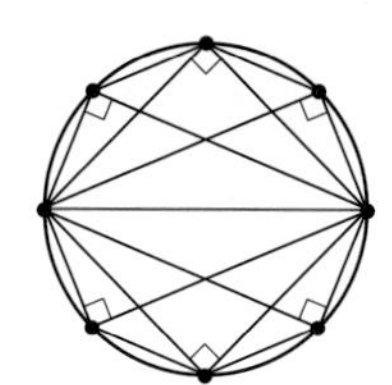

따라서 확률은 $\frac{2}{6}=\frac{1}{3}$

답 $\frac{1}{3}$

다른 풀이

직각삼각형인 사건을 A, 이등변삼각형인 사건을 B라 하면

꼭짓점을 연결하여 지름을 4개 만들 수 있으므로

$n(A)=4\times6=24$, $n(A\cap B)=4\times2=8$

$$\therefore \mathrm{P}(B|A)=\frac{n(A\cap B)}{n(A)}=\frac{8}{24}=\frac{1}{3}$$

04

철수가 꺼낸 공에 적힌 수가 6일 때, 남은 공 9개를 영희와 은지가 꺼내는 경우의 수는 ${}_9\mathrm{P}_2=9\times8=72$

영희가 6보다 작은 공을 꺼내고 은지가 6보다 큰 공을 꺼내는 경우의 수는 $5\times4=20$

영희가 6보다 큰 공을 꺼내고 은지가 6보다 작은 공을 꺼내는 경우의 수는 $4\times5=20$

따라서 확률은 $\frac{20+20}{72}=\frac{5}{9}$

답 ⑤

05

2학년 학생이 100명이고, 수학을 선택한 2학년 학생이 80명이므로 확률은 $\frac{80}{100}=\frac{4}{5}$

답 ④

다른 풀이

임의로 선택한 1명이 2학년인 사건을 A,

수학을 선택한 학생인 사건을 B라 하자.

$\mathrm{P}(A)=\frac{100}{200}=\frac{1}{2}$, $\mathrm{P}(A\cap B)=\frac{80}{200}=\frac{2}{5}$

$$\therefore \mathrm{P}(B|A)=\frac{\mathrm{P}(A\cap B)}{\mathrm{P}(A)}=\frac{\frac{2}{5}}{\frac{1}{2}}=\frac{4}{5}$$

06

1학년 학생 24명 중 주제 B를 고른 학생이 16명이므로

$p_1=\frac{16}{24}=\frac{2}{3}$

주제 B를 고른 학생 30명 중 1학년 학생이 16명이므로

$p_2=\frac{16}{30}=\frac{8}{15}$

$$\therefore \frac{p_2}{p_1}=\frac{\frac{8}{15}}{\frac{2}{3}}=\frac{4}{5}$$

답 ③

07

학교 전체 학생 수를 1500명이라 하면 버스로 등교한 학생은 900명, 걸어서 등교한 학생은 600명이므로 학생 수를 표로 나타내면 다음과 같다.

	버스	걸어서	합계
지각	$900\times\frac{1}{20}=45$	$600\times\frac{1}{15}=40$	85
지각 아님	$900\times\frac{19}{20}$	$600\times\frac{14}{15}$	
합계	900	600	1500

따라서 확률은 $\frac{45}{85}=\frac{9}{17}$ 답 ⑤

다른 풀이

버스로 등교하는 사건을 B, 걸어서 등교하는 사건을 W, 지각하는 사건을 L, 지각하지 않는 사건을 L^C이라 하고 확률을 표로 나타내면 다음과 같다.

	B	W	합계
L	$\frac{6}{10}\times\frac{1}{20}=\frac{3}{100}$	$\frac{4}{10}\times\frac{1}{15}=\frac{2}{75}$	$\frac{17}{300}$
L^C	$\frac{6}{10}\times\frac{19}{20}$	$\frac{4}{10}\times\frac{14}{15}$	$\frac{283}{300}$
합계	$\frac{6}{10}$	$\frac{4}{10}$	1

따라서 확률은 $\mathrm{P}(B|L)=\frac{\mathrm{P}(B\cap L)}{\mathrm{P}(L)}=\frac{\frac{3}{100}}{\frac{17}{300}}=\frac{9}{17}$

08

체험 학습 B를 선택한 여학생을 x명이라 하고, 주어진 조건을 표로 나타내면 다음과 같다.

	체험 학습 A	체험 학습 B	합계
남학생	90	$200-x$	$290-x$
여학생	70	x	$70+x$
합계	160	200	360

임의로 선택한 1명이 체험 학습 B를 선택한 학생일 때, 남학생일 확률이 $\frac{2}{5}$이므로

$$\frac{200-x}{200}=\frac{2}{5}\qquad \therefore x=120$$

따라서 여학생의 수는 $70+120=190$ 답 ③

09

K자격증이 있는 학생을 K, 없는 학생을 K^C이라 하고, 전체 학생 수를 1000명이라 하면 오른쪽 표와 같다.

	남자	여자	합계
K	❶	❷	700
K^C	❸	❹	300
합계	400	600	1000

임의로 선택한 1명이 K자격증을 가지고 있는 남학생일 확률이 $\frac{1}{5}$이므로 ❶은 200명, ❷는 500명, ❸은 200명, ❹는 100명이다.

따라서 K^C일 때, 여학생일 확률은 $\frac{100}{300}=\frac{1}{3}$ 답 ②

다른 풀이

오른쪽 표와 같이 확률을 나타내도 된다.

(가), (나), (다)는 각각 $\frac{5}{10}$, $\frac{1}{5}$, $\frac{1}{10}$이므로 K^C일 때, 여학생일 확률은

$$\frac{\frac{1}{10}}{\frac{3}{10}}=\frac{1}{3}$$

	남자	여자	합계
K	$\frac{1}{5}$	(가)	$\frac{7}{10}$
K^C	(나)	(다)	$\frac{3}{10}$
합계	$\frac{2}{5}$	$\frac{3}{5}$	1

10

전체 제품 생산량을 1000개라 하고, 주어진 조건을 표로 나타내면 다음과 같다.

	A라인	B라인	C라인	합계
정상 제품	500×0.99	300×0.97	200×0.98	
불량품	$500\times0.01=5$	$300\times0.03=9$	$200\times0.02=4$	18
합계	500	300	200	1000

따라서 확률은 $\frac{5}{18}$ 답 $\frac{5}{18}$

다른 풀이

제품이 A, B, C라인에서 생산되는 사건을 각각 A, B, C라 하고, 불량품인 사건을 M이라 하면 구하는 확률은 $\mathrm{P}(A|M)$이다.

$$\mathrm{P}(A)=0.5,\ \mathrm{P}(B)=0.3,\ \mathrm{P}(C)=0.2,$$
$$\mathrm{P}(M|A)=0.01,\ \mathrm{P}(M|B)=0.03,\ \mathrm{P}(M|C)=0.02$$

이므로

$$\mathrm{P}(A\cap M)=\mathrm{P}(A)\times\mathrm{P}(M|A)=0.5\times0.01=0.005$$
$$\mathrm{P}(B\cap M)=\mathrm{P}(B)\times\mathrm{P}(M|B)=0.3\times0.03=0.009$$
$$\mathrm{P}(C\cap M)=\mathrm{P}(C)\times\mathrm{P}(M|C)=0.2\times0.02=0.004$$

이고

$$\mathrm{P}(M)=\mathrm{P}(A\cap M)+\mathrm{P}(B\cap M)+\mathrm{P}(C\cap M)$$
$$=0.005+0.009+0.004=0.018$$
$$\therefore \mathrm{P}(A|M)=\frac{\mathrm{P}(A\cap M)}{\mathrm{P}(M)}=\frac{0.005}{0.018}=\frac{5}{18}$$

11

A, B 주머니를 선택하는 사건을 각각 A, B라 하고 꺼낸 구슬이 검은 색인 사건을 E라 하자.

주머니 A를 선택하고 꺼낸 구슬 2개가 모두 검은 색일 확률은

$$\mathrm{P}(A\cap E)=\frac{1}{2}\times1=\frac{1}{2}$$

주머니 B를 선택하고 꺼낸 구슬 2개가 모두 검은 색일 확률은

$$\mathrm{P}(B\cap E)=\frac{1}{2}\times\frac{{}_2\mathrm{C}_2}{{}_4\mathrm{C}_2}=\frac{1}{2}\times\frac{1}{6}=\frac{1}{12}$$

따라서 꺼낸 구슬이 모두 검은 색일 확률은

$$\mathrm{P}(E)=\mathrm{P}(A\cap E)+\mathrm{P}(B\cap E)=\frac{7}{12}$$

$$\therefore \mathrm{P}(B|E)=\frac{\mathrm{P}(B\cap E)}{\mathrm{P}(E)}=\frac{\frac{1}{12}}{\frac{7}{12}}=\frac{1}{7}$$

답 ④

12

3의 배수가 나오는 사건을 A, 짝수가 나오는 사건을 E라 하자.

(i) 주사위를 던져서 나온 눈의 수가 3의 배수이고, 주머니 A에서 꺼낸 카드에 적힌 수가 짝수일 확률은

$$\mathrm{P}(A\cap E)=\frac{2}{6}\times\frac{2}{5}=\frac{2}{15}$$

(ii) 주사위를 던져서 나온 눈의 수가 3의 배수가 아니고, 주머니 B에서 꺼낸 카드에 적힌 수가 짝수일 확률은

$$\mathrm{P}(A^C\cap E)=\frac{4}{6}\times\frac{3}{6}=\frac{1}{3}$$

따라서 주머니에서 꺼낸 카드가 짝수일 확률은

$$\mathrm{P}(E)=\mathrm{P}(A\cap E)+\mathrm{P}(A^C\cap E)=\frac{2}{15}+\frac{1}{3}=\frac{7}{15}$$

$$\therefore \mathrm{P}(A|E)=\frac{\mathrm{P}(A\cap E)}{\mathrm{P}(E)}=\frac{\frac{2}{15}}{\frac{7}{15}}=\frac{2}{7}$$

답 $\frac{2}{7}$

13

주머니 A, B, C를 선택하는 사건을 각각 A, B, C라 하고, 흰 구슬을 꺼내는 사건을 E라 하자.

주머니 A를 선택하고 흰 구슬을 꺼낼 확률은

$$\mathrm{P}(A\cap E)=\frac{1}{3}\times 1=\frac{1}{3}$$

주머니 B를 선택하고 흰 구슬을 꺼낼 확률은

$$\mathrm{P}(B\cap E)=\frac{1}{3}\times 0=0$$

주머니 C를 선택하고 흰 구슬을 꺼낼 확률은

$$\mathrm{P}(C\cap E)=\frac{1}{3}\times\frac{1}{2}=\frac{1}{6}$$

따라서 주머니에서 흰 구슬을 꺼낼 확률은

$$\mathrm{P}(E)=\mathrm{P}(A\cap E)+\mathrm{P}(B\cap E)+\mathrm{P}(C\cap E)$$
$$=\frac{1}{3}+0+\frac{1}{6}=\frac{1}{2}$$

$$\therefore \mathrm{P}(A|E)=\frac{\mathrm{P}(A\cap E)}{\mathrm{P}(E)}=\frac{\frac{1}{3}}{\frac{1}{2}}=\frac{2}{3}$$

답 $\frac{2}{3}$

14

홀수, 짝수가 적힌 주머니를 선택하는 사건을 각각 A, B라 하고, 흰 공을 꺼내는 사건을 E라 하자.

(i) 홀수가 적힌 주머니를 선택하고 흰 공을 꺼낼 확률은

$$\mathrm{P}(A\cap E)=\frac{1}{6}\times\frac{1}{6}+\frac{1}{6}\times\frac{3}{6}+\frac{1}{6}\times\frac{5}{6}=\frac{1}{4}$$

(ii) 짝수가 적힌 주머니를 선택하고 흰 공을 꺼낼 확률은

$$\mathrm{P}(B\cap E)=\frac{1}{6}\times\frac{2}{6}+\frac{1}{6}\times\frac{4}{6}+\frac{1}{6}\times\frac{6}{6}=\frac{1}{3}$$

따라서 주머니에서 꺼낸 공이 흰 공일 확률은

$$\mathrm{P}(E)=\mathrm{P}(A\cap E)+\mathrm{P}(B\cap E)=\frac{1}{4}+\frac{1}{3}=\frac{7}{12}$$

$$\therefore \mathrm{P}(B|E)=\frac{\mathrm{P}(B\cap E)}{\mathrm{P}(E)}=\frac{\frac{1}{3}}{\frac{7}{12}}=\frac{4}{7}$$

답 ④

15

주머니 A에서 흰 공, 검은 공을 꺼내는 사건을 각각 W, W^C이라 하고, 주머니 B에서 흰 공을 꺼내는 사건을 E라 하자.

(i) 주머니 A에서 흰 공을 꺼내고, 주머니 B에서 흰 공을 꺼낼 확률은

$$\mathrm{P}(W\cap E)=\frac{2}{7}\times\frac{4}{8}=\frac{1}{7}$$

(ii) 주머니 A에서 검은 공을 꺼내고, 주머니 B에서 흰 공을 꺼낼 확률은

$$\mathrm{P}(W^C\cap E)=\frac{5}{7}\times\frac{3}{8}=\frac{15}{56}$$

따라서 주머니 B에서 꺼낸 공이 흰 공일 확률은

$$\mathrm{P}(E)=\mathrm{P}(W\cap E)+\mathrm{P}(W^C\cap E)=\frac{1}{7}+\frac{15}{56}=\frac{23}{56}$$

$$\therefore \mathrm{P}(W|E)=\frac{\mathrm{P}(W\cap E)}{\mathrm{P}(E)}=\frac{\frac{1}{7}}{\frac{23}{56}}=\frac{8}{23}$$

답 $\frac{8}{23}$

16

주머니 A에서 흰 공, 검은 공을 꺼내는 사건을 각각 W, W^C이라 하고, 주머니 B에서 흰 공을 2개 꺼내는 사건을 E라 하자.

(i) 주머니 A에서 흰 공을 꺼내고, 주머니 B에서 흰 공을 2개 꺼낼 확률은

$$\mathrm{P}(W\cap E)=\frac{2}{5}\times\frac{{}_4\mathrm{C}_2}{{}_6\mathrm{C}_2}=\frac{2}{5}\times\frac{2}{5}=\frac{4}{25}$$

(ii) 주머니 A에서 검은 공을 꺼내고, 주머니 B에서 흰 공을 2개 꺼낼 확률은

$$\mathrm{P}(W^C\cap E)=\frac{3}{5}\times\frac{{}_3\mathrm{C}_2}{{}_6\mathrm{C}_2}=\frac{3}{5}\times\frac{1}{5}=\frac{3}{25}$$

따라서 주머니 B에서 흰 공을 2개 꺼낼 확률은

$$\mathrm{P}(E)=\mathrm{P}(W\cap E)+\mathrm{P}(W^C\cap E)=\frac{4}{25}+\frac{3}{25}=\frac{7}{25}$$

$$\therefore \mathrm{P}(W|E)=\frac{\mathrm{P}(W\cap E)}{\mathrm{P}(E)}=\frac{\frac{4}{25}}{\frac{7}{25}}=\frac{4}{7}$$

답 ④

17

첫 번째에 검은 공을 꺼내는 사건을 B, 검은 공이 아닌 공을 꺼내는 사건을 B^C이라 하고 두 번째에 검은 공을 꺼내는 사건을 E라 하자.

(i) 첫 번째에 검은 공을 꺼내고, 두 번째도 검은 공을 꺼낼 확률은

$$P(B\cap E)=\frac{3}{6}\times\frac{4}{7}=\frac{2}{7}$$

(ii) 첫 번째에 흰 공 또는 파란 공을 꺼내고, 두 번째에 검은 공을 꺼낼 확률은

$$P(B^C\cap E)=\frac{3}{6}\times\frac{3}{7}=\frac{3}{14}$$

따라서 두 번째에 꺼낸 공이 검은 공일 확률은

$$P(E)=P(B\cap E)+P(B^C\cap E)=\frac{2}{7}+\frac{3}{14}=\frac{7}{14}$$

$$\therefore P(B|E)=\frac{P(B\cap E)}{P(E)}=\frac{\frac{2}{7}}{\frac{7}{14}}=\frac{4}{7}$$

답 $\frac{4}{7}$

18

$P(A\cap B^C)=a$라 하면

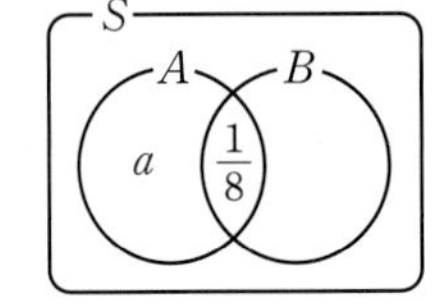

$$P(B^C|A)=\frac{a}{a+\frac{1}{8}}$$

$$P(B|A)=\frac{\frac{1}{8}}{a+\frac{1}{8}}$$

$P(B^C|A)=2P(B|A)$이므로 $a=2\times\frac{1}{8}=\frac{1}{4}$

$$\therefore P(A)=a+\frac{1}{8}=\frac{3}{8}$$

답 ②

다른 풀이

$P(B^C|A)=\frac{P(A\cap B^C)}{P(A)}$, $P(B|A)=\frac{P(A\cap B)}{P(A)}$이므로

$P(B^C|A)=2P(B|A)$에서

$$P(A\cap B^C)=2P(A\cap B)=2\times\frac{1}{8}=\frac{1}{4}$$

$$\therefore P(A)=P(A\cap B^C)+P(A\cap B)=\frac{1}{4}+\frac{1}{8}=\frac{3}{8}$$

19

두 사건 A, B가 독립이므로

$$P(A\cap B)=P(A)P(B)$$

그런데 $P(A\cap B)=\frac{1}{2}$이고

$P(A^C)=\frac{1}{4}$에서 $P(A)=1-P(A^C)=\frac{3}{4}$이므로

$$\frac{1}{2}=\frac{3}{4}P(B)\qquad\therefore P(B)=\frac{2}{3}$$

두 사건 A^C, B도 독립이므로

$$P(B|A^C)=P(B)=\frac{2}{3}$$

답 ④

Note

두 사건 A^C, B가 독립이므로

$$P(A^C\cap B)=P(A^C)P(B)=\frac{1}{4}\times\frac{2}{3}=\frac{1}{6}$$

20

두 사건 A, B가 독립이므로 두 사건 A^C, B도 독립이고, 두 사건 A, B^C도 독립이다.

따라서 $P(A\cap B^C)+P(A^C\cap B)=\frac{1}{3}$에서

$$P(A)P(B^C)+P(A^C)P(B)=\frac{1}{3}$$

$$\frac{1}{6}P(B^C)+\left(1-\frac{1}{6}\right)P(B)=\frac{1}{3}$$

$$\frac{1}{6}\{1-P(B)\}+\frac{5}{6}P(B)=\frac{1}{3}\qquad\therefore P(B)=\frac{1}{4}$$

답 ②

다른 풀이

두 사건 A, B가 독립이므로

$$P(A\cap B)=P(A)P(B)=\frac{1}{6}P(B)$$

따라서 $P(B)=b$라 하면

$$P(A\cap B)=\frac{1}{6}b$$

$$P(B\cap A^C)=\frac{5}{6}b$$

$$P(A\cap B^C)=\frac{1}{6}-\frac{1}{6}b$$

$P(A\cap B^C)+P(A^C\cap B)=\frac{1}{3}$이므로

$$\frac{1}{6}-\frac{1}{6}b+\frac{5}{6}b=\frac{1}{3}\qquad\therefore b=\frac{1}{4}$$

$$\therefore P(B)=\frac{1}{4}$$

21

$P(A^C)=\frac{6}{7}$이므로 $P(A)=1-P(A^C)=\frac{1}{7}$

두 사건 A, B가 독립이므로

$$P(A\cap B)=P(A)P(B)=\frac{1}{7}P(B)$$

조건에서 $P(A\cup B)=\frac{5}{7}$이고

$P(A\cup B)=P(A)+P(B)-P(A\cap B)$이므로

$$\frac{5}{7}=\frac{1}{7}+P(B)-\frac{1}{7}P(B)$$

$$\therefore P(B)=\frac{2}{3}$$

답 $\frac{2}{3}$

22

(i) 주머니 A에서 꺼낸 공이 흰 공이고, 주머니 B에서 꺼낸 공이 흰 공일 확률은

$$\frac{2}{5}\times\frac{3}{6}=\frac{1}{5}$$

(ii) 주머니 A에서 꺼낸 공이 검은 공이고, 주머니 B에서 꺼낸 공이 흰 공일 확률은

$$\frac{3}{5}\times\frac{1}{6}=\frac{1}{10}$$

따라서 흰 공을 꺼낼 확률은 $\frac{1}{5}+\frac{1}{10}=\frac{3}{10}$

답 ⑤

23

	남학생(A)	여학생	합계
안경을 쓴 학생(B)	n	100	$n+100$
안경을 안 쓴 학생	180	$n+30$	$n+210$
합계	$n+180$	$n+130$	$2n+310$

두 사건 A, B가 독립이므로 $\mathrm{P}(A\cap B)=\mathrm{P}(A)\mathrm{P}(B)$

$$\frac{n}{2n+310}=\frac{n+180}{2n+310}\times\frac{n+100}{2n+310}$$

$$(n+180)(n+100)=n(2n+310)$$

$$(n+150)(n-120)=0 \qquad \therefore n=120$$

답 120

Note

두 사건 A, B가 독립이므로 $\mathrm{P}(A)=\mathrm{P}(A|B)$

따라서 $\frac{n+180}{2n+310}=\frac{n}{n+100}$을 풀어도 된다.

24

10점 부분을 명중시키는 사건을 ○, 명중시키지 못하는 사건을 ×로 나타내자.

○○○일 때 $\frac{4}{5}\times\frac{4}{5}\times\frac{4}{5}=\frac{64}{125}$

○×○일 때 $\frac{4}{5}\times\frac{1}{5}\times\frac{3}{5}=\frac{12}{125}$

×○○일 때 $\frac{1}{5}\times\frac{3}{5}\times\frac{4}{5}=\frac{12}{125}$

××○일 때 $\frac{1}{5}\times\frac{2}{5}\times\frac{3}{5}=\frac{6}{125}$

따라서 확률은

$$\frac{64}{125}+\frac{12}{125}+\frac{12}{125}+\frac{6}{125}=\frac{94}{125}$$

답 $\frac{94}{125}$

25

스위치 s_1, s_2가 모두 닫혀 있는 사건을 X, 스위치 s_3이 닫혀 있는 사건을 Y라 하면

$$\mathrm{P}(X)=\frac{1}{3}\times\frac{1}{3}=\frac{1}{9},\ \mathrm{P}(Y)=\frac{1}{3}$$

두 사건 X, Y는 독립이므로

$$\mathrm{P}(X\cap Y)=\mathrm{P}(X)\mathrm{P}(Y)=\frac{1}{9}\times\frac{1}{3}=\frac{1}{27}$$

따라서 A에서 B로 전류가 흐를 확률은

$$\mathrm{P}(X\cup Y)=\mathrm{P}(X)+\mathrm{P}(Y)-\mathrm{P}(X\cap Y)$$

$$=\frac{1}{9}+\frac{1}{3}-\frac{1}{27}=\frac{11}{27}$$

답 ⑤

26

앞면이 2번, 뒷면이 3번 또는 앞면이 3번, 뒷면이 2번 나와야 한다.

앞면이 나올 확률이 $\frac{1}{2}$이므로 구하는 확률은

$${}_5\mathrm{C}_2\left(\frac{1}{2}\right)^2\left(\frac{1}{2}\right)^3+{}_5\mathrm{C}_3\left(\frac{1}{2}\right)^3\left(\frac{1}{2}\right)^2=\frac{5}{16}+\frac{5}{16}=\frac{5}{8}$$

답 ⑤

27

3의 배수의 눈이 나온 횟수를 a, 3의 배수의 눈이 나오지 않은 횟수를 b라 하면

$$a+b=5 \qquad \cdots ❶$$

또 5회 시행 후 점 P가 점 $(8, 7)$에 있으므로

$$a+2b=8,\ 2a+b=7 \qquad \cdots ❷$$

❶, ❷를 연립하여 풀면 $a=2$, $b=3$

주사위를 한 번 던질 때, 3의 배수의 눈이 나올 확률은 $\frac{1}{3}$, 3의 배수의 눈이 나오지 않을 확률은 $\frac{2}{3}$이므로

구하는 확률은 ${}_5\mathrm{C}_2\left(\frac{1}{3}\right)^2\left(\frac{2}{3}\right)^3=\frac{80}{243}$

답 $\frac{80}{243}$

28

주어진 원이 x축, y축과 모두 만나려면

$$\sqrt{k}\ge 2 \qquad \therefore k\ge 4$$

따라서 사건 A가 일어날 확률은 $\frac{3}{6}=\frac{1}{2}$이므로

구하는 확률은 ${}_6\mathrm{C}_2\left(\frac{1}{2}\right)^2\left(\frac{1}{2}\right)^4=\frac{15}{64}$

답 ①

29

흰 공이 나온 횟수를 a, 검은 공이 나온 횟수를 b라 하면

$$a+b=5 \qquad \cdots ❶$$

점수의 합이 7이므로

$$a+2b=7 \qquad \cdots ❷$$

❶, ❷를 연립하여 풀면 $a=3$, $b=2$

따라서 흰 공이 3회, 검은 공이 2회 나오는 경우이다.

각 시행에서 흰 공이 나올 확률은 $\frac{2}{3}$, 검은 공이 나올 확률은 $\frac{1}{3}$이므로 구하는 확률은 ${}_5\mathrm{C}_3\left(\frac{2}{3}\right)^3\left(\frac{1}{3}\right)^2=\frac{80}{243}$

답 ①

30

(i) 꺼낸 공 2개의 색이 다르고, 동전을 3번 던져서 앞면이 2번 나올 확률은

$$\frac{{}_4\mathrm{C}_1\times{}_3\mathrm{C}_1}{{}_7\mathrm{C}_2}\times{}_3\mathrm{C}_2\left(\frac{1}{2}\right)^2\left(\frac{1}{2}\right)=\frac{12}{21}\times\frac{3}{8}=\frac{3}{14}$$

(ii) 꺼낸 공 2개의 색이 같고, 동전을 2번 던져서 앞면이 2번 나올 확률은

$$\frac{{}_4\mathrm{C}_2+{}_3\mathrm{C}_2}{{}_7\mathrm{C}_2}\times{}_2\mathrm{C}_2\left(\frac{1}{2}\right)^2=\frac{9}{21}\times\frac{1}{4}=\frac{3}{28}$$

(i), (ii)에서 $\frac{3}{14}+\frac{3}{28}=\frac{9}{28}$

답 ①

31

(i) 눈의 수가 6의 약수인 경우

1, 2, 3, 6 중 하나가 나오고, 동전 3개를 던져서 앞면이 1개 나올 확률은

$$\frac{2}{3}\times{}_3\mathrm{C}_1\left(\frac{1}{2}\right)\left(\frac{1}{2}\right)^2=\frac{2}{3}\times\frac{3}{8}=\frac{1}{4}$$

(ii) 눈의 수가 6의 약수가 아닌 경우

4, 5 중 하나가 나오고, 동전 2개를 던져서 앞면이 1개 나올 확률은

$$\frac{1}{3}\times{}_2\mathrm{C}_1\left(\frac{1}{2}\right)\left(\frac{1}{2}\right)=\frac{1}{3}\times\frac{2}{4}=\frac{1}{6}$$

(i), (ii)에서 $\frac{1}{4}+\frac{1}{6}=\frac{5}{12}$ 답 ③

32

6번째 시합에서 A팀이 우승하면 A팀이 5번의 시합에서 3번을 이기고 6번째 시합에서 이기므로 확률은

$${}_5\mathrm{C}_3\left(\frac{2}{3}\right)^3\left(\frac{1}{3}\right)^2\times\frac{2}{3}=\frac{160}{729}$$

같은 방법으로 하면 6번째 시합에서 B팀이 우승할 확률은

$${}_5\mathrm{C}_3\left(\frac{1}{3}\right)^3\left(\frac{2}{3}\right)^2\times\frac{1}{3}=\frac{40}{729}$$

따라서 확률은 $\frac{160}{729}+\frac{40}{729}=\frac{200}{729}$ 답 ④

step B 실력 문제 44~48쪽

01 ④	02 $a=48,\ b=24$	03 ③	04 ①	
05 $\frac{36}{37}$	06 ②	07 $\frac{1}{4}$	08 ④	09 $\frac{9}{19}$
10 $\frac{12}{31}$	11 ①	12 ③	13 ⑤	14 $\frac{1}{2}$
15 $\frac{3}{5}$	16 ④	17 ③	18 2, 6	19 252
20 ②	21 ①	22 $\frac{11}{32}$	23 $\frac{40}{81}$	24 ①
25 ①	26 ③	27 ④	28 $\frac{8}{243}$	29 $\frac{9}{13}$
30 ④				

01

[전략] 남학생의 수를 m, 여학생의 수를 n으로 놓고 p_1, p_2를 m, n으로 나타낸다.

남학생의 수를 m, 여학생의 수를 n이라 하고, 수학 동아리에 가입한 학생 수를 표로 나타내면 다음과 같다.

	남학생	여학생	합계
수학 동아리 가입	$\frac{6}{10}m$	$\frac{5}{10}n$	$\frac{6}{10}m+\frac{5}{10}n$
합계	m	n	320

전체 학생이 320명이므로

$m+n=320$ ··· ❶

또 $p_1=\dfrac{\frac{6}{10}m}{\frac{6}{10}m+\frac{5}{10}n}$, $p_2=\dfrac{\frac{5}{10}n}{\frac{6}{10}m+\frac{5}{10}n}$이고

$p_1=2p_2$이므로

$\frac{6}{10}m=2\times\frac{5}{10}n \qquad \therefore n=\frac{3}{5}m$ ··· ❷

❷를 ❶에 대입하여 풀면 $m=200$ 답 ④

02

[전략] 표로 나타내어진 조사 결과를 이용하여 문제의 조건들을 확률로 나타낸다.

30대가 12 %이므로

$\frac{60-a+b}{300}=\frac{12}{100} \qquad \therefore a-b=24$ ··· ❶

남성 중에서 20대일 확률과 여성 중에서 30대일 확률이 같으므로

$\frac{a}{200}=\frac{b}{100} \qquad \therefore a=2b$ ··· ❷

❶, ❷를 연립하여 풀면 $a=48,\ b=24$ 답 $a=48,\ b=24$

03

[전략] 제품을 1000개라 하고 각 공장에서 생산되는 불량품의 개수를 구한다.

전체 제품을 1000개라 하고, 주어진 조건을 표로 나타내면 다음과 같다.

	A	B	C
정상 제품	$300\times\frac{98}{100}$	$200\times\frac{96}{100}$	$500\times\frac{100-a}{100}$
불량품	$300\times\frac{2}{100}=6$	$200\times\frac{4}{100}=8$	$500\times\frac{a}{100}=5a$
합계	300	200	500

불량품의 개수는 $6+8+5a=14+5a$이고, C공장의 불량품의 개수가 $5a$이므로

$\frac{5a}{14+5a}=\frac{15}{29}$, $29a=3(14+5a)$

$\therefore a=3$ 답 ③

다른 풀이

제품이 세 공장 A, B, C에서 생산되는 사건을 각각 A, B, C라 하고 제품이 불량인 사건을 E라 하면

$$\mathrm{P}(A)=\frac{3}{10},\ \mathrm{P}(B)=\frac{2}{10},\ \mathrm{P}(C)=\frac{5}{10}$$

$$\mathrm{P}(E|A)=\frac{2}{100},\ \mathrm{P}(E|B)=\frac{4}{100},\ \mathrm{P}(E|C)=\frac{a}{100}$$

$\therefore \mathrm{P}(C|E)$

$$=\frac{\mathrm{P}(C\cap E)}{\mathrm{P}(E)}$$

$$=\frac{\mathrm{P}(C\cap E)}{\mathrm{P}(A\cap E)+\mathrm{P}(B\cap E)+\mathrm{P}(C\cap E)}$$

$$=\frac{\mathrm{P}(C)\mathrm{P}(E|C)}{\mathrm{P}(A)\mathrm{P}(E|A)+\mathrm{P}(B)\mathrm{P}(E|B)+\mathrm{P}(C)\mathrm{P}(E|C)}$$

$$=\frac{\frac{5}{10}\times\frac{a}{100}}{\frac{3}{10}\times\frac{2}{100}+\frac{2}{10}\times\frac{4}{100}+\frac{5}{10}\times\frac{a}{100}}$$

$$=\frac{5a}{14+5a}$$

$\frac{5a}{14+5a}=\frac{15}{29}$이므로 $a=3$

04

[전략] 감염된 컴퓨터를 감염으로 진단한 경우와
감염되지 않은 컴퓨터를 감염으로 진단한 경우로 나누어 생각한다.

	실제 감염된 컴퓨터	실제 감염 안 된 컴퓨터
감염으로 진단	$200\times\frac{94}{100}$	$300\times\frac{2}{100}$
감염 안 됨으로 진단	$200\times\frac{6}{100}$	$300\times\frac{98}{100}$
합계	200	300

감염으로 진단한 컴퓨터 수는

$$200\times\frac{94}{100}+300\times\frac{2}{100}=194$$

감염으로 진단된 컴퓨터 중 실제로 감염된 컴퓨터 수는

$$200\times\frac{94}{100}=188$$

따라서 확률은 $\frac{188}{194}=\frac{94}{97}$ 답 ①

05

[전략] 뺑소니 차량이 자가용일 때 자가용이라 말할 수 있고,
영업용일 때 잘못 보고 자가용이라 말할 수도 있다.

뺑소니 차량이 자가용이고 자가용이라 말했을 확률은

$0.8\times0.9=0.72$

뺑소니 차량이 영업용이고 자가용이라 말했을 확률은

$0.2\times0.1=0.02$

뺑소니 차량을 자가용이라 말했을 확률은 $0.72+0.02=0.74$이므로 뺑소니 차량이 실제로 자가용일 확률은

$\frac{0.72}{0.74}=\frac{36}{37}$ 답 $\frac{36}{37}$

다른 풀이

자가용인 사건을 A, 목격자가 뺑소니 차량을 자가용이라고 증언하는 사건을 B라 하면 구하는 확률은 $\mathrm{P}(A|B)$이다.

뺑소니 차량이 자가용이고 자가용이라 말했을 확률은

$\mathrm{P}(A\cap B)=0.8\times0.9=0.72$

뺑소니 차량이 영업용이고 자가용이라 말했을 확률은

$\mathrm{P}(A^C\cap B)=0.2\times0.1=0.02$

$\therefore \mathrm{P}(B)=\mathrm{P}(A\cap B)+\mathrm{P}(A^C\cap B)$
$=0.72+0.02=0.74$

$\therefore \mathrm{P}(A|B)=\frac{\mathrm{P}(A\cap B)}{\mathrm{P}(B)}=\frac{0.72}{0.74}=\frac{36}{37}$

06

[전략] 두 점의 y좌표가 같은 경우를 먼저 확인해 본다.

$0<b<4-\frac{a^2}{4}$을 만족시키는 점의 y좌표는 1, 2, 3이다.

(i) y좌표가 1인 점이 7개이므로
y좌표가 1인 점 2개를 택하는 경우의 수는 ${}_7\mathrm{C}_2=21$

(ii) y좌표가 2인 점이 5개이므로
y좌표가 2인 점 2개를 택하는 경우의 수는 ${}_5\mathrm{C}_2=10$

(iii) y좌표가 3인 점이 3개이므로
y좌표가 3인 점 2개를 택하는 경우의 수는 ${}_3\mathrm{C}_2=3$

따라서 y좌표가 같은 점 2개를 택하는 경우의 수는
$21+10+3=34$이고 이 중 y좌표가 2인 경우의 수는 10이므로
확률은 $\frac{10}{34}=\frac{5}{17}$ 답 ②

07

[전략] 2반이 아래 대진표에서 A조에 속할 확률과 B조에 속할 확률부터 구하고, 각 경우에 만날 확률을 생각한다.

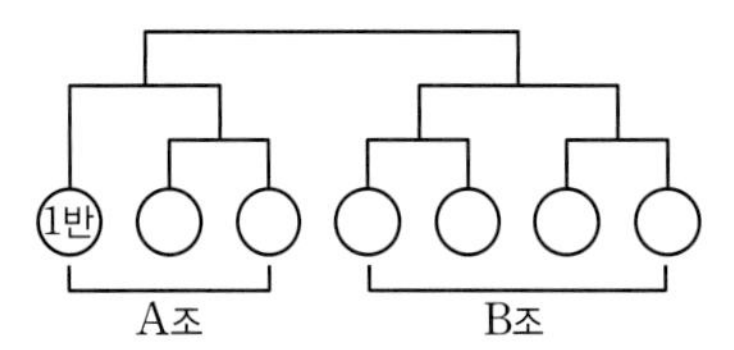

(i) 2반이 A조에 속할 확률은 $\frac{2}{6}=\frac{1}{3}$

따라서 2반이 한 번 이겨 4강에서 1반과 만날 확률은

$\frac{1}{3}\times\frac{1}{2}=\frac{1}{6}$

(ii) 2반이 B조에 속할 확률은 $\frac{4}{6}=\frac{2}{3}$

따라서 1반은 한 번 이겨 결승에 가고, 2반은 두 번 이겨 결승에 갈 확률은

$\frac{2}{3}\times\frac{1}{2}\times\frac{1}{2}\times\frac{1}{2}=\frac{1}{12}$

(i), (ii)에서 1반과 2반이 시합을 할 확률은

$\frac{1}{6}+\frac{1}{12}=\frac{1}{4}$ 답 $\frac{1}{4}$

08

[전략] 상자 A에서 꺼낸 빨간 공이 2개, 1개, 0개일 때로 나누어 생각한다.

(i) 상자 A에서 빨간 공 2개를 꺼낼 때,
상자 B에 빨간 공은 2개이다.

(ii) A에서 빨간 공 1개, 검은 공 1개를 꺼낼 때,
B에 빨간 공은 1개이고 확률은

$\frac{{}_3\mathrm{C}_1\times{}_5\mathrm{C}_1}{{}_8\mathrm{C}_2}=\frac{3\times5}{28}=\frac{15}{28}$

(iii) A에서 검은 공 2개를 꺼낼 때,
A에 남은 공에서 다시 빨간 공 1개, 검은 공 1개를 뽑아야 하므로 확률은

$\frac{{}_5\mathrm{C}_2}{{}_8\mathrm{C}_2}\times\frac{{}_3\mathrm{C}_1\times{}_3\mathrm{C}_1}{{}_6\mathrm{C}_2}=\frac{10}{28}\times\frac{3\times3}{15}=\frac{3}{14}$

(i)~(iii)에서 $\frac{15}{28}+\frac{3}{14}=\frac{3}{4}$ 답 ④

09

[전략] 세 수의 곱이 짝수일 확률과 첫 번째 수가 홀수이고 세 수의 곱이 짝수일 확률을 구한다.

첫 번째 홀수 공을 꺼내는 사건을 A, 세 수의 곱이 짝수인 사건을 E라 하자.

세 수의 곱이 짝수일 확률은 1−(세 수의 곱이 홀수일 확률)이므로

$$P(E)=1-\frac{3}{6}\times\frac{2}{5}\times\frac{1}{4}=\frac{19}{20}$$

또 첫 번째 수가 홀수이고 세 수의 곱이 짝수인 경우는 다음과 같다.

(i) 홀수, 홀수, 짝수인 경우 확률은 $\frac{3}{6}\times\frac{2}{5}\times\frac{3}{4}=\frac{3}{20}$

(ii) 홀수, 짝수, 홀수인 경우 확률은 $\frac{3}{6}\times\frac{3}{5}\times\frac{2}{4}=\frac{3}{20}$

(iii) 홀수, 짝수, 짝수인 경우 확률은 $\frac{3}{6}\times\frac{3}{5}\times\frac{2}{4}=\frac{3}{20}$

(i)~(iii)에서

$$P(A\cap E)=\frac{3}{20}+\frac{3}{20}+\frac{3}{20}=\frac{9}{20}$$

$$\therefore P(A|E)=\frac{P(A\cap E)}{P(E)}=\frac{\frac{9}{20}}{\frac{19}{20}}=\frac{9}{19}$$

답 $\frac{9}{19}$

10

[전략] $2m\geq n$인 경우를 찾고, 각각의 확률을 구한다.

$2m\geq n$인 사건을 A, 흰 공 2개를 꺼내는 사건을 B라 하자.

$2m\geq n$을 만족시키는 순서쌍 (m, n)은 $(3, 0)$, $(2, 1)$, $(1, 2)$이다.

(i) 흰 공 3개를 꺼낼 확률은

$$\frac{{}_3C_3}{{}_7C_3}=\frac{1}{35}$$

(ii) 흰 공 2개, 검은 공 1개를 꺼낼 확률은

$$\frac{{}_3C_2\times{}_4C_1}{{}_7C_3}=\frac{12}{35}$$

(iii) 흰 공 1개, 검은 공 2개를 꺼낼 확률은

$$\frac{{}_3C_1\times{}_4C_2}{{}_7C_3}=\frac{18}{35}$$

(i)~(iii)에서

$$P(A)=\frac{1}{35}+\frac{12}{35}+\frac{18}{35}=\frac{31}{35},\ P(A\cap B)=\frac{12}{35}$$

$$\therefore P(B|A)=\frac{P(B\cap A)}{P(A)}=\frac{\frac{12}{35}}{\frac{31}{35}}=\frac{12}{31}$$

답 $\frac{12}{31}$

11

[전략] A에서 검은 공을 0개, 1개, 2개 꺼낼 때, B에서는 어떤 공을 꺼내야 하는지 생각하고, 각각의 확률을 구한다.

주머니 A에서 검은 공만 꺼내는 사건을 A, 두 주머니에 있는 검은 공의 개수가 같은 사건을 E라 하자.

(i) A에서 흰 공 2개를 꺼내면 두 주머니에 있는 검은 공의 개수가 같아질 수 없다.

(ii) A에서 흰 공 1개, 검은 공 1개를 꺼내어 B에 넣는 경우
B에서 흰 공 2개를 꺼내어 A에 넣으면 되므로 확률은

$$\frac{{}_2C_1\times{}_4C_1}{{}_6C_2}\times\frac{{}_5C_2}{{}_8C_2}=\frac{2\times4}{15}\times\frac{10}{28}=\frac{4}{21}$$

(iii) A에서 검은 공 2개를 꺼내어 B에 넣는 경우
B에서 검은 공 1개, 흰 공 1개를 꺼내어 A에 넣으면 되므로 확률은

$$\frac{{}_4C_2}{{}_6C_2}\times\frac{{}_4C_1\times{}_4C_1}{{}_8C_2}=\frac{6}{15}\times\frac{4\times4}{28}=\frac{8}{35}$$

(i)~(iii)에서

$$P(E)=\frac{4}{21}+\frac{8}{35}=\frac{44}{105},\ P(A\cap E)=\frac{8}{35}$$

$$\therefore P(A|E)=\frac{P(A\cap E)}{P(E)}=\frac{\frac{8}{35}}{\frac{44}{105}}=\frac{6}{11}$$

답 ①

12

[전략] 두 번째는 B를 선택해야 한다. 첫 번째에 A를 선택하는 경우와 B를 선택하는 경우로 나누고 공을 꺼내는 확률을 각각 구한다. 이때에는 주머니를 선택하는 확률도 곱해야 한다는 것에 주의한다.

첫 번째에 파란 공을 꺼내는 사건을 A, 두 번째에 검은 공을 꺼내는 사건을 B라 하자.

사건 B가 일어나면 두 번째는 주머니 B를 선택해야 한다.

(i) 첫 번째는 A를 선택하고 흰 공을 꺼낸 후,
두 번째는 B를 선택하고 검은 공을 꺼낼 확률은

$$\left(\frac{1}{2}\times\frac{3}{5}\right)\times\left(\frac{1}{2}\times\frac{2}{5}\right)=\frac{6}{100}$$

(ii) 첫 번째는 A를 선택하고 파란 공을 꺼낸 후,
두 번째는 B를 선택하고 검은 공을 꺼낼 확률은

$$\left(\frac{1}{2}\times\frac{2}{5}\right)\times\left(\frac{1}{2}\times\frac{2}{5}\right)=\frac{4}{100}$$

(iii) 첫 번째는 B를 선택하고 파란 공을 꺼낸 후,
두 번째는 B를 선택하고 검은 공을 꺼낼 확률은

$$\left(\frac{1}{2}\times\frac{3}{5}\right)\times\left(\frac{1}{2}\times\frac{2}{4}\right)=\frac{3}{40}$$

(iv) 첫 번째는 B를 선택하고 검은 공을 꺼낸 후,
두 번째는 B를 선택하고 검은 공을 꺼낼 확률은

$$\left(\frac{1}{2}\times\frac{2}{5}\right)\times\left(\frac{1}{2}\times\frac{1}{4}\right)=\frac{1}{40}$$

(i)~(iv)에서

$$P(B)=\frac{6}{100}+\frac{4}{100}+\frac{3}{40}+\frac{1}{40}=\frac{40}{200}$$

$$P(A\cap B)=\frac{4}{100}+\frac{3}{40}=\frac{23}{200}$$

$$\therefore P(A|B)=\frac{P(A\cap B)}{P(B)}=\frac{\frac{23}{200}}{\frac{40}{200}}=\frac{23}{40}$$

답 ③

13

[전략] 노란 전구가 2개 나오는 경우를 찾고 각각의 확률부터 구한다.

주머니 A에서 노란 전구를 꺼내는 사건을 A, 노란 전구가 2개인 사건을 E라 하자.

(i) A와 B에서 노란 전구, C에서 파란 전구를 꺼낼 확률은

$$\frac{2}{6}\times\frac{3}{6}\times\frac{5}{6}=\frac{30}{216}$$

(ii) A와 C에서 노란 전구, B에서는 파란 전구를 꺼낼 확률은

$$\frac{2}{6}\times\frac{1}{6}\times\frac{3}{6}=\frac{6}{216}$$

(iii) B와 C에서 노란 전구, A에서는 파란 전구를 꺼낼 확률은

$$\frac{3}{6}\times\frac{1}{6}\times\frac{4}{6}=\frac{12}{216}$$

(i)~(iii)에서

$$P(E)=\frac{30}{216}+\frac{6}{216}+\frac{12}{216}=\frac{48}{216}$$

$$P(A\cap E)=\frac{30}{216}+\frac{6}{216}=\frac{36}{216}$$

$$\therefore P(A|E)=\frac{P(A\cap E)}{P(E)}=\frac{\frac{36}{216}}{\frac{48}{216}}=\frac{3}{4}$$

답 ⑤

14

[전략] 갑, 을, 병이 꺼낸 카드에 적힌 수를 각각 a, b, c라 할 때, $a>b$인 경우의 확률과 $a>b$이고 $a>b+c$인 경우의 확률을 구한다.

갑, 을, 병이 꺼낸 카드에 적힌 수를 각각 a, b, c라 할 때, $a>b$인 사건을 A, $a>b+c$인 사건을 B라 하자.

(i) $a>b$인 경우

$a=2$일 때, $b=1$

$a=3$일 때, $b=1, 2$

$a=4, 5, 6$일 때, $b=1, 2, 3$

$$\therefore P(A)=\frac{1+2+3\times3}{6\times3}=\frac{2}{3}$$

(ii) $a>b$이고 $a>b+c$인 경우

$a=3$일 때, $(b, c)=(1, 1)$

$a=4$일 때, $(b, c)=(1, 1), (1, 2), (2, 1)$

$a=5$일 때,

$(b, c)=(1, 1), (1, 2), (2, 1), (1, 3), (2, 2), (3, 1)$

$a=6$일 때,

$(b, c)=(1, 1), (1, 2), (2, 1), (1, 3), (2, 2), (3, 1), (2, 3), (3, 2)$

$$\therefore P(A\cap B)=\frac{1+3+6+8}{6\times3\times3}=\frac{1}{3}$$

(i), (ii)에서 $P(B|A)=\frac{P(A\cap B)}{P(A)}=\frac{\frac{1}{3}}{\frac{2}{3}}=\frac{1}{2}$

답 $\frac{1}{2}$

Note 번뜩

(i)인 경우의 수는 $n(A)=(1+2+3\times3)\times3=36$

(ii)인 경우의 수는 $n(A\cap B)=1+3+6+8=18$

따라서 구하는 확률은 $\frac{n(A\cap B)}{n(A)}=\frac{18}{36}=\frac{1}{2}$

15

[전략] 한 번 던져 5점 이상 얻을 확률과 2번 던져 5점 이상 얻을 확률을 구한다.

점수가 5점 이상인 사건을 E, 주사위를 한 번만 던지는 사건을 A라 하자.

(i) 한 번 던져 5점 이상을 얻을 확률

$$\frac{2}{6}=\frac{1}{3}$$

(ii) 첫 번째에 4 이하의 눈이 나오고, 두 번째에 5 이상의 눈이 나올 확률은

$$\frac{4}{6}\times\frac{2}{6}=\frac{2}{9}$$

(i), (ii)에서

$$P(E)=\frac{1}{3}+\frac{2}{9}=\frac{5}{9},\ P(A\cap E)=\frac{1}{3}$$

$$\therefore P(A|E)=\frac{P(A\cap E)}{P(E)}=\frac{\frac{1}{3}}{\frac{5}{9}}=\frac{3}{5}$$

답 $\frac{3}{5}$

16

[전략] 문구점, 식당, 편의점에서 우산을 잃어버릴 확률을 구한다. 이때 식당에서 잃어버렸다면 문구점에서는 잃어버리지 않았다.

우산을 잃어버리는 사건을 E, 식당에서 우산을 잃어버리는 사건을 A라 하자.

(i) 문구점에서 우산을 잃어버릴 확률은 $\frac{1}{5}$

(ii) 식당에서 우산을 잃어버렸을 때

문구점에서는 잃어버리지 않고 식당에서 잃어버렸으므로 확률은 $\frac{4}{5}\times\frac{1}{5}=\frac{4}{25}$

(iii) 편의점에서 우산을 잃어버렸을 때

문구점과 식당에서 잃어버리지 않고 편의점에서 잃어버렸으므로 확률은 $\frac{4}{5}\times\frac{4}{5}\times\frac{1}{5}=\frac{16}{125}$

(i)~(iii)에서

$$P(E)=\frac{1}{5}+\frac{4}{25}+\frac{16}{125}=\frac{61}{125}$$

$$P(A\cap E)=\frac{4}{25}$$

$$\therefore P(A|E)=\frac{P(A\cap E)}{P(E)}=\frac{\frac{4}{25}}{\frac{61}{125}}=\frac{20}{61}$$

답 ④

17

[전략] 두 사건 A, B가 배반사건이면 $A\cap B=\varnothing$, A, B가 독립이면 $P(A\cap B)=P(A)P(B)$이다.

ㄱ. $A_3=\{3, 6, 9\}$, $A_4=\{4, 8\}$이므로

$A_3\cap A_4=\varnothing$

곧, A_3과 A_4는 배반사건이다. (참)

ㄴ. $A_2=\{2, 4, 6, 8, 10\}$, $A_4=\{4, 8\}$이므로

$$P(A_2)=\frac{5}{10},\ P(A_4\cap A_2)=\frac{2}{10}$$

$$\therefore P(A_4|A_2)=\frac{P(A_4\cap A_2)}{P(A_2)}=\frac{\frac{2}{10}}{\frac{5}{10}}=\frac{2}{5}\ (\text{거짓})$$

ㄷ. $A_2=\{2, 4, 6, 8, 10\}$, $A_5=\{5, 10\}$이므로

$\mathrm{P}(A_2)=\frac{5}{10}=\frac{1}{2}$, $\mathrm{P}(A_5)=\frac{2}{10}=\frac{1}{5}$,

$\mathrm{P}(A_2\cap A_5)=\frac{1}{10}$

$\therefore \mathrm{P}(A_2\cap A_5)=\mathrm{P}(A_2)\mathrm{P}(A_5)$

곧, A_2와 A_5는 독립이다. (참)

따라서 옳은 것은 ㄱ, ㄷ이다. 답 ③

18

[전략] $m=1, 2, \cdots, 6$일 때 $\mathrm{P}(A)$, $\mathrm{P}(B)$, $\mathrm{P}(A\cap B)$의 값을 각각 구한 후, $\mathrm{P}(A)\mathrm{P}(B)=\mathrm{P}(A\cap B)$인지 확인한다.

$A=\{1, 3, 5\}$이므로 $\mathrm{P}(A)=\frac{1}{2}$

m의 값에 따라 $\mathrm{P}(B)$와 $\mathrm{P}(A\cap B)$의 값을 구하면 다음과 같다.

(i) $m=1$일 때

$B=\{1\}$이므로 $\mathrm{P}(B)=\frac{1}{6}$

$A\cap B=\{1\}$이므로 $\mathrm{P}(A\cap B)=\frac{1}{6}$

따라서 $\mathrm{P}(A)\mathrm{P}(B)\neq\mathrm{P}(A\cap B)$이므로 A와 B는 독립이 아니다.

(ii) $m=2$일 때

$B=\{1, 2\}$이므로 $\mathrm{P}(B)=\frac{1}{3}$

$A\cap B=\{1\}$이므로 $\mathrm{P}(A\cap B)=\frac{1}{6}$

따라서 $\mathrm{P}(A)\mathrm{P}(B)=\mathrm{P}(A\cap B)$이므로 A와 B는 독립이다.

(iii) $m=3$일 때

$B=\{1, 3\}$이므로 $\mathrm{P}(B)=\frac{1}{3}$

$A\cap B=\{1, 3\}$이므로 $\mathrm{P}(A\cap B)=\frac{1}{3}$

따라서 $\mathrm{P}(A)\mathrm{P}(B)\neq\mathrm{P}(A\cap B)$이므로 A와 B는 독립이 아니다.

(iv) $m=4$일 때

$B=\{1, 2, 4\}$이므로 $\mathrm{P}(B)=\frac{1}{2}$

$A\cap B=\{1\}$이므로 $\mathrm{P}(A\cap B)=\frac{1}{6}$

따라서 $\mathrm{P}(A)\mathrm{P}(B)\neq\mathrm{P}(A\cap B)$이므로 A와 B는 독립이 아니다.

(v) $m=5$일 때

$B=\{1, 5\}$이므로 $\mathrm{P}(B)=\frac{1}{3}$

$A\cap B=\{1, 5\}$이므로 $\mathrm{P}(A\cap B)=\frac{1}{3}$

따라서 $\mathrm{P}(A)\mathrm{P}(B)\neq\mathrm{P}(A\cap B)$이므로 A와 B는 독립이 아니다.

(vi) $m=6$일 때

$B=\{1, 2, 3, 6\}$이므로 $\mathrm{P}(B)=\frac{2}{3}$

$A\cap B=\{1, 3\}$이므로 $\mathrm{P}(A\cap B)=\frac{1}{3}$

따라서 $\mathrm{P}(A)\mathrm{P}(B)=\mathrm{P}(A\cap B)$이므로 A와 B는 독립이다.

(i)~(vi)에서 $m=2$, 6일 때, A와 B는 독립이다. 답 2, 6

19

[전략] $\mathrm{P}(A\cap X)=\mathrm{P}(A)\mathrm{P}(X)$이므로 $\mathrm{P}(X)$와 $n(X)$를 구할 수 있다.

$n(A)=3$이므로 $\mathrm{P}(A)=\frac{3}{12}=\frac{1}{4}$

$n(A\cap X)=2$이므로 $\mathrm{P}(A\cap X)=\frac{2}{12}=\frac{1}{6}$

그런데 사건 A와 X가 독립이므로

$\mathrm{P}(A\cap X)=\mathrm{P}(A)\mathrm{P}(X)$, $\frac{1}{6}=\frac{1}{4}\mathrm{P}(X)$

$\therefore \mathrm{P}(X)=\frac{2}{3}=\frac{8}{12}$

따라서 사건 X의 원소는 8개이다. 이 중 A의 원소가 2개이므로 X의 개수는 A에서 2개, A^C에서 6개를 택하는 경우의 수이다.

$\therefore {}_3\mathrm{C}_2\times{}_9\mathrm{C}_6=3\times84=252$ 답 252

20

[전략] $(m, n)=(3, 0), (2, 1), (1, 2), (0, 3)$이다. 이 중 $i^{|m-n|}=-i$를 만족시키는 것을 찾는다.

3번 던지므로

$(m, n)=(3, 0), (2, 1), (1, 2), (0, 3)$

이 중 $i^{|m-n|}=-i$인 경우는 $(3, 0)$, $(0, 3)$

(i) $(3, 0)$일 때 확률은 ${}_3\mathrm{C}_3\left(\frac{1}{4}\right)^3\left(\frac{3}{4}\right)^0=\frac{1}{64}$

(ii) $(0, 3)$일 때 확률은 ${}_3\mathrm{C}_0\left(\frac{1}{4}\right)^0\left(\frac{3}{4}\right)^3=\frac{27}{64}$

(i), (ii)에서 $\frac{1}{64}+\frac{27}{64}=\frac{7}{16}$ 답 ②

Note

$i^{4k+3}=-i$ (k는 정수)이므로

$|m-n|=3$, $m-n=\pm3$임을 이용해도 된다.

21

[전략] 앞면이 5번 이상 나오면 조건 (나)가 성립함을 이용한다.

(i) 앞면이 3번 나오는 경우

앞면 3개, 뒷면 4개를 일렬로 나열하는 경우의 수는

${}_7\mathrm{C}_3=35$

앞면이 연속하여 나오지 않는 경우는

∨ ㉮ ∨ ㉮ ∨ ㉮ ∨ ㉮ ∨

뒷면의 사이사이와 양 끝 5곳 중 3곳에 앞면이 하나씩만 나오는 경우이므로 경우의 수는 ${}_5\mathrm{C}_3=10$

따라서 확률은 $(35-10)\times\left(\frac{1}{2}\right)^7=\frac{25}{2^7}$

(ii) 앞면이 4번 나오는 경우

앞면 4개, 뒷면 3개를 나열하는 경우의 수는

${}_7\mathrm{C}_4=35$

앞면이 연속하여 나오지 않는 경우는
앞면과 뒷면이 번갈아 나오는 경우이므로 경우의 수는 1
따라서 확률은 $(35-1)\times\left(\frac{1}{2}\right)^7=\frac{34}{2^7}$

(iii) 앞면이 5번 이상 나오는 경우
조건 (나)를 항상 만족시키므로 경우의 수는
$_7C_5+_7C_6+_7C_7=29$
따라서 확률은 $\frac{29}{2^7}$

(i)~(iii)에서 $\frac{25}{2^7}+\frac{34}{2^7}+\frac{29}{2^7}=\frac{11}{16}$ 답 ①

22

[전략] 동전을 6번 던지므로 $a=6$이고 b는 뒷면이 나온 횟수이다.

6번 던지면 $a=6$이고 b는 뒷면이 나온 횟수이다.
$a+b$가 3의 배수이므로 $b=0,\ 3,\ 6$이다.
(i) $b=0$일 때, 앞면은 6번, 뒷면은 0번 나오므로
확률은 $_6C_6\left(\frac{1}{2}\right)^6\left(\frac{1}{2}\right)^0=\frac{1}{64}$
(ii) $b=3$일 때 앞면은 3번, 뒷면은 3번 나오므로
확률은 $_6C_3\left(\frac{1}{2}\right)^3\left(\frac{1}{2}\right)^3=\frac{20}{64}$
(iii) $b=6$일 때, 앞면은 0번, 뒷면은 6번 나오므로
확률은 $_6C_0\left(\frac{1}{2}\right)^0\left(\frac{1}{2}\right)^6=\frac{1}{64}$
(i)~(iii)에서 $a+b$가 3의 배수일 확률은
$\frac{1}{64}+\frac{20}{64}+\frac{1}{64}=\frac{11}{32}$ 답 $\frac{11}{32}$

23

[전략] 5 이상의 눈이 나오는 횟수를 x라 하고
두 점 A, B 사이의 거리를 x로 나타낸다.

5 이상의 눈이 나오는 횟수를 x라 하면 4 이하의 눈이 나오는 횟수는 $5-x$이므로
A의 위치는 $2x-2(5-x)=4x-10$
B의 위치는 $-x+(5-x)=5-2x$
이때 A, B 사이의 거리는
$|(4x-10)-(5-2x)|=|6x-15|$
따라서 $|6x-15|\le3$이면
$-3\le6x-15\le3$, 곧 $2\le x\le3$
주사위를 던져 5 이상의 눈이 나올 확률은 $\frac{2}{6}=\frac{1}{3}$이므로
두 점 A, B 사이의 거리가 3 이하일 확률은
$_5C_2\left(\frac{1}{3}\right)^2\left(\frac{2}{3}\right)^3+_5C_3\left(\frac{1}{3}\right)^3\left(\frac{2}{3}\right)^2=\frac{40}{81}$ 답 $\frac{40}{81}$

24

[전략] 우선 1명이 A대학교에 수시모집 또는 정시모집에 합격할 확률을 구한다.

수시모집에서 합격하거나, 수시모집에서 불합격하고 정시모집에서 합격해야 하므로 한 학생이 합격할 확률은
$\frac{1}{2}+\frac{1}{2}\times\frac{1}{3}=\frac{2}{3}$
따라서 3명 중 2명이 합격할 확률은
$_3C_2\left(\frac{2}{3}\right)^2\left(\frac{1}{3}\right)=\frac{4}{9}$ 답 ①

25

[전략] 두 주사위 눈의 수가 같고, 동전 앞면과 뒷면의 횟수가 같을 확률과
두 주사위 눈의 수가 다르고, 동전 앞면과 뒷면의 횟수가 같을 확률을 각각 구한다.

동전의 앞면이 나온 횟수와 동전의 뒷면이 나온 횟수가 같은 사건을 A, 동전을 4번 던지는 사건을 B라 하자.
(i) 두 주사위 눈의 수가 같을 확률은 $\frac{6}{36}=\frac{1}{6}$
이때 동전을 4번 던지므로 앞면과 뒷면이 나온 횟수가 같을 확률은
$_4C_2\left(\frac{1}{2}\right)^2\left(\frac{1}{2}\right)^2=\frac{3}{8}$
따라서 두 주사위 눈의 수가 같고, 동전 앞면과 뒷면이 나온 횟수가 같을 확률은
$\mathrm{P}(A\cap B)=\frac{1}{6}\times\frac{3}{8}=\frac{1}{16}$
(ii) 두 주사위 눈의 수가 다를 확률은 $\frac{5}{6}$이다.
이때 동전을 2번 던지므로 앞면과 뒷면이 나온 횟수가 같을 확률은
$_2C_1\left(\frac{1}{2}\right)\left(\frac{1}{2}\right)=\frac{1}{2}$
따라서 두 주사위 눈의 수가 다르고, 동전 앞면과 뒷면이 나온 횟수가 같을 확률은
$\mathrm{P}(A\cap B^C)=\frac{5}{6}\times\frac{1}{2}=\frac{5}{12}$
(i), (ii)에서
$\mathrm{P}(A)=\mathrm{P}(A\cap B)+\mathrm{P}(A\cap B^C)=\frac{1}{16}+\frac{5}{12}=\frac{23}{48}$
$\therefore \mathrm{P}(B|A)=\frac{\mathrm{P}(B\cap A)}{\mathrm{P}(A)}=\frac{\frac{1}{16}}{\frac{23}{48}}=\frac{3}{23}$ 답 ①

26

[전략] x좌표나 y좌표가 3이면 시행을 멈추므로
A의 y좌표가 3이면 이때 x좌표는 0, 1, 2이다.

A의 y좌표가 3일 때 멈추므로 멈출 때 가능한 A의 좌표는 $(0,\ 3)$, $(1,\ 3)$, $(2,\ 3)$이다.
(i) $\mathrm{A}(0,\ 3)$일 때
뒷면만 3번 나왔으므로 확률은
$_3C_0\left(\frac{1}{2}\right)^0\left(\frac{1}{2}\right)^3=\frac{1}{8}$

(ii) A(1, 3)일 때

앞면 1번, 뒷면 2번이 나오고 네 번째 시행에서 뒷면이 나와야 하므로 확률은

$${}_3C_1\left(\frac{1}{2}\right)^1\left(\frac{1}{2}\right)^2\times\frac{1}{2}=\frac{3}{16}$$

(iii) A(2, 3)일 때

앞면 2번, 뒷면 2번이 나오고 다섯 번째 시행에서 뒷면이 나와야 하므로 확률은

$${}_4C_2\left(\frac{1}{2}\right)^2\left(\frac{1}{2}\right)^2\times\frac{1}{2}=\frac{3}{16}$$

따라서 확률은 $\dfrac{\frac{3}{16}}{\frac{1}{8}+\frac{3}{16}+\frac{3}{16}}=\dfrac{3}{8}$ 답 ③

27

[전략] A에서 B로 가기 위해 지나야 하는 점부터 찾는다.

동전을 6번 던져서 P가 A에서 B로 이동하려면 앞면이 3번, 뒷면이 3번 나와야 하므로 확률은

$${}_6C_3\left(\frac{1}{2}\right)^3\left(\frac{1}{2}\right)^3=\frac{5}{16}$$

P가 제3사분면을 지나기 위해서는 Q$(-2, -2)$ 또는 R$(-1, -1)$을 지나야 한다.

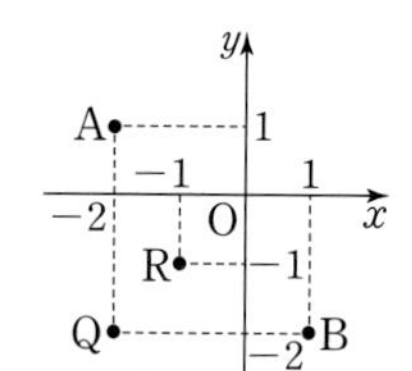

(i) Q를 지날 때

처음 3번의 시행에서 뒷면이 3번 나오고, 다음 3번의 시행에서 앞면이 3번 나오므로 확률은

$${}_3C_0\left(\frac{1}{2}\right)^3\times{}_3C_3\left(\frac{1}{2}\right)^3=\frac{1}{64}$$

(ii) R를 지날 때

처음 3번의 시행에서 앞면이 1번, 뒷면이 2번 나오고, 다음 3번의 시행에서 앞면이 2번, 뒷면이 1번 나오므로 확률은

$${}_3C_1\left(\frac{1}{2}\right)^1\left(\frac{1}{2}\right)^2\times{}_3C_2\left(\frac{1}{2}\right)^2\left(\frac{1}{2}\right)^1=\frac{9}{64}$$

(i), (ii)에서 P가 A에서 B로 이동하고 제3사분면을 지날 확률은

$$\frac{1}{64}+\frac{9}{64}=\frac{5}{32}$$

따라서 확률은 $\dfrac{\frac{5}{32}}{\frac{5}{16}}=\dfrac{1}{2}$ 답 ④

28

[전략] A에서 흰 구슬 2개, B에서 검은 구슬 2개를 꺼낼 확률을 구해야 하므로 A, B를 각각 두 번씩 선택해야 한다.

주사위를 한 번 던질 때, A에서 구슬을 꺼낼 확률은 $\frac{1}{3}$이고 B에서 구슬을 꺼낼 확률은 $\frac{2}{3}$이다.

따라서 주사위를 4번 던질 때, A에서 2번, B에서 2번 구슬을 꺼낼 확률은

$${}_4C_2\left(\frac{1}{3}\right)^2\left(\frac{2}{3}\right)^2=\frac{8}{27}$$

A에서 구슬을 2번 꺼낼 때, 모두 흰 구슬을 꺼낼 확률은

$$\frac{2}{3}\times\frac{1}{2}=\frac{1}{3}$$

B에서 구슬을 2번 꺼낼 때, 모두 검은 구슬을 꺼낼 확률은

$$\frac{2}{3}\times\frac{1}{2}=\frac{1}{3}$$

따라서 확률은 $\frac{8}{27}\times\frac{1}{3}\times\frac{1}{3}=\frac{8}{243}$ 답 $\frac{8}{243}$

29

[전략] A를 선택할 때, 흰 공 3개, 검은 공 1개일 확률과 B를 선택할 때, 흰 공 3개, 검은 공 1개일 확률부터 구한다.

흰 공이 3개, 검은 공이 1개일 사건을 E, 주머니 B를 선택하는 사건을 B라 하자.

(i) A를 선택하고 흰 공 3개, 검은 공 1개를 꺼낼 확률은

$$P(B^C\cap E)=\frac{1}{2}\times{}_4C_3\left(\frac{2}{5}\right)^3\left(\frac{3}{5}\right)^1=\frac{48}{625}$$

(ii) B를 선택하고 흰 공 3개, 검은 공 1개를 꺼낼 확률은

$$P(B\cap E)=\frac{1}{2}\times{}_4C_3\left(\frac{3}{5}\right)^3\left(\frac{2}{5}\right)^1=\frac{108}{625}$$

(i), (ii)에서

$$P(E)=P(B^C\cap E)+P(B\cap E)=\frac{48}{625}+\frac{108}{625}=\frac{156}{625}$$

$$\therefore P(B|E)=\frac{P(B\cap E)}{P(E)}=\frac{\frac{108}{625}}{\frac{156}{625}}=\frac{9}{13}$$ 답 $\frac{9}{13}$

30

[전략] 사은품 A를 받을 확률은 4회까지 A 쿠폰을 2장 받고, 5회째 A 쿠폰을 받을 확률이다. B, C를 받을 확률도 각각 구한다.

(i) 5회 입장 후 사은품 A를 받을 확률

4회까지 A가 2번 나오고 5회에 A가 나올 확률이므로

$${}_4C_2\left(\frac{1}{6}\right)^2\left(\frac{5}{6}\right)^2\times\frac{1}{6}=\frac{25}{6^4}$$

(ii) 5회 입장 후 사은품 B를 받을 확률

4회까지 B가 2번 나오고 5회에 B가 나올 확률이므로

$${}_4C_2\left(\frac{2}{6}\right)^2\left(\frac{4}{6}\right)^2\times\frac{2}{6}=\frac{128}{6^4}$$

(iii) 5회 입장 후 사은품 C를 받을 확률

4회까지 C가 2번 나오고 5회에 C가 나올 확률이므로

$${}_4C_2\left(\frac{3}{6}\right)^2\left(\frac{3}{6}\right)^2\times\frac{3}{6}=\frac{243}{6^4}$$

(i)~(iii)에서 사은품을 받을 확률은 $\frac{25}{6^4}+\frac{128}{6^4}+\frac{243}{6^4}=\frac{396}{6^4}$

따라서 사은품 A를 받았을 확률은 $\dfrac{\frac{25}{6^4}}{\frac{396}{6^4}}=\dfrac{25}{396}$ 답 ④

step C 최상위 문제 49~50쪽

01 ④	02 15, 16, 17	03 $\frac{78}{125}$	04 ③
05 ③	06 ④	07 ②	08 $\frac{2}{9}$

01

[전략] 2묶음씩 만드는 경우의 수부터 구한다.

3개씩 묶는 방법은 다음 2가지이다.

(i) 300 g 사과 3개와 300 g 사과 1개, 250 g 사과 2개를 묶는 경우이므로 경우의 수는 ${}_4C_3=4$

(ii) 300 g 사과 2개와 250 g 사과 1개씩 묶는 경우이므로 경우의 수는 ${}_4C_2\times{}_2C_1=12$

따라서 확률은 $\frac{12}{4+12}=\frac{3}{4}$ 답 ④

02

[전략] $n=3k$, $3k+1$, $3k+2$일 때 가능한 3의 배수 b는 $3, 6, \cdots, 3k$이다. 이때 가능한 (a, b)의 개수부터 구한다.

$n=3k$일 때, 3의 배수인 $b=3, 6, 9, \cdots, 3k$

$b=3$일 때, $a=1, 2, 3$

$b=6$일 때, $a=1, 2, \cdots, 6$

⋮

$b=3k$일 때, $a=1, 2, \cdots, 3k$

이므로 순서쌍 (a, b)의 개수는

$$3+6+9+\cdots+3k=3(1+2+3+\cdots+k)$$
$$=\frac{3}{2}k(k+1)$$

이 중 $a=b$인 쌍은 k개이므로 조건에서

$$\frac{k}{\frac{3}{2}k(k+1)}=\frac{1}{9},\ \frac{1}{k+1}=\frac{1}{6}$$

$\therefore k=5$

$n=3k+1$, $n=3k+2$일 때에도 $b=3, 6, \cdots, 3k$이므로 성립한다.

$\therefore n=15, 16, 17$ 답 15, 16, 17

03

[전략] 앞면이 3개, 뒷면이 2개일 때 시행을 한 번 하면 가능한 경우는 (앞면의 개수, 뒷면의 개수)가 $(3, 2)$, $(1, 4)$, $(5, 0)$이다.

앞면이 보이는 동전의 개수가 a, 뒷면이 보이는 동전의 개수가 b일 때, 가능한 (a, b)를 표로 나타내면 다음과 같다.

	시행		시행		시행		확률
(3, 2)	⇨	(3, 2)	⇨	(3, 2)	⇨	(3, 2)	(i)
				(5, 0)			(ii)
				(1, 4)			(iii)
	⇨	(5, 0)	⇨	(3, 2)	⇨		(iv)
	⇨	(1, 4)	⇨	(3, 2)	⇨		(v)
				(1, 4)			(vi)

이때 앞면, 뒷면의 개수가 바뀌지 않는 경우는 앞면인 동전 중에서 한 개, 뒷면인 동전 중에서 한 개를 뽑는 확률이다.

따라서 (i)~(vi)의 확률은 각각

(i) $\frac{{}_3C_1\times{}_2C_1}{{}_5C_2}\times\frac{{}_3C_1\times{}_2C_1}{{}_5C_2}\times\frac{{}_3C_1\times{}_2C_1}{{}_5C_2}=\frac{27}{125}$

(ii) $\frac{{}_3C_1\times{}_2C_1}{{}_5C_2}\times\frac{{}_2C_2}{{}_5C_2}\times1=\frac{3}{50}$

(iii) $\frac{{}_3C_1\times{}_2C_1}{{}_5C_2}\times\frac{{}_3C_2}{{}_5C_2}\times\frac{{}_4C_2}{{}_5C_2}=\frac{27}{250}$

(iv) $\frac{{}_2C_2}{{}_5C_2}\times1\times\frac{{}_3C_1\times{}_2C_1}{{}_5C_2}=\frac{3}{50}$

(v) $\frac{{}_3C_2}{{}_5C_2}\times\frac{{}_4C_2}{{}_5C_2}\times\frac{{}_3C_1\times{}_2C_1}{{}_5C_2}=\frac{27}{250}$

(vi) $\frac{{}_3C_2}{{}_5C_2}\times\frac{{}_1C_1\times{}_4C_1}{{}_5C_2}\times\frac{{}_4C_2}{{}_5C_2}=\frac{9}{125}$

(i)~(vi)에서 확률은

$$\frac{27}{125}+\frac{3}{50}+\frac{27}{250}+\frac{3}{50}+\frac{27}{250}+\frac{9}{125}=\frac{78}{125}$$ 답 $\frac{78}{125}$

04

[전략] B가 주사위를 가지기 위해서는 시계 방향으로 몇 번, 시계 반대 방향으로 몇 번 움직이는지부터 구한다.

5번 시행 후 B가 주사위를 가지고 있기 위해서는 시계 방향으로 3번, 시계 반대 방향으로 2번 이동하거나 시계 반대 방향으로 5번 이동해야 한다.

시계 방향으로 3번, 시계 반대 방향으로 2번 이동하는 확률은

$${}_5C_3\left(\frac{1}{3}\right)^3\left(\frac{2}{3}\right)^2=\frac{40}{243}$$

시계 반대 방향으로 5번 이동하는 확률은

$$\left(\frac{2}{3}\right)^5=\frac{32}{243}$$

따라서 확률은 $\frac{40}{243}+\frac{32}{243}=\frac{8}{27}$ 답 ③

05

[전략] 5회 시행 후 가능한 상자 B에 들어 있는 공은 7개이다. 따라서 각 시행 후 상자 B에 들어 있는 공의 개수를 이용하여 가능한 경우를 생각한다.

6번째 시행 후 처음으로 상자 B의 공이 8개이면

5회 시행 후 B의 공은 7개이다.

또 4회 시행 후 B의 공은 6개이다.

따라서 4회까지 동전의 앞면이 2번, 뒷면이 2번 나온다.

그런데 앞면이 2번 먼저 나오면 상자 B의 공이 8개이므로 (앞, 앞, 뒤, 뒤)인 경우는 빼야 한다.

각 시행에서 동전의 앞면과 뒷면이 나올 확률은 각각 $\frac{1}{2}$이므로

구하는 확률은

$$({}_4C_2-1)\times\left(\frac{1}{2}\right)^4\times\frac{1}{2}\times\frac{1}{2}=\frac{5}{64}$$ 답 ③

Note

각 시행에서 가능한 상자 B의 공의 개수를 조사하면 다음과 같다.

$$6\begin{cases}5\begin{cases}4-5-6-7-8\\6\begin{cases}5-6-7-8\\7-6-7-8\end{cases}\end{cases}\\7-6\begin{cases}5-6-7-8\\7-6-7-8\end{cases}\end{cases}$$

06

[전략] $\mathrm{P}(k)={}_{100}\mathrm{C}_k\left(\frac{1}{3}\right)^k\left(\frac{2}{3}\right)^{100-k}$이므로 주어진 식을 전개하고 이항정리를 이용한다.

$\mathrm{P}(k)={}_{100}\mathrm{C}_k\left(\frac{1}{3}\right)^k\left(\frac{2}{3}\right)^{100-k}$이므로

$$\begin{aligned}&\sum_{k=1}^{50}\{\mathrm{P}(2k-1)-\mathrm{P}(2k)\}\\&=\{\mathrm{P}(1)-\mathrm{P}(2)\}+\{\mathrm{P}(3)-\mathrm{P}(4)\}\\&\quad+\cdots+\{\mathrm{P}(99)-\mathrm{P}(100)\}\\&=\sum_{k=1}^{100}\{(-1)^{k+1}\mathrm{P}(k)\}\\&=\sum_{k=1}^{100}\left\{(-1)^{k+1}{}_{100}\mathrm{C}_k\left(\frac{1}{3}\right)^k\left(\frac{2}{3}\right)^{100-k}\right\}\\&=\sum_{k=0}^{100}\left\{(-1)^{k+1}{}_{100}\mathrm{C}_k\left(\frac{1}{3}\right)^k\left(\frac{2}{3}\right)^{100-k}\right\}-(-1)\,{}_{100}\mathrm{C}_0\left(\frac{2}{3}\right)^{100}\\&=-\left(-\frac{1}{3}+\frac{2}{3}\right)^{100}+\left(\frac{2}{3}\right)^{100}\\&=\left(\frac{2}{3}\right)^{100}-\left(\frac{1}{3}\right)^{100}\end{aligned}$$

답 ④

07

[전략] 두 번째 시행에서 A에 흰 공이 있을 확률은 첫 번째 시행 후 A에 흰 공이 있을 때와 없을 때로 나누어 생각해야 한다.

n번째 시행에서 A에 흰 공이 있을 확률을 p_n이라 하자.

(i) 첫 번째 시행에서 A에 흰 공이 있을 확률

A에서 검은 공을 꺼내거나 A에서 흰 공을 꺼내고 B에서 다시 흰 공을 꺼낼 확률이므로

$p_1=\frac{1}{2}+\frac{1}{2}\times\frac{1}{3}=\frac{2}{3}$

(ii) n번째 시행에서

A에 흰 공이 있으면 (i)과 같은 이유로 $(n+1)$번째 시행에서 흰 공이 있을 확률이 $\frac{2}{3}$이고, A에 흰 공이 없으면 A에서 꺼내는 공과 무관하게 B에서 흰 공을 하나 꺼내야 하므로 확률은 $\frac{1}{3}$이다.

$\therefore p_{n+1}=p_n\times\frac{2}{3}+(1-p_n)\times\frac{1}{3}=\frac{1}{3}p_n+\frac{1}{3}$

$n=1, 2, 3$을 대입하면

$p_2=\frac{1}{3}p_1+\frac{1}{3}=\frac{5}{9}$

$p_3=\frac{1}{3}p_2+\frac{1}{3}=\frac{14}{27}$

$p_4=\frac{1}{3}p_3+\frac{1}{3}=\frac{41}{81}$

답 ②

Note

흰 공이 있는 주머니는 다음과 같으므로 각각의 확률을 더해도 된다.

$$\mathrm{A}\begin{cases}\mathrm{A}\begin{cases}\mathrm{A}\begin{cases}\mathrm{A-A}:\frac{2}{3}\times\frac{2}{3}\times\frac{2}{3}\times\frac{2}{3}\\\mathrm{B-A}\end{cases}\\\mathrm{B}\begin{cases}\mathrm{A-A}\\\mathrm{B-A}\end{cases}\end{cases}\\\mathrm{B}\begin{cases}\mathrm{A}\begin{cases}\mathrm{A-A}\\\mathrm{B-A}\end{cases}\\\mathrm{B}\begin{cases}\mathrm{A-A}\\\mathrm{B-A}:\frac{1}{3}\times\frac{2}{3}\times\frac{2}{3}\times\frac{1}{3}\end{cases}\end{cases}\end{cases}$$

\+ ⋮ +

08

[전략] 스티커 3개를 붙여야 나머지가 같은 경우가 생긴다.

시행 전 스티커가 1개, 2개, 3개 붙어 있는 카드를 각각 P, Q, R라 하자.

스티커를 1개나 2개 붙여서는 3으로 나눈 나머지가 같아지지 않으므로 1, 2회 시행에서는 사건 A가 일어나지 않는다.

3회 시행에서 A가 일어나지 않는 경우

(i) P, Q, R 중 한 종류를 3번 뽑는 경우

확률은 $3\times\frac{1}{3}\times\frac{1}{3}\times\frac{1}{3}=\frac{1}{9}$

이때 스티커의 개수를 3으로 나눈 나머지는 0, 1, 2이다.

(ii) P, Q, R를 한 번씩 뽑는 경우

확률은 $3!\times\frac{1}{3}\times\frac{1}{3}\times\frac{1}{3}=\frac{2}{9}$

이때 스티커의 개수를 3으로 나눈 나머지는 0, 1, 2이다.

(iii) P를 2장 뽑는 경우 R를 1장 뽑아야 하므로

확률은 ${}_3\mathrm{C}_2\times\frac{1}{3}\times\frac{1}{3}\times\frac{1}{3}=\frac{1}{9}$

이때 스티커의 개수를 3으로 나눈 나머지는 0, 1, 2이다.

Q나 R를 2장 뽑는 경우도 확률은 모두 $\frac{1}{9}$이고

이때 스티커의 개수를 3으로 나눈 나머지는 0, 1, 2이다.

(i)~(iii)에서 3개 붙일 때 A가 일어나지 않을 확률은

$\frac{1}{9}+\frac{2}{9}+3\times\frac{1}{9}=\frac{2}{3}$이고, 스티커의 개수를 3으로 나눈 나머지는 0, 1, 2이다.

따라서 4, 5회 시행에서는 A가 일어나지 않고,

6회 시행에서 A가 일어날 확률은 $\frac{1}{3}$이다.

따라서 확률은 $\frac{2}{3}\times\frac{1}{3}=\frac{2}{9}$

답 $\frac{2}{9}$

Ⅲ. 통계

05. 확률분포

step A 기본 문제 53~57쪽

01 ③	**02** ⑤	**03** 10	**04** ②	**05** ⑤
06 37	**07** $\frac{22}{15}$	**08** 24	**09** ②	**10** ⑤
11 5	**12** ②	**13** ①	**14** ④	**15** ③
16 ②	**17** 5	**18** 920	**19** ③	**20** ①
21 ④	**22** ①	**23** ③	**24** 155	**25** ③
26 ④	**27** ④	**28** ⑤	**29** ⑤	**30** ④
31 ⑤	**32** ②	**33** ⑤	**34** 110	

01

확률변수 X의 확률질량함수에서 확률의 합은 1이므로

$$P(X=1)+P(X=2)+\cdots+P(X=10)=1$$

이때 $\frac{1}{x(x+1)}=\frac{1}{x}-\frac{1}{x+1}$이므로

$$k\left(\frac{1}{1\times2}+\frac{1}{2\times3}+\cdots+\frac{1}{10\times11}\right)$$
$$=k\left\{\left(1-\frac{1}{2}\right)+\left(\frac{1}{2}-\frac{1}{3}\right)+\cdots+\left(\frac{1}{10}-\frac{1}{11}\right)\right\}$$
$$=k\left(1-\frac{1}{11}\right)=\frac{10}{11}k=1$$

$\therefore k=\frac{11}{10}$ 답 ③

02

$P(X=-1)=1-P(0\le X\le2)=1-\frac{7}{8}=\frac{1}{8}$이므로

$\frac{3-a}{8}=\frac{1}{8}$ $\quad\therefore a=2$

$\therefore E(X)=-1\times\frac{1}{8}+0\times\frac{1}{8}+1\times\frac{5}{8}+2\times\frac{1}{8}=\frac{3}{4}$

답 ⑤

03

$\sum_{k=1}^{n}P(X=k)=c\sum_{k=1}^{n}k=c\times\frac{n(n+1)}{2}=1$이므로

$$c=\frac{2}{n(n+1)}$$

또 $V(X)=E(X^2)-\{E(X)\}^2$이므로

$$V(X)=\sum_{k=1}^{n}\{k^2\times(ck)\}-\left\{\sum_{k=1}^{n}(k\times ck)\right\}^2$$
$$=c\sum_{k=1}^{n}k^3-\left(c\sum_{k=1}^{n}k^2\right)^2$$
$$=c\left\{\frac{n(n+1)}{2}\right\}^2-\left\{c\times\frac{n(n+1)(2n+1)}{6}\right\}^2$$

이 식에 $c=\frac{2}{n(n+1)}$를 대입하여 정리하면

$$V(X)=\frac{n(n+1)}{2}-\frac{(2n+1)^2}{9}$$

$\sigma(X)=\sqrt{6}$이므로 $V(X)=6$

곧, $\frac{n(n+1)}{2}-\frac{(2n+1)^2}{9}=6$이므로

$$n^2+n-110=0,\ (n+11)(n-10)=0$$

n은 자연수이므로 $n=10$ 답 10

04

$E(X)=10$, $V(X)=16$이므로

$$E(Y)=E(aX+b)=aE(X)+b$$
$$=10a+b=9 \quad\cdots ❶$$
$$V(Y)=V(aX+b)=a^2V(X)$$
$$=16a^2=4$$

$a^2=\frac{1}{4}$, $a=\pm\frac{1}{2}$

$a>0$이므로 $a=\frac{1}{2}$

$a=\frac{1}{2}$을 ❶에 대입하면 $10\times\frac{1}{2}+b=9$ $\quad\therefore b=4$

$\therefore ab=\frac{1}{2}\times4=2$ 답 ②

05

확률의 합은 1이므로

$\frac{1}{4}+a+2a=1$ $\quad\therefore a=\frac{1}{4}$

이때 $E(X)=0\times\frac{1}{4}+1\times\frac{1}{4}+2\times\frac{1}{2}=\frac{5}{4}$이므로

$E(4X+10)=4E(X)+10=15$ 답 ⑤

06

주머니 안에 있는 구슬의 개수는

$$1+2+3+\cdots+10=\frac{10\times11}{2}=55$$

따라서 X의 확률분포를 표로 나타내면 다음과 같다.

X	1	2	3	$\cdots$	10	합계
$P(X=x)$	$\frac{1}{55}$	$\frac{2}{55}$	$\frac{3}{55}$	$\cdots$	$\frac{10}{55}$	1

$$\therefore E(X)=\sum_{i=1}^{10}\left(i\times\frac{i}{55}\right)=\frac{1}{55}\sum_{i=1}^{10}i^2$$
$$=\frac{1}{55}\times\frac{10\times11\times21}{6}$$
$$=7$$

$\therefore E(5X+2)=5E(X)+2=37$ 답 37

07

주머니에서 공 2개를 꺼내는 경우의 수는 ${}_6C_2=15$

(i) 최솟값이 3일 때,

3이 적힌 공 2개를 꺼내야 하므로 $P(X=3)=\frac{1}{15}$

(ii) 최솟값이 2일 때,

전체 경우에서 2 또는 3이 적힌 공 4개 중 2개를 꺼내는 경우에서 3이 적힌 공 2개를 꺼내는 경우를 빼면

$$P(X=2)=\frac{{}_4C_2-1}{15}=\frac{5}{15}$$

(iii) 최솟값이 1일 때,

$$P(X=1)=1-\left(\frac{1}{15}+\frac{5}{15}\right)=\frac{9}{15}$$

따라서 X의 확률분포를 표로 나타내면 다음과 같다.

X	1	2	3	합계
$P(X=x)$	$\frac{9}{15}$	$\frac{5}{15}$	$\frac{1}{15}$	1

$$\therefore E(X)=1\times\frac{9}{15}+2\times\frac{5}{15}+3\times\frac{1}{15}=\frac{22}{15}$$ 답 $\frac{22}{15}$

08

앞면이 보이는 동전 3개 중 a개를 뒤집었다고 하자.

(i) $a=0$일 때, $X=6$이고

$$P(X=6)=\frac{{}_3C_0\times{}_4C_3}{{}_7C_3}=\frac{4}{35}$$

(ii) $a=1$일 때, $X=4$이고

$$P(X=4)=\frac{{}_3C_1\times{}_4C_2}{{}_7C_3}=\frac{18}{35}$$

(iii) $a=2$일 때, $X=2$이고

$$P(X=2)=\frac{{}_3C_2\times{}_4C_1}{{}_7C_3}=\frac{12}{35}$$

(iv) $a=3$일 때, $X=0$이고

$$P(X=0)=\frac{{}_3C_3\times{}_4C_0}{{}_7C_3}=\frac{1}{35}$$

따라서 X의 확률분포를 표로 나타내면 다음과 같다.

X	0	2	4	6	합계
$P(X=x)$	$\frac{1}{35}$	$\frac{12}{35}$	$\frac{18}{35}$	$\frac{4}{35}$	1

$$\therefore E(X)=0\times\frac{1}{35}+2\times\frac{12}{35}+4\times\frac{18}{35}+6\times\frac{4}{35}=\frac{24}{7}$$

$$\therefore E(7X)=7E(X)=24$$ 답 24

09

$\angle P_nOP_{n+1}=\frac{1}{6}\times\frac{\pi}{2}=\frac{\pi}{12}$ $(n=0, 1, \cdots, 5)$이므로

(i) $P=P_1$ 또는 $P=P_5$일 때,

두 부채꼴 OP_1A, OP_1B(또는 부채꼴 OP_5A, OP_5B)의 넓이는 각각

$$\frac{1}{2}\times1\times\frac{\pi}{12}=\frac{\pi}{24},\ \frac{1}{2}\times1\times\frac{5}{12}\pi=\frac{5}{24}\pi$$

이므로 넓이의 차는 $\frac{\pi}{6}$이다.

$$\therefore P\left(X=\frac{\pi}{6}\right)=\frac{2}{5}$$

(ii) $P=P_2$ 또는 $P=P_4$인 경우

두 부채꼴 OP_2A, OP_2B(또는 부채꼴 OP_4A, OP_4B)의 넓이는 각각

$$\frac{1}{2}\times1\times\frac{2}{12}\pi=\frac{\pi}{12},\ \frac{1}{2}\times1\times\frac{4}{12}\pi=\frac{\pi}{6}$$

이므로 넓이의 차는 $\frac{\pi}{12}$이다.

$$\therefore P\left(X=\frac{\pi}{12}\right)=\frac{2}{5}$$

(iii) $P=P_3$일 때, 두 부채꼴 OP_3A, OP_3B의 넓이는 같다.

$$\therefore P(X=0)=\frac{1}{5}$$

따라서 X의 확률분포를 표로 나타내면 다음과 같다.

X	0	$\frac{\pi}{12}$	$\frac{\pi}{6}$	합계
$P(X=x)$	$\frac{1}{5}$	$\frac{2}{5}$	$\frac{2}{5}$	1

$$\therefore E(X)=0\times\frac{1}{5}+\frac{\pi}{12}\times\frac{2}{5}+\frac{\pi}{6}\times\frac{2}{5}=\frac{\pi}{10}$$ 답 ②

10

X의 값은 1, 2, 3, 4, 5, 6이다.

두 주사위의 눈의 수를 순서쌍 (a, b)로 나타내자.

최댓값이 k $(k=1, 2, 3, \cdots, 6)$이면 가능한 순서쌍은

$(k, 1), (k, 2), \cdots, (k, k-1), (k, k)$

$(1, k), (2, k), \cdots, (k-1, k)$

이므로 개수는 $2k-1$이다.

곧, $P(X=k)=\frac{2k-1}{36}$이므로

$$E(X)=\sum_{k=1}^{6}kP(X=k)=\sum_{k=1}^{6}\frac{2k^2-k}{36}$$
$$=\frac{1}{36}\left(2\sum_{k=1}^{6}k^2-\sum_{k=1}^{6}k\right)$$
$$=\frac{1}{36}\left(2\times\frac{6\times7\times13}{6}-\frac{6\times7}{2}\right)$$
$$=\frac{161}{36}$$

$$\therefore E(6X)=6E(X)=\frac{161}{6}$$ 답 ⑤

Note

$k\geq2$일 때 최댓값이 k인 순서쌍 (a, b)의 개수는

a와 b가 k 이하인 순서쌍 (a, b)의 개수에서 a와 b가 $k-1$ 이하인 순서쌍 (a, b)의 개수를 뺀 값이므로 $k^2-(k-1)^2=2k-1$

11

X의 값은 $2+4+6+8=20$에서 2, 4, 6, 8을 뺀 값이다.

따라서 X의 확률분포를 표로 나타내면 다음과 같다.

X	12	14	16	18	합계
$P(X=x)$	$\frac{1}{4}$	$\frac{1}{4}$	$\frac{1}{4}$	$\frac{1}{4}$	1

$$\therefore E(X)=12\times\frac{1}{4}+14\times\frac{1}{4}+16\times\frac{1}{4}+18\times\frac{1}{4}=15$$

$$V(X)=(12-15)^2\times\frac{1}{4}+(14-15)^2\times\frac{1}{4}+(16-15)^2\times\frac{1}{4}+(18-15)^2\times\frac{1}{4}$$
$$=5$$ 답 5

Note
$V(X)=E(X^2)-\{E(X)\}^2$이므로 다음을 계산해도 된다.

$$V(X)=12^2\times\frac{1}{4}+14^2\times\frac{1}{4}+16^2\times\frac{1}{4}+18^2\times\frac{1}{4}-15^2$$

12

X의 값은 0, 1, 3이다.

(i) $X=0$일 때,
(앞, 뒤, 앞) 또는 (뒤, 앞, 뒤)가 나온 경우이므로

$$P(X=0)=2\times\left(\frac{1}{2}\times\frac{1}{2}\times\frac{1}{2}\right)=\frac{1}{4}$$

(ii) $X=1$일 때,
(앞, 앞, 뒤) 또는 (뒤, 앞, 앞) 또는 (앞, 뒤, 뒤) 또는 (뒤, 뒤, 앞)이 나온 경우이므로

$$P(X=1)=4\times\left(\frac{1}{2}\times\frac{1}{2}\times\frac{1}{2}\right)=\frac{1}{2}$$

(iii) $X=3$일 때,
(앞, 앞, 앞) 또는 (뒤, 뒤, 뒤)가 나온 경우이므로

$$P(X=3)=2\times\left(\frac{1}{2}\times\frac{1}{2}\times\frac{1}{2}\right)=\frac{1}{4}$$

따라서 X의 확률분포를 표로 나타내면 다음과 같다.

X	0	1	3	합계
$P(X=x)$	$\frac{1}{4}$	$\frac{1}{2}$	$\frac{1}{4}$	1

$$\therefore E(X)=0\times\frac{1}{4}+1\times\frac{1}{2}+3\times\frac{1}{4}=\frac{5}{4}$$

$$\therefore V(X)=0^2\times\frac{1}{4}+1^2\times\frac{1}{2}+3^2\times\frac{1}{4}-\left(\frac{5}{4}\right)^2$$

$$=\frac{11}{4}-\frac{25}{16}=\frac{19}{16}$$

답 ②

13

X가 이항분포 $B(200, p)$를 따르고, $E(X)=40$이므로

$$200\times p=40 \qquad \therefore p=\frac{1}{5}$$

$$\therefore V(X)=200\times\frac{1}{5}\times\frac{4}{5}=32$$

답 ①

14

X가 이항분포 $B(9, p)$를 따르므로

$E(X)=9p$,

$V(X)=9p(1-p)=-9p^2+9p$

$\{E(X)\}^2=V(X)$이므로

$81p^2=-9p^2+9p$, $9p(10p-1)=0$

$0<p<1$이므로 $p=\frac{1}{10}$

답 ④

15

X가 이항분포 $B(n, p)$를 따르므로

$E(X)=np$, $V(X)=np(1-p)$

$E(3X+1)=11$에서 $3E(X)+1=11$이므로

$3np+1=11$

$\therefore np=\frac{10}{3}$ … ❶

$V(3X+1)=20$에서 $3^2V(X)=20$이므로

$3^2np(1-p)=20$ … ❷

❶을 ❷에 대입하면 $30(1-p)=20$ $\quad\therefore p=\frac{1}{3}$

$p=\frac{1}{3}$을 ❶에 대입하면 $n=10$

$$\therefore n+p=\frac{31}{3}$$

답 ③

16

각 모둠에서 남학생만 2명이 선택될 확률은

$$\frac{{}_3C_2}{{}_5C_2}=\frac{3}{10}$$

모둠이 10개이므로 X는 이항분포 $B\left(10, \frac{3}{10}\right)$을 따른다.

$$\therefore E(X)=10\times\frac{3}{10}=3$$

답 ②

17

$m=1$ 또는 $m=2$일 때, $f(m)>0$이므로

$$P(A)=\frac{2}{6}=\frac{1}{3}$$

X는 이항분포 $B\left(15, \frac{1}{3}\right)$을 따르므로

$$E(X)=15\times\frac{1}{3}=5$$

답 5

18

확률변수 X는 이항분포 $B\left(90, \frac{1}{3}\right)$을 따르므로

$$E(X)=90\times\frac{1}{3}=30$$

$$V(X)=90\times\frac{1}{3}\times\frac{2}{3}=20$$

$$\therefore E(X^2)=V(X)+\{E(X)\}^2$$

$$=20+30^2=920$$

답 920

19

공 3개에 적힌 수 중 두 수의 합이 나머지 한 수와 같은 경우는

(1, 2, 3), (1, 3, 4), (1, 4, 5), (2, 3, 5)

이므로 확률은 $\frac{4}{{}_5C_3}=\frac{2}{5}$이다.

X는 이항분포 $B\left(25, \frac{2}{5}\right)$를 따르므로

$$E(X)=25\times\frac{2}{5}=10$$

$$V(X)=25\times\frac{2}{5}\times\frac{3}{5}=6$$

$$\therefore E(X^2)=V(X)+\{E(X)\}^2$$

$$=6+10^2=106$$

답 ③

20

$\mathrm{P}(0 \le X \le 10)=1$이므로

$$\frac{1}{2} \times 10 \times b=1 \qquad \therefore b=\frac{1}{5}$$

$\mathrm{P}(0 \le X \le a)=\frac{2}{5}$이므로

$$\frac{1}{2} \times a \times b=\frac{2}{5},\ \frac{1}{10}a=\frac{2}{5} \qquad \therefore a=4$$

$$\therefore a+b=\frac{21}{5}$$

답 ①

21

$\mathrm{P}(0 \le X \le 2)=1$이므로

$$\frac{1}{2} \times \frac{1}{3} \times \frac{3}{4}+\left\{\left(a-\frac{1}{3}\right) \times \frac{3}{4}\right\}+\left\{\frac{1}{2} \times (2-a) \times \frac{3}{4}\right\}=1$$

$$\frac{3}{8}a+\frac{5}{8}=1 \qquad \therefore a=1$$

$$\therefore \mathrm{P}\left(\frac{1}{3} \le X \le a\right)=\mathrm{P}\left(\frac{1}{3} \le X \le 1\right)$$

$$=\left(1-\frac{1}{3}\right) \times \frac{3}{4}=\frac{1}{2}$$

답 ④

22

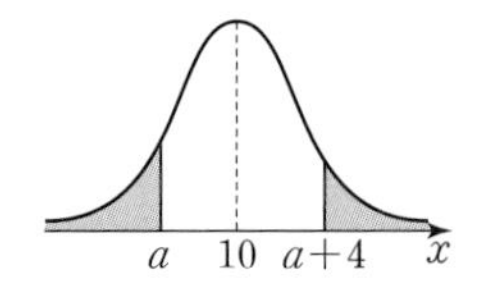

$\mathrm{P}(X \le a)+\mathrm{P}(X \le a+4)=1$이고, 위의 그래프에서
$\mathrm{P}(X \le a+4)+\mathrm{P}(X \ge a+4)=1$이므로

$$\mathrm{P}(X \le a)=\mathrm{P}(X \ge a+4)$$

이때 X의 평균이 10이므로

$$\frac{a+(a+4)}{2}=10 \qquad \therefore a=8$$

답 ①

23

$$\mathrm{P}(m \le X \le m+12)$$
$$=\mathrm{P}\left(\frac{m-m}{\sigma} \le Z \le \frac{(m+12)-m}{\sigma}\right)$$
$$=\mathrm{P}\left(0 \le Z \le \frac{12}{\sigma}\right)$$
$$\mathrm{P}(X \le m-12)=\mathrm{P}\left(Z \le \frac{(m-12)-m}{\sigma}\right)$$
$$=\mathrm{P}\left(Z \le -\frac{12}{\sigma}\right)$$
$$=0.5-\mathrm{P}\left(0 \le Z \le \frac{12}{\sigma}\right)$$

이므로 $\mathrm{P}(m \le X \le m+12)-\mathrm{P}(X \le m-12)=0.3664$에서

$$2\mathrm{P}\left(0 \le Z \le \frac{12}{\sigma}\right)-0.5=0.3664$$
$$\mathrm{P}\left(0 \le Z \le \frac{12}{\sigma}\right)=0.4332$$

표준정규분포표에서 $\mathrm{P}(0 \le Z \le 1.5)=0.4332$이므로

$$\frac{12}{\sigma}=1.5 \qquad \therefore \sigma=8$$

답 ③

24

$\mathrm{P}(X \le 3)=0.3$이므로 $m>3$

그림에서 ①, ② 부분 넓이의 합이 0.5이고 ②, ③ 부분 넓이의 합이 0.3이므로 ② 부분의 넓이는 0.2이고 ③ 부분의 넓이는 0.1이다.

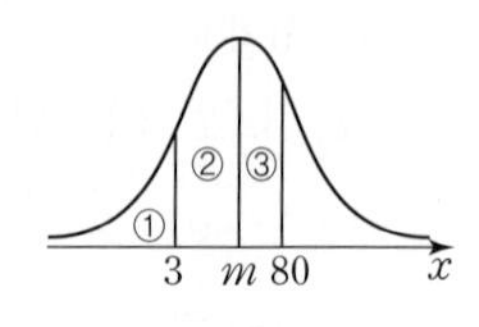

$\mathrm{P}(3 \le X \le m)=0.2$이므로

$$\mathrm{P}\left(\frac{3-m}{\sigma} \le Z \le 0\right)=0.2,\ \mathrm{P}\left(0 \le Z \le \frac{m-3}{\sigma}\right)=0.2$$

$$\frac{m-3}{\sigma}=0.52 \qquad \therefore m=3+0.52\sigma \qquad \cdots ❶$$

또 $\mathrm{P}(m \le X \le 80)=0.1$이므로

$$\mathrm{P}\left(0 \le Z \le \frac{80-m}{\sigma}\right)=0.1$$

$$\frac{80-m}{\sigma}=0.25 \qquad \therefore m=80-0.25\sigma \qquad \cdots ❷$$

❶, ❷에서 $m=55,\ \sigma=100$

$$\therefore m+\sigma=155$$

답 155

25

기부한 쌀의 무게를 확률변수 X라 하면 X는 정규분포 $\mathrm{N}(1.5,\ 0.2^2)$을 따르므로 구하는 확률은

$$\mathrm{P}(1.3 \le X \le 1.8)=\mathrm{P}\left(\frac{1.3-1.5}{0.2} \le Z \le \frac{1.8-1.5}{0.2}\right)$$
$$=\mathrm{P}(-1 \le Z \le 1.5)$$
$$=\mathrm{P}(-1 \le Z \le 0)+\mathrm{P}(0 \le Z \le 1.5)$$
$$=\mathrm{P}(0 \le Z \le 1)+\mathrm{P}(0 \le Z \le 1.5)$$
$$=0.3413+0.4332$$
$$=0.7745$$

답 ③

26

참고서를 구입한 비용을 확률변수 X라 하면 X는 정규분포 $\mathrm{N}(6,\ 2^2)$을 따르므로 구하는 확률은

$$\mathrm{P}(X \ge 4)=\mathrm{P}\left(Z \ge \frac{4-6}{2}\right)=\mathrm{P}(Z \ge -1)$$
$$=0.5+\mathrm{P}(0 \le Z \le 1)$$
$$=0.5+0.3413$$
$$=0.8413$$

답 ④

27

참가자들의 오디션 점수를 확률변수 X라 하면 X는 정규분포 $\mathrm{N}(67,\ 10^2)$을 따른다.

1차 합격자로 2배수인 10명을 선발하므로 1차 합격자의 최저 점수를 a라 하면

$$P(X \ge a)=\frac{10}{500}=0.02$$

이므로

$$P(X \ge a)=P\left(Z \ge \frac{a-67}{10}\right)$$
$$=0.5-P\left(0 \le Z \le \frac{a-67}{10}\right)$$
$$=0.02$$

에서

$$P\left(0 \le Z \le \frac{a-67}{10}\right)=0.48$$

따라서 $\frac{a-67}{10}=2$이므로

$$a=67+10\times 2=87$$

답 ④

28

A 과목의 시험 점수를 확률변수 X, B 과목의 시험 점수를 확률변수 Y라 하면

$P(X \ge 80)=0.09$이므로

$$P(X \ge 80)=P\left(Z \ge \frac{80-m}{\sigma}\right)$$
$$=0.5-P\left(0 \le Z \le \frac{80-m}{\sigma}\right)=0.09$$

에서

$$P\left(0 \le Z \le \frac{80-m}{\sigma}\right)=0.41$$

$$\frac{80-m}{\sigma}=1.34 \qquad \therefore m=80-1.34\sigma \qquad \cdots ❶$$

$P(Y \ge 80)=0.15$이므로

$$P(Y \ge 80)=P\left(Z \ge \frac{80-(m+3)}{\sigma}\right)$$
$$=0.5-P\left(0 \le Z \le \frac{77-m}{\sigma}\right)=0.15$$

에서

$$P\left(0 \le Z \le \frac{77-m}{\sigma}\right)=0.35$$

$$\frac{77-m}{\sigma}=1.04 \qquad \therefore m=77-1.04\sigma \qquad \cdots ❷$$

❶, ❷에서 $m=66.6$, $\sigma=10$

$$\therefore m+\sigma=76.6$$

답 ⑤

29

제품 A의 무게를 확률변수 X라 하고, 제품 B의 무게를 확률변수 Y라 하면 X, Y는 각각 정규분포 $N(m, 1)$, $N(2m, 4)$를 따른다.

$P(X \ge k)=P(Y \le k)$이므로

$$P\left(Z \ge \frac{k-m}{1}\right)=P\left(Z \le \frac{k-2m}{2}\right)$$

$$k-m=-\frac{k-2m}{2},\ 3k=4m \qquad \therefore k=\frac{4}{3}m$$

$$\therefore \frac{k}{m}=\frac{\frac{4}{3}m}{m}=\frac{4}{3}$$

답 ⑤

30

4과목 중 2과목을 선택하는 경우의 수는 ${}_4C_2=6$이므로 A, B 과목을 선택할 확률은 $\frac{1}{6}$이다.

A, B 과목을 선택한 서류전형 합격자의 수를 확률변수 X라 하면 X는 이항분포 $B\left(720, \frac{1}{6}\right)$을 따른다.

$$E(X)=720\times\frac{1}{6}=120$$

$$V(X)=720\times\frac{1}{6}\times\frac{5}{6}=100$$

이때 720명은 충분히 크므로 X는 근사적으로 정규분포 $N(120, 10^2)$을 따른다.

따라서 구하는 확률은

$$P(110 \le X \le 145)=P\left(\frac{110-120}{10} \le Z \le \frac{145-120}{10}\right)$$
$$=P(-1 \le Z \le 2.5)$$
$$=P(0 \le Z \le 1)+P(0 \le Z \le 2.5)$$
$$=0.3413+0.4938=0.8351$$

답 ④

31

예약 고객 중 승선하는 고객의 수를 확률변수 X라 하면 X는 이항분포 $B\left(400, \frac{4}{5}\right)$를 따른다.

$$E(X)=400\times\frac{4}{5}=320$$

$$V(X)=400\times\frac{4}{5}\times\frac{1}{5}=64$$

이때 400명은 충분히 크므로 X는 근사적으로 정규분포 $N(320, 8^2)$을 따른다.

따라서 구하는 확률은

$$P(X \le 340)=P\left(Z \le \frac{340-320}{8}\right)$$
$$=P(Z \le 2.5)$$
$$=0.5+P(0 \le Z \le 2.5)$$
$$=0.5+0.4938$$
$$=0.9938$$

답 ⑤

32

포도송이의 무게를 확률변수 X라 하면 X는 정규분포 $N(600, 100^2)$을 따른다.

포도송이의 무게가 636 g 이상일 확률은

$$P(X \ge 636)=P\left(Z \ge \frac{636-600}{100}\right)$$
$$=P(Z \ge 0.36)$$
$$=0.5-P(0 \le Z \le 0.36)$$
$$=0.5-0.14=0.36$$

포도송이를 100송이 선택할 때 636 g 이상인 포도송이의 개수를 확률변수 Y라 하면 Y는 이항분포 $\mathrm{B}(100, 0.36)$을 따른다.

$$\mathrm{E}(Y)=100\times0.36=36$$

$$\mathrm{V}(Y)=100\times0.36\times0.64=\frac{576}{25}$$

이때 100은 충분히 크므로 Y는 근사적으로 정규분포 $\mathrm{N}\left(36, \frac{24^2}{5^2}\right)$을 따른다.

따라서 구하는 확률은

$$\begin{aligned}\mathrm{P}(Y\ge42)&=\mathrm{P}\left(Z\ge\frac{42-36}{\frac{24}{5}}\right)\\&=\mathrm{P}(Z\ge1.25)\\&=0.5-\mathrm{P}(0\le Z\le1.25)\\&=0.5-0.39\\&=0.11\end{aligned}$$

답 ②

33

신제품의 무게를 확률변수 X라 하면 X는 정규분포 $\mathrm{N}(180, 8^2)$을 따르므로 신제품이 불량품일 확률은

$$\begin{aligned}\mathrm{P}(X\le164)&=\mathrm{P}\left(Z\le\frac{164-180}{8}\right)\\&=\mathrm{P}(Z\le-2)\\&=0.5-\mathrm{P}(0\le Z\le2)\\&=0.5-0.48=0.02\end{aligned}$$

2500개의 신제품 중 불량품의 개수를 확률변수 Y라 하면 Y는 이항분포 $\mathrm{B}(2500, 0.02)$를 따른다.

$$\mathrm{E}(Y)=2500\times0.02=50$$

$$\mathrm{V}(Y)=2500\times0.02\times0.98=49$$

이때 2500은 충분히 크므로 Y는 근사적으로 정규분포 $\mathrm{N}(50, 7^2)$을 따른다.

따라서 구하는 확률은

$$\begin{aligned}\mathrm{P}(Y\le64)&=\mathrm{P}\left(Z\le\frac{64-50}{7}\right)\\&=\mathrm{P}(Z\le2)\\&=0.5+\mathrm{P}(0\le Z\le2)\\&=0.5+0.48=0.98\end{aligned}$$

답 ⑤

34

확률변수 X는 이항분포 $\mathrm{B}\left(n, \frac{1}{2}\right)$을 따르므로

$$\mathrm{E}(X)=\frac{n}{2},\ \mathrm{V}(X)=\frac{n}{4}$$

이때 n이 충분히 큰 수이면 X는 근사적으로 정규분포 $\mathrm{N}\left(\frac{n}{2}, \frac{n}{4}\right)$을 따르므로

$$\begin{aligned}\mathrm{P}\left(\left|X-\frac{n}{2}\right|\le\frac{21}{2}\right)&=\mathrm{P}\left(\frac{n}{2}-\frac{21}{2}\le X\le\frac{n}{2}+\frac{21}{2}\right)\\&=\mathrm{P}\left(-\frac{\frac{21}{2}}{\frac{\sqrt{n}}{2}}\le Z\le\frac{\frac{21}{2}}{\frac{\sqrt{n}}{2}}\right)\\&=2\mathrm{P}\left(0\le Z\le\frac{21}{\sqrt{n}}\right)\ge0.954\end{aligned}$$

$\mathrm{P}\left(0\le Z\le\frac{21}{\sqrt{n}}\right)\ge0.477$에서

$$\frac{21}{\sqrt{n}}\ge2,\ \sqrt{n}\le\frac{21}{2}$$

$$\therefore n\le\frac{441}{4}=110.25$$

따라서 자연수 n의 최댓값은 110이다.

답 110

step B 실력 문제

58~62쪽

01 14	**02** $\frac{19}{5}$	**03** ②	**04** ③	**05** $\frac{49}{15}$
06 13	**07** ④	**08** ①	**09** ⑤	**10** ①
11 ③	**12** 55	**13** ②	**14** ③	**15** $\frac{35}{12}$
16 ①	**17** ①	**18** $\frac{1}{9}$	**19** ⑤	**20** ①
21 ①	**22** ⑤	**23** 13	**24** ①	**25** ②
26 0.1359	**27** ⑤	**28** 0.062	**29** ③	**30** 0.0401
31 ⑤				

01

[전략] 확률의 합은 1이고, 등비중항을 이용하여 a, b에 대한 방정식을 만든다.

확률의 합은 1이므로

$$\frac{4}{7}+a+b=1 \qquad \therefore a+b=\frac{3}{7} \quad \cdots ❶$$

$\frac{4}{7}$, a, b가 이 순서대로 등비수열을 이루므로

$$a^2=\frac{4}{7}b \quad \cdots ❷$$

❶에서 $b=\frac{3}{7}-a$를 ❷에 대입하면

$$a^2=\frac{4}{7}\left(\frac{3}{7}-a\right),\ 49a^2+28a-12=0$$

$$(7a+6)(7a-2)=0$$

$a\ge0$, $b\ge0$이므로 $a=\frac{2}{7}$, $b=\frac{1}{7}$

또 $\mathrm{E}(X)=24$이므로

$$k\times\frac{4}{7}+2k\times a+4k\times b=24$$

$$\frac{4}{7}k+\frac{4}{7}k+\frac{4}{7}k=24$$

$$\therefore k=14$$

답 14

02

[전략] $P(X\le k)=\frac{k^2}{25}$임을 이용하여 $P(X=k)$를 k에 대한 식으로 나타낸다.

확률의 합은 1이고,

$$P(X\le 5)=P(X=1)+P(X=2)+\cdots+P(X=5)$$

이므로

$$P(X\le 5)=1$$

$$a\times 5^2=1$$

$$\therefore a=\frac{1}{25}$$

이때 $P(X\le x)=\frac{x^2}{25}$이므로

$$P(X=1)=\frac{1}{25}$$

$$P(X=k)=P(X\le k)-P(X\le k-1)$$

$$=\frac{k^2}{25}-\frac{(k-1)^2}{25}$$

$$=\frac{2k-1}{25}\ (k=2,\ 3,\ 4,\ 5)$$

$$\therefore E(X)=\sum_{k=1}^{5}kP(X=k)$$

$$=\sum_{k=1}^{5}\left(\frac{2k^2}{25}-\frac{k}{25}\right)$$

$$=\frac{2}{25}\sum_{k=1}^{5}k^2-\frac{1}{25}\sum_{k=1}^{5}k$$

$$=\frac{2}{25}\times\frac{5\times 6\times 11}{6}-\frac{1}{25}\times\frac{5\times 6}{2}$$

$$=\frac{19}{5}$$

답 $\frac{19}{5}$

03

[전략] $E(X)=4$이므로 $\sum_{k=1}^{5}kP(X=k)=4$이다.
이를 이용하여 $\sum_{k=1}^{5}kP(Y=k)$를 간단히 한다.

$E(X)=\sum_{k=1}^{5}kP(X=k)=4$이므로

$$E(Y)=\sum_{k=1}^{5}kP(Y=k)$$

$$=\sum_{k=1}^{5}k\left\{\frac{1}{2}P(X=k)+\frac{1}{10}\right\}$$

$$=\frac{1}{2}\sum_{k=1}^{5}kP(X=k)+\frac{1}{10}\sum_{k=1}^{5}k$$

$$=\frac{1}{2}\times 4+\frac{1}{10}\times\frac{5\times 6}{2}$$

$$=\frac{7}{2}$$

답 ②

04

[전략] 두 수의 곱으로 가능한 X의 값을 구하고, 각각의 확률을 구한다.

X의 값은 2, 3, 4, 6, 9이므로 각 경우의 확률을 구하면

$$P(X=2)=\frac{{}_1C_1\times{}_3C_1}{{}_9C_2}=\frac{3}{36}$$

$$P(X=3)=\frac{{}_1C_1\times{}_5C_1}{{}_9C_2}=\frac{5}{36}$$

$$P(X=4)=\frac{{}_3C_2}{{}_9C_2}=\frac{3}{36}$$

$$P(X=6)=\frac{{}_3C_1\times{}_5C_1}{{}_9C_2}=\frac{15}{36}$$

$$P(X=9)=\frac{{}_5C_2}{{}_9C_2}=\frac{10}{36}$$

따라서 X의 확률분포를 표로 나타내면 다음과 같다.

X	2	3	4	6	9	합계
$P(X=x)$	$\frac{3}{36}$	$\frac{5}{36}$	$\frac{3}{36}$	$\frac{15}{36}$	$\frac{10}{36}$	1

$$\therefore E(X)=2\times\frac{3}{36}+3\times\frac{5}{36}+4\times\frac{3}{36}+6\times\frac{15}{36}+9\times\frac{10}{36}$$

$$=\frac{71}{12}$$

답 ③

05

[전략] k가 가장 큰 원소인 집합은 $\{1, 2, 3, \cdots, k-1\}$의 부분집합에 k를 더한 집합이다.

U의 공집합이 아닌 부분집합의 개수는

$$2^4-1=15$$

(i) 가장 큰 원소가 1인 집합은 $\{1\}$이므로

$$P(X=1)=\frac{1}{15}$$

(ii) 가장 큰 원소가 2인 집합은 $\{1, 2\}$ 또는 $\{2\}$이므로

$$P(X=2)=\frac{2}{15}$$

(iii) 가장 큰 원소가 3인 집합은
$\{1, 2\}$의 부분집합에 원소 3을 더한 집합이므로

$$P(X=3)=\frac{2^2}{15}=\frac{4}{15}$$

(iv) 가장 큰 원소가 4인 집합은
$\{1, 2, 3\}$의 부분집합에 원소 4를 더한 집합이므로

$$P(X=4)=\frac{2^3}{15}=\frac{8}{15}$$

따라서 X의 확률분포를 표로 나타내면 다음과 같다.

X	1	2	3	4	합계
$P(X=x)$	$\frac{1}{15}$	$\frac{2}{15}$	$\frac{4}{15}$	$\frac{8}{15}$	1

$$\therefore E(X)=1\times\frac{1}{15}+2\times\frac{2}{15}+3\times\frac{4}{15}+4\times\frac{8}{15}$$

$$=\frac{49}{15}$$

답 $\frac{49}{15}$

06

[전략] $n=0$이면 N은 홀수, $n=1$이면 $N=2, 6, \cdots$
$n=2$이면 $N=4, 12, \cdots$이다.
이와 같은 방법으로 X의 값과 두 눈의 수의 곱에 대한 확률을 차례로 구한다.

두 주사위에서 나온 눈의 수의 순서쌍을 (a, b)라 하자.

(i) $X=0$일 때, N은 홀수이므로

$$\mathrm{P}(X=0)=\frac{3}{6}\times\frac{3}{6}=\frac{9}{36}$$

(ii) $X=1$일 때, N은 $2\times$(홀수) 꼴이므로
한 수는 홀수이고 한 수는 2, 6이다.
곧, (홀수, 2), (홀수, 6) 또는 (2, 홀수), (6, 홀수)이므로

$$\mathrm{P}(X=1)=\frac{3}{6}\times\frac{2}{6}+\frac{2}{6}\times\frac{3}{6}=\frac{12}{36}$$

(iii) $X=2$일 때, N은 $4\times$(홀수) 꼴이므로
홀수와 4의 곱이거나 2와 6으로 만들 수 있는 두 수의 곱이다.
곧, (홀수, 4) 또는 (4, 홀수) 또는 $(2, 2)$, $(2, 6)$, $(6, 2)$, $(6, 6)$이므로

$$\mathrm{P}(X=2)=\frac{3}{6}\times\frac{1}{6}+\frac{1}{6}\times\frac{3}{6}+\frac{2}{6}\times\frac{2}{6}=\frac{10}{36}$$

(iv) $X=3$일 때, N은 $8\times$(홀수) 꼴이므로
4와 2, 6의 곱이다.

$$\mathrm{P}(X=3)=\frac{2}{6}\times\frac{1}{6}+\frac{1}{6}\times\frac{2}{6}=\frac{4}{36}$$

(v) $X=4$일 때, N은 $16\times$(홀수) 꼴이므로 $(4, 4)$뿐이다.

$$\mathrm{P}(X=4)=\frac{1}{6}\times\frac{1}{6}=\frac{1}{36}$$

따라서 X의 확률분포를 표로 나타내면 다음과 같다.

X	0	1	2	3	4	합계
$\mathrm{P}(X=x)$	$\frac{9}{36}$	$\frac{12}{36}$	$\frac{10}{36}$	$\frac{4}{36}$	$\frac{1}{36}$	1

$$\therefore \mathrm{E}(X)=0\times\frac{9}{36}+1\times\frac{12}{36}+2\times\frac{10}{36}+3\times\frac{4}{36}+4\times\frac{1}{36}=\frac{4}{3}$$

$$\therefore \mathrm{E}(3X+9)=3\mathrm{E}(X)+9=3\times\frac{4}{3}+9=13$$

답 13

Note
$(1, 3, 5)$, $(2, 6)$, (4)
와 같이 소인수 2의 개수를 기준으로 나누고 확률을 구해도 된다.

07

[전략] 원의 지름에 대한 원주각의 크기는 90°임을 이용하여 X의 값을 구한다.

그림에서 선분의 길이가 1, $\sqrt{3}$, 2이므로 X의 값은 0, 1, $\sqrt{3}$, 2이다.
주사위를 두 번 던져 나온 눈의 수를 각각 a, b라 하자.

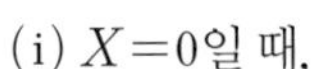

(i) $X=0$일 때,
$a=b$이므로 $\mathrm{P}(X=0)=\frac{6}{36}=\frac{1}{6}$

(ii) $X=1$일 때,
$a=1$이면 $b=6$ 또는 $b=2$이므로 2개,
$a=2, 3, \cdots, 6$인 경우도 b는 두 개씩 가능하므로

$$\mathrm{P}(X=1)=\frac{2\times6}{36}=\frac{1}{3}$$

(iii) $X=\sqrt{3}$일 때,
$a=1$이면 $b=5$ 또는 $b=3$이므로 2개,
$a=2, 3, \cdots, 6$인 경우도 b는 두 개씩 가능하므로

$$\mathrm{P}(X=\sqrt{3})=\frac{2\times6}{36}=\frac{1}{3}$$

(iv) $X=2$일 때, b는 a의 맞은편이므로

$$\mathrm{P}(X=2)=\frac{6}{36}=\frac{1}{6}$$

따라서 X의 확률분포를 표로 나타내면 다음과 같다.

X	0	1	$\sqrt{3}$	2	합계
$\mathrm{P}(X=x)$	$\frac{1}{6}$	$\frac{1}{3}$	$\frac{1}{3}$	$\frac{1}{6}$	1

$$\therefore \mathrm{E}(X)=0\times\frac{1}{6}+1\times\frac{1}{3}+\sqrt{3}\times\frac{1}{3}+2\times\frac{1}{6}=\frac{2+\sqrt{3}}{3}$$

답 ④

08

[전략] 1. 상자당 판매액을 확률변수 X라 하면 X는 5000 또는 6000이다.
2. 전체 판매액은 $130\mathrm{E}(X)$이다.

한 상자에 대한 판매액을 확률변수 X라 하면
X는 5000, 6000이다.

(i) $X=5000$일 때,
정상인 과일 38개 중에서 3개를 선택해야 하므로

$$\mathrm{P}(X=5000)=\frac{{}_{38}\mathrm{C}_3}{{}_{40}\mathrm{C}_3}=\frac{111}{130}$$

(ii) $X=6000$일 때,
(i)이 아닌 경우이므로

$$\mathrm{P}(X=6000)=1-\frac{111}{130}=\frac{19}{130}$$

(i), (ii)에서

$$\mathrm{E}(X)=5000\times\frac{111}{130}+6000\times\frac{19}{130}=\frac{669000}{130}(\text{원})$$

따라서 전체 판매액의 기댓값은

$$130\mathrm{E}(X)=669000(\text{원})$$

답 ①

09

[전략] 확률변수 Y와 Z를 확률변수 X로 나타내는 방법에 대해 생각한다.

X의 분산은 연속하는 자연수 100개의 종류에 관계없이 일정하고, Y나 Z도 마찬가지이다.
따라서 연속하는 자연수 100개를 $a_1, a_2, a_3, \cdots, a_{100}$으로 놓으면
연속하는 홀수 100개는 $2a_1-1, 2a_2-1, \cdots, 2a_{100}-1$,
연속하는 짝수 100개는 $2a_1, 2a_2, \cdots, 2a_{100}$으로 놓을 수 있다.
이때 100 이하의 서로 다른 두 자연수 i, j에 대하여
$X=|a_i-a_j|$라 하면

$$Y=|(2a_i-1)-(2a_j-1)|=2|a_i-a_j|$$
$$Z=|2a_i-2a_j|=2|a_i-a_j|$$

따라서 $V(Y)=V(2X)=4V(X)$,
$V(Z)=V(2X)=4V(X)$이므로

$V(X)<V(Y)=V(Z)$ 답 ⑤

10

[전략] 주어진 조건을 이용하여 n, p를 구하고, 이를 이용하여 $P(X=k)$를 구한다.

$E(3X+1)=19$이므로

$3E(X)+1=19 \quad \therefore E(X)=6$

$\therefore np=6 \quad \cdots$ ❶

또 $E(X^2)=40$이므로

$V(X)=E(X^2)-\{E(X)\}^2$

$=40-6^2=4$

$\therefore np(1-p)=4$

위 식에 ❶을 대입하면 $6(1-p)=4$

$\therefore p=\frac{1}{3}, n=18$

$$\therefore \frac{P(X=1)}{P(X=2)}=\frac{{}_{18}C_1\left(\frac{1}{3}\right)^1\left(\frac{2}{3}\right)^{17}}{{}_{18}C_2\left(\frac{1}{3}\right)^2\left(\frac{2}{3}\right)^{16}}$$

$$=\frac{2\times18}{9\times17}=\frac{4}{17}$$ 답 ①

11

[전략] $P(X=n)={}_{60}C_n\left(\frac{1}{3}\right)^n\left(\frac{2}{3}\right)^{60-n}$이므로 확률변수 X는 이항분포를 따른다.

$\left(\frac{1}{3}x+\frac{2}{3}\right)^{60}$의 전개식에서 x^n의 계수 $f(n)$은

$$f(n)={}_{60}C_n\left(\frac{1}{3}\right)^n\left(\frac{2}{3}\right)^{60-n}$$

따라서 X는 이항분포 $B\left(60, \frac{1}{3}\right)$을 따른다.

$$\therefore V(X)=60\times\frac{1}{3}\times\frac{2}{3}=\frac{40}{3}$$ 답 ③

12

[전략] $f(r)$가 이항분포 $B\left(10, \frac{1}{2}\right)$을 따르는 확률변수 X의 확률질량함수이다. 따라서 $E(X)$와 $V(X)$, $E(X^2)$을 이용하여 $\sum_{r=0}^{10} r^2f(r)$를 나타낸다.

확률변수 X가 이항분포 $B\left(10, \frac{1}{2}\right)$을 따를 때,

$P(X=r)=f(r)$이므로

$$2\sum_{r=0}^{10} r^2f(r)=2E(X^2)$$

그런데

$$E(X)=10\times\frac{1}{2}=5$$

$$V(X)=10\times\frac{1}{2}\times\frac{1}{2}=\frac{5}{2}$$

이므로

$$E(X^2)=V(X)+\{E(X)\}^2$$

$$=\frac{5}{2}+25=\frac{55}{2}$$

$\therefore 2E(X^2)=55$ 답 55

13

[전략] 확률변수 X의 확률질량함수가 $f(x)$이면 7^X의 확률질량함수도 $f(x)$이다.

확률변수 X의 확률질량함수는

$$P(X=k)={}_{40}C_k\left(\frac{1}{6}\right)^k\left(\frac{5}{6}\right)^{40-k}$$

이므로 확률변수 7^X의 확률질량함수도

$$P(X=k)={}_{40}C_k\left(\frac{1}{6}\right)^k\left(\frac{5}{6}\right)^{40-k}$$

$$\therefore E(7^X)=\sum_{k=0}^{40} 7^k\,{}_{40}C_k\left(\frac{1}{6}\right)^k\left(\frac{5}{6}\right)^{40-k}$$

$$=\sum_{k=0}^{40} {}_{40}C_k\left(\frac{7}{6}\right)^k\left(\frac{5}{6}\right)^{40-k}$$

$$=\left(\frac{7}{6}+\frac{5}{6}\right)^{40}=2^{40}$$

$\therefore m=40$ 답 ②

14

[전략] 두 눈의 수의 차가 3보다 작을 확률을 구하고, A와 B의 기댓값을 각각 구한다.

두 눈의 수를 a, b라 할 때, a와 b의 차가 3 이상인 경우는

$a=1$일 때, $b=4, 5, 6$

$a=2$일 때, $b=5, 6$

$a=3$일 때, $b=6$

$a=4$일 때, $b=1$

$a=5$일 때, $b=1, 2$

$a=6$일 때, $b=1, 2, 3$

의 12가지이다.

따라서 두 눈의 수의 차가 3 이상일 확률은 $\frac{12}{36}=\frac{1}{3}$이다.

15회 시행에서 A, B가 얻는 점수의 합을 각각 확률변수 X, Y라고 하자.

X는 이항분포 $B\left(15, \frac{2}{3}\right)$를 따르므로

$$E(X)=15\times\frac{2}{3}=10$$

Y는 이항분포 $B\left(15, \frac{1}{3}\right)$을 따르므로

$$E(Y)=15\times\frac{1}{3}=5$$

따라서 구하는 기댓값의 차는 5이다. 답 ③

15

[전략] 사건 E가 일어날 확률부터 구한다.

$m^2+n^2\le25$인 사건 E가 일어나는 경우는

$m=1$일 때, $n^2\le24$이므로 $n=1, 2, 3, 4$

$m=2$일 때, $n^2\le21$이므로 $n=1, 2, 3, 4$

$m=3$일 때, $n^2\le16$이므로 $n=1, 2, 3, 4$

$m=4$일 때, $n^2\le 9$이므로 $n=1, 2, 3$

의 15가지이다.

$\therefore \mathrm{P}(E)=\frac{15}{36}=\frac{5}{12}$

이때 X는 이항분포 $\mathrm{B}\left(12, \frac{5}{12}\right)$를 따르므로

$\mathrm{V}(X)=12\times\frac{5}{12}\times\frac{7}{12}=\frac{35}{12}$ 답 $\frac{35}{12}$

16

[전략] 먼저 추가된 부품 2개가 S와 S, S와 T, T와 T일 확률을 각각 구한다.
이때 S가 n개 추가될 확률은 ${}_2\mathrm{C}_n\left(\frac{1}{2}\right)^n\left(\frac{1}{2}\right)^{2-n}$이다.

부품 T를 선택할 사건을 T, 추가한 두 부품이 S, S인 사건을 S라 하자.

(i) 추가된 부품이 S, S인 경우

S가 2개 추가될 확률은 ${}_2\mathrm{C}_2\left(\frac{1}{2}\right)^2=\frac{1}{4}$

이때 창고에는 S가 5개, T가 2개이므로 S, S가 추가되고, T를 선택할 확률은

$\frac{1}{4}\times\frac{2}{7}=\frac{1}{14}$

(ii) 추가된 부품이 S, T인 경우

S가 1개 추가될 확률은 ${}_2\mathrm{C}_1\left(\frac{1}{2}\right)^2=\frac{1}{2}$

이때 창고에는 S가 4개, T가 3개이므로 S, T가 추가되고, T를 선택할 확률은

$\frac{1}{2}\times\frac{3}{7}=\frac{3}{14}$

(iii) 추가된 부품이 T, T인 경우

S가 0개 추가될 확률은 ${}_2\mathrm{C}_0\left(\frac{1}{2}\right)^2=\frac{1}{4}$

이때 창고에는 S가 3개, T가 4개이므로 T, T가 추가되고, T를 선택할 확률은

$\frac{1}{4}\times\frac{4}{7}=\frac{1}{7}$

(i)~(iii)에서

$\mathrm{P}(T)=\frac{1}{14}+\frac{3}{14}+\frac{1}{7}=\frac{6}{14}$, $\mathrm{P}(S\cap T)=\frac{1}{14}$

이므로

$$\mathrm{P}(S|T)=\frac{\mathrm{P}(S\cap T)}{\mathrm{P}(T)}=\frac{\frac{1}{14}}{\frac{6}{14}}=\frac{1}{6}$$ 답 ①

17

[전략] 확률은 확률밀도함수의 그래프와 x축으로 둘러싸인 부분의 넓이이므로 그래프에서 넓이를 p_1, p_2로 나타낸다.

$f(2+x)=f(2-x)$이므로 $y=f(x)$의 그래프는 직선 $x=2$에 대하여 대칭이다.

또 $\mathrm{P}(2-a\le X\le 2+b)=p_1$, $\mathrm{P}(2+a\le X\le 2+b)=p_2$이므로 p_1, p_2는 그림에서 색칠한 부분의 넓이이다.

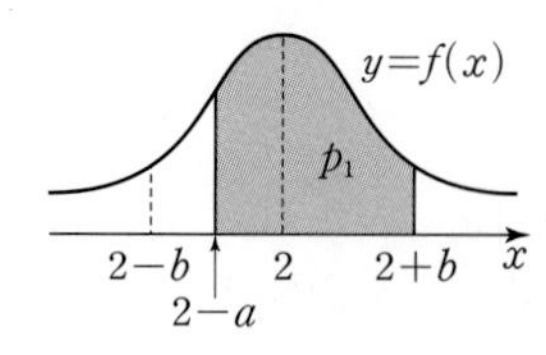

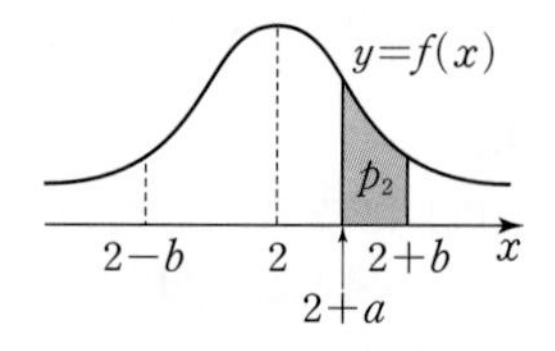

그런데 아래 [그림 1]에서 색칠한 두 부분의 넓이가 같으므로 [그림 2]에서 색칠한 부분의 넓이는 p_1+p_2이다.

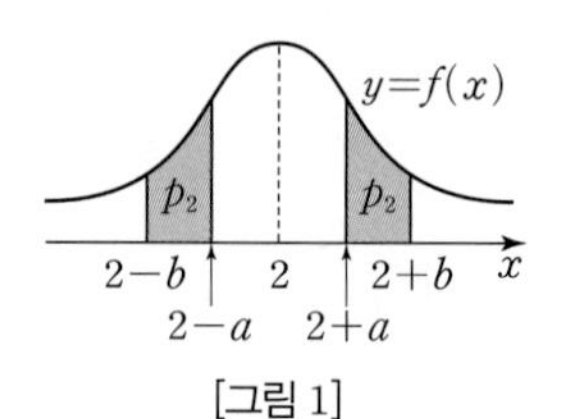

[그림 1]

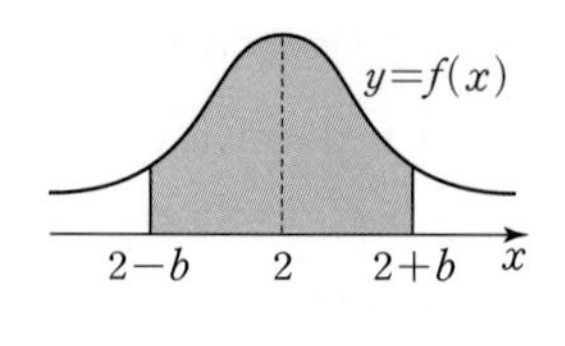

[그림 2]

$\therefore \mathrm{P}(2-b\le X\le 2+b)=p_1+p_2$ 답 ①

18

[전략] $\mathrm{P}(0\le X<a)$는 $0\le X<a$일 확률이므로
$\mathrm{P}(x\le X\le 3)=a(3-x)$에서 $\mathrm{P}(0\le X\le 3)$을 이용한다.

$\mathrm{P}(0\le X\le 3)=1$이므로

$\mathrm{P}(x\le X\le 3)=a(3-x)$에 $x=0$을 대입하면

$3a=1 \qquad \therefore a=\frac{1}{3}$

$$\begin{aligned}\therefore \mathrm{P}(0\le X<a)&=1-\mathrm{P}(a\le X\le 3)\\&=1-\frac{1}{3}\left(3-\frac{1}{3}\right)\\&=\frac{1}{9}\end{aligned}$$ 답 $\frac{1}{9}$

Note

확률밀도함수를 $f(t)$라 하면 $\mathrm{P}(x\le X\le 3)=a(3-x)$이므로 그림에서 색칠한 부분의 넓이가 $a(3-x)$이다.

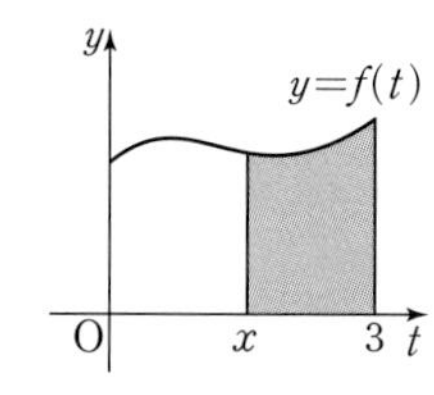

19

[전략] $\mathrm{E}(X)=m$, $\mathrm{V}(X)=\sigma^2$임을 이용하여
$\mathrm{E}(T)$와 $\mathrm{V}(T)$를 간단히 한다.

조건에서 $\mathrm{E}(X)=m$, $\mathrm{V}(X)=\sigma^2$이므로

$$\mathrm{E}(T)=a\times\frac{\mathrm{E}(X)-m}{\sigma}+b=b$$

$$\mathrm{V}(T)=a^2\times\frac{\mathrm{V}(X)}{\sigma^2}=a^2$$

$\mathrm{E}(T)=100$, $\mathrm{V}(T)=20^2$이므로

$b=100$, $a^2=20^2$

$a>0$이므로 $a=20$

$\therefore a+b=120$ 답 ⑤

20

[전략] 1. X의 평균을 m, 표준편차를 σ라 하면 (가)에서 Y의 평균과 표준편차를 구할 수 있다.
2. (나), (다)는 $Z=\frac{X-m}{\sigma}$으로 나타내고, 표준정규분포곡선의 성질을 이용한다.

$E(X)=m$, $\sigma(X)=\sigma$라 하면 조건 (가)에 의하여

$$E(Y)=aE(X)=am$$
$$\sigma(Y)=a\sigma(X)=a\sigma$$

따라서 X는 정규분포 $N(m, \sigma^2)$을 따르고,
Y는 정규분포 $N(am, a^2\sigma^2)$을 따른다.
조건 (나)에서 $P(X\le18)+P(Y\ge36)=1$이므로

$P\left(Z\le\frac{18-m}{\sigma}\right)+P\left(Z\ge\frac{36-am}{a\sigma}\right)=1$에서

$$\frac{18-m}{\sigma}=\frac{36-am}{a\sigma}$$
$$a(18-m)=36-am \qquad \therefore a=2$$

조건 (다)에서 $P(X\le28)=P(Y\ge28)$이므로

$P\left(Z\le\frac{28-m}{\sigma}\right)=P\left(Z\ge\frac{28-2m}{2\sigma}\right)$에서

$$\frac{28-m}{\sigma}=-\frac{28-2m}{2\sigma}$$
$$2(28-m)=-28+2m \qquad \therefore m=21$$
$$\therefore E(Y)=am=2\times21=42$$

답 ①

21

[전략] 키가 177 이상인 사원이 242명이라는 것을 확률로 나타내면 $P(X\ge177)=\frac{242}{1000}$이다.

신입 사원 한 명의 키를 확률변수 X라 하면 X는 정규분포 $N(m, 10^2)$을 따른다.
주어진 조건에서 키가 177 이상인 사원이 1000명 중 242명이므로

$$P(X\ge177)=\frac{242}{1000}=0.242$$

곧, $P\left(Z\ge\frac{177-m}{10}\right)=0.242$이므로

$$P\left(0\le Z\le\frac{177-m}{10}\right)=0.5-0.242=0.258$$

표준정규분포표에서 $P(0\le Z\le0.7)=0.2580$이므로

$$\frac{177-m}{10}=0.7 \qquad \therefore m=170$$

따라서 신입 사원의 키가 180 이상일 확률은

$$P(X\ge180)=P\left(Z\ge\frac{180-170}{10}\right)$$
$$=P(Z\ge1)$$
$$=0.5-P(0\le Z\le1)$$
$$=0.5-0.3413$$
$$=0.1587$$

답 ①

22

[전략] 출근 시간이 73분 이상인 직원의 비율을 알면 지하철을 이용하고 출근 시간이 73분 이상인 직원의 비율을 알 수 있다. 같은 방법으로 출근 시간이 73분 미만이고 지하철을 이용한 직원의 비율을 구한다.

A 회사 직원들의 어느 날의 출근 시간을 확률변수 X라 하면 X는 정규분포 $N(66.4, 15^2)$을 따르므로

$$P(X\ge73)=P\left(Z\ge\frac{73-66.4}{15}\right)$$
$$=P(Z\ge0.44)$$
$$=0.5-P(0\le Z\le0.44)$$
$$=0.5-0.17=0.33$$

지하철을 이용한 직원은 출근 시간이 73분 이상이고 지하철을 이용했거나, 출근 시간이 73분 미만이고 지하철을 이용하였다.

(i) 임의로 선택한 1명이 출근 시간이 73분 이상이고 지하철을 이용하였을 확률은
$0.33\times0.4=0.132$

(ii) 임의로 선택한 1명이 출근 시간이 73분 미만이고 지하철을 이용하였을 확률은
$(1-0.33)\times0.2=0.67\times0.2=0.134$

(i), (ii)에서 지하철을 이용하였을 확률은
$0.132+0.134=0.266$

답 ⑤

23

[전략] 정규분포곡선을 그려 $P(X\le\alpha)+P(X\le20-\alpha)=1$이 성립할 때, α와 $20-\alpha$의 관계를 구한다.

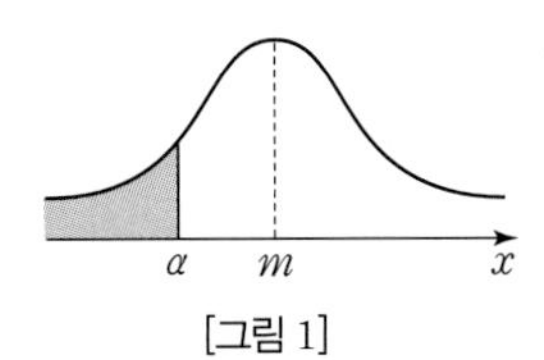

[그림 1]

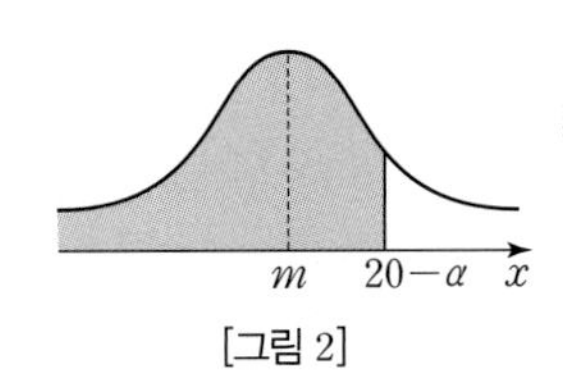

[그림 2]

두 그림에서 색칠한 부분의 넓이의 합이 1이므로 [그림 1]에서 색칠한 부분과 [그림 2]에서 색칠하지 않은 부분의 넓이가 같다.
따라서 α와 $20-\alpha$는 평균 m에 대칭이므로 $m=10$이다.
이때 X는 정규분포 $N(10, 2^2)$을 따르고,
$P(9\le X\le k)=0.6247$이므로

$$P(9\le X\le k)=P\left(\frac{9-10}{2}\le Z\le\frac{k-10}{2}\right)$$
$$=P\left(-0.5\le Z\le\frac{k-10}{2}\right)$$
$$=P(0\le Z\le0.5)+P\left(0\le Z\le\frac{k-10}{2}\right)$$
$$=0.1915+P\left(0\le Z\le\frac{k-10}{2}\right)$$
$$=0.6247$$
$$\therefore P\left(0\le Z\le\frac{k-10}{2}\right)=0.6247-0.1915$$
$$=0.4332$$

표준정규분포표에서 $P(0\le Z\le1.5)=0.4332$이므로

$$\frac{k-10}{2}=1.5$$
$$\therefore k=13$$

답 13

Note
$P(X\le\alpha)+P(X\le20-\alpha)=1$에 $\alpha=10$을 대입하면
$P(X\le10)=\frac{1}{2}$이므로 $m=10$이라 해도 된다.

24

[전략] 표준편차가 같으므로 $g(x)$의 그래프는 $f(x)$의 그래프를 평행이동한 꼴임을 이용한다.

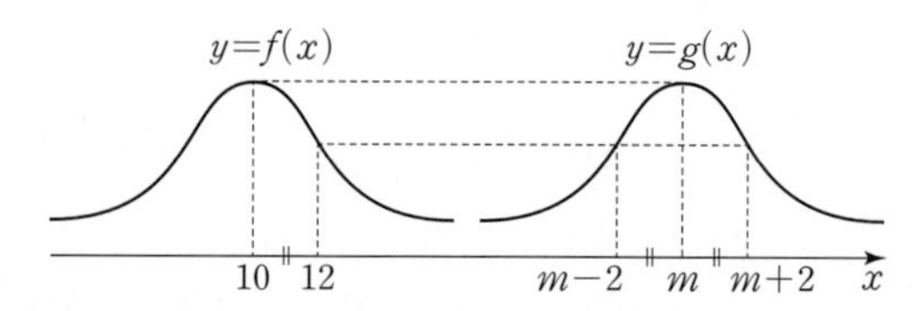

두 확률변수 X, Y의 표준편차가 같으므로 확률밀도함수 $f(x)$와 $g(x)$의 그래프는 x축 방향으로 평행이동하면 겹쳐진다. 곧,

$g(m\pm2)=f(12)$

$f(12)\le g(20)$이므로

$m-2\le20\le m+2 \qquad \therefore 18\le m\le22$

따라서 $\mathrm{P}(21\le Y\le24)$가 최대이면 $m=22$이고, 이때 확률변수 Y는 정규분포 $\mathrm{N}(22,\ 2^2)$을 따르므로

$\mathrm{P}(21\le Y\le24)$

$=\mathrm{P}\left(\frac{21-22}{2}\le\frac{Y-22}{2}\le\frac{24-22}{2}\right)$

$=\mathrm{P}(-0.5\le Z\le1)$

$=0.1915+0.3413=0.5328$

답 ①

25

[전략] 표준편차가 같은 두 확률변수의 확률밀도함수는 적절히 평행이동하여 겹쳐질 수 있다.

두 확률변수 X, Y의 표준편차가 같으므로 확률밀도함수 $f(x)$와 $g(x)$의 그래프는 x축 방향으로 평행이동하면 겹쳐진다.
그런데 $\mathrm{P}(Y\ge26)\ge0.5$에서 $m\ge26$이고, $f(12)=g(26)$이므로 아래 그림과 같이 표현할 수 있다.

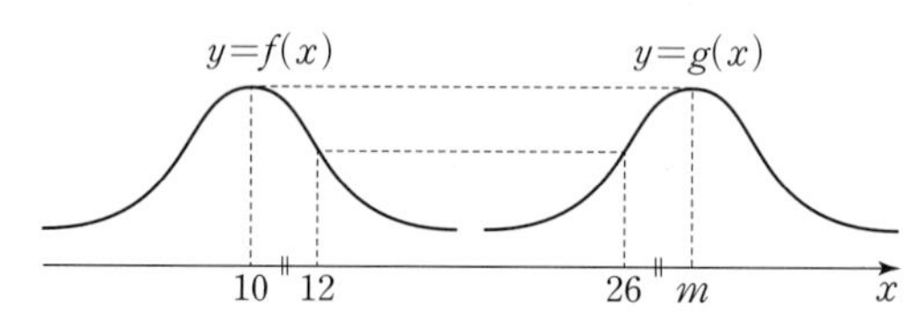

이때 $m-26=12-10$이므로

$m=28$

확률변수 Y는 정규분포 $\mathrm{N}(28,\ 4^2)$을 따르므로

$\mathrm{P}(Y\le20)=\mathrm{P}\left(Z\le\frac{20-28}{4}\right)$

$=\mathrm{P}(Z\le-2)=\mathrm{P}(Z\ge2)$

$=0.5-\mathrm{P}(0\le Z\le2)$

$=0.5-0.4772$

$=0.0228$

답 ②

26

[전략] 두 곡선과 x축 및 두 직선 $x=40$, $x=50$으로 둘러싸인 부분의 넓이를 S라 하고 $S+S_1$, $S+S_2$를 확률로 나타낸다.

그림에서 색칠한 부분의 넓이를 S라 하면

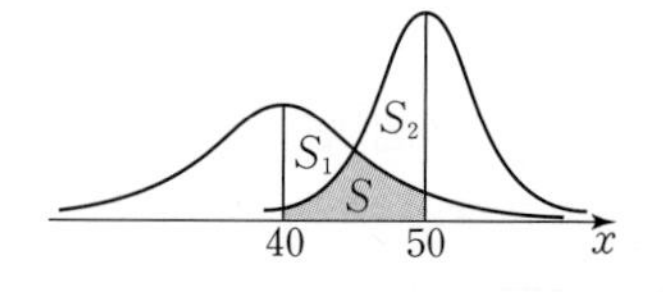

$S+S_1=\mathrm{P}(40\le X\le50)$

$S+S_2=\mathrm{P}(40\le Y\le50)$

이므로

$S_2-S_1=\mathrm{P}(40\le Y\le50)-\mathrm{P}(40\le X\le50)$

$=\mathrm{P}\left(\frac{40-50}{5}\le Z\le0\right)-\mathrm{P}\left(0\le Z\le\frac{50-40}{10}\right)$

$=\mathrm{P}(-2\le Z\le0)-\mathrm{P}(0\le Z\le1)$

$=\mathrm{P}(0\le Z\le2)-\mathrm{P}(0\le Z\le1)$

$=0.4772-0.3413$

$=0.1359$

답 0.1359

27 빈출

[전략] 두 곡선 $y=f(x)$, $y=g(x)$가 y축에 대칭이므로 확률을 넓이로 나타내고, 넓이가 같은 부분을 찾아 $\mathrm{P}(0\le X\le m)$이 나타내는 부분의 넓이를 구한다.

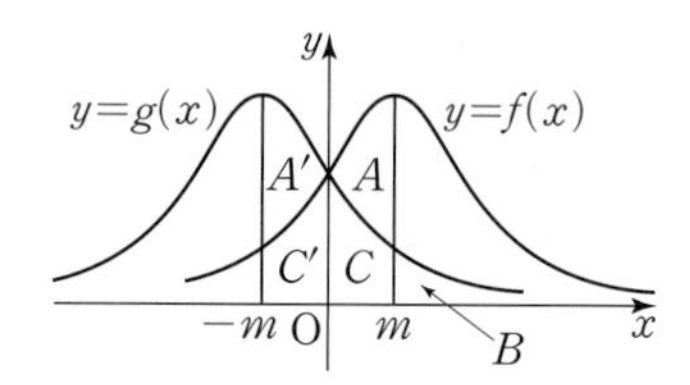

그림과 같이 두 곡선 $y=f(x)$, $y=g(x)$는 y축에 대칭이고 y축에서 만난다.
조건에서 A의 넓이는 0.04이고 A와 A'의 넓이는 같다.
$\mathrm{P}(Y\ge m)=0.16$이므로 B의 넓이는 0.16이다.
이때 A', C', C, B의 넓이의 합은 0.5이므로
C와 C'의 넓이의 합은 $0.5-0.16-0.04=0.3$이고,
C와 C'의 넓이는 같으므로 C의 넓이는 0.15이다.
따라서 $\mathrm{P}(0\le X\le m)$은 A와 C의 넓이의 합이므로

$\mathrm{P}(0\le X\le m)=0.04+0.15$

$=0.19$

답 ⑤

28

[전략] $f(10)>f(20)$, $f(4)<f(22)$이고 직선 $x=m$에 대칭인 곡선 $y=f(x)$를 그리고 m에 대한 조건을 찾는다.
그리고 m이 자연수임을 이용하여 m의 값을 구한다.

$f(10)>f(20)$, $f(4)<f(22)$이고 곡선 $y=f(x)$는 직선 $x=m$에 대칭이므로 $10<m<20$이다.
따라서 확률밀도함수의 그래프는 그림과 같다.

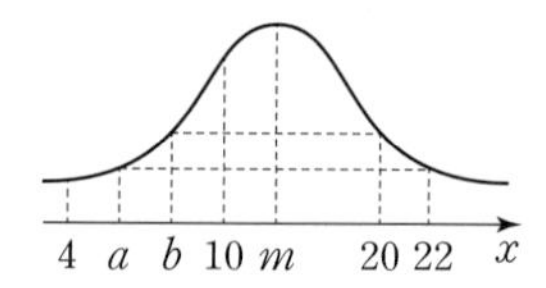

그림에서 $\frac{a+22}{2}=m$이므로

$\frac{4+22}{2}<m \qquad \therefore m>13 \qquad \cdots$ ❶

또 $\frac{b+20}{2}=m$이므로

$m<\frac{10+20}{2} \qquad \therefore m<15 \qquad \cdots$ ❷

m은 자연수이므로 ❶과 ❷에서 $m=14$

$\therefore \mathrm{P}(17\le X\le 18)$

$=\mathrm{P}\left(\frac{17-14}{5}\le Z\le \frac{18-14}{5}\right)$

$=\mathrm{P}(0.6\le Z\le 0.8)$

$=\mathrm{P}(0\le Z\le 0.8)-\mathrm{P}(0\le Z\le 0.6)$

$=0.288-0.226=0.062$ 답 0.062

29

[전략] 실제로 식사한 사람의 수를 X라 할 때, X는 이항분포를 따르는 확률변수이다.

예약한 400명 중 실제로 식사한 사람의 수를 확률변수 X라 하면 X는 이항분포 $\mathrm{B}(400,\ 0.9)$를 따른다.

$\mathrm{E}(X)=400\times 0.9=360$

$\mathrm{V}(X)=400\times 0.9\times 0.1=36$

이때 400은 충분히 크므로 X는 근사적으로 정규분포 $\mathrm{N}(360,\ 6^2)$을 따른다.

준비한 음식이 n명 분이라 하면 $\mathrm{P}(X>n)\le 0.005$에서

$\mathrm{P}\left(Z>\frac{n-360}{6}\right)\le 0.005$

$\mathrm{P}\left(0\le Z\le \frac{n-360}{6}\right)\le 0.495$

$\mathrm{P}(0\le Z\le 2.58)=0.495$이므로

$\frac{n-360}{6}\ge 2.58$

$\therefore n\ge 360+6\times 2.58=375.48$

따라서 376명 이상의 음식을 준비해야 한다. 답 ③

30

[전략] 1. 72회 시행에서 3의 배수의 눈이 나오는 횟수를 Y라 하고, X를 Y로 나타낸다.
2. Y는 이항분포를 따르는 확률변수이다.

72회의 시행 중 3의 배수의 눈이 나온 횟수를 확률변수 Y라 하면 그 외의 눈이 나오는 횟수는 $(72-Y)$이므로

$X=3Y-2(72-Y)=5Y-144$

Y는 이항분포 $\mathrm{B}\left(72,\ \frac{1}{3}\right)$을 따르므로

$\mathrm{E}(Y)=72\times\frac{1}{3}=24$

$\mathrm{V}(Y)=72\times\frac{1}{3}\times\frac{2}{3}=16$

이때 72는 충분히 크므로 Y는 근사적으로 정규분포 $\mathrm{N}(24,\ 4^2)$을 따른다.

$\therefore \mathrm{P}(X\ge 11)=\mathrm{P}(5Y-144\ge 11)$

$=\mathrm{P}(Y\ge 31)$

$=\mathrm{P}\left(Z\ge\frac{31-24}{4}\right)$

$=\mathrm{P}(Z\ge 1.75)$

$=0.5-\mathrm{P}(0\le Z\le 1.75)$

$=0.5-0.4599=0.0401$ 답 0.0401

31

[전략] 1. 180회에서 6의 눈이 나오는 횟수를 X, 이익을 Y라 하고, Y를 X로 나타낸다.
2. X는 확률이 $\frac{1}{6}$인 이항분포를 따른다.

주사위 한 개를 180번 던졌을 때, 6의 눈이 나오는 횟수를 확률변수 X라 하고 이익을 확률변수 Y라 하면

$Y=900X-100(180-X)$

$=1000X-18000$

X는 이항분포 $\mathrm{B}\left(180,\ \frac{1}{6}\right)$을 따르므로

$\mathrm{E}(X)=180\times\frac{1}{6}=30$

$\mathrm{V}(X)=180\times\frac{1}{6}\times\frac{5}{6}=25$

이때 180은 충분히 크므로 X는 근사적으로 정규분포 $\mathrm{N}(30,\ 5^2)$을 따른다.

$\therefore \mathrm{P}(Y\ge 22000)=\mathrm{P}(1000X-18000\ge 22000)$

$=\mathrm{P}(X\ge 40)$

$=\mathrm{P}\left(Z\ge\frac{40-30}{5}\right)$

$=\mathrm{P}(Z\ge 2)$

$=0.5-\mathrm{P}(0\le Z\le 2)$

$=0.5-0.4772=0.0228$ 답 ⑤

step C 최상위 문제 63~64쪽

01 ③	02 $\frac{257}{43}$	03 ④	04 ④	05 ④
06 ③	07 64	08 ③		

01

[전략] $\mathrm{V}(X)=\sum_{i=1}^{n}(x_i-m)^2p_i$임을 이용한다.

ㄱ. $0\le p_i\le 1$이므로 $S(a)=0$이면
모든 i에 대하여 $(x_i-a)^2p_i=0$이므로 $x_i=a$
따라서 $\mathrm{E}(X)=a,\ \mathrm{V}(X)=0$이다. (참)

ㄴ. $\mathrm{E}(X)=m$이라 하면 $S(m)=\mathrm{V}(X)$
이때 $a_1=m-1,\ a_2=m+1$이라 하면

$S(m+1)=\sum_{i=1}^{n}(x_i-1-m)^2p_i$

$=\mathrm{V}(X-1)=\mathrm{V}(X)$

$S(m-1)=\sum_{i=1}^{n}(x_i+1-m)^2p_i$

$=\mathrm{V}(X+1)=\mathrm{V}(X)$

이므로 $S(m+1)=S(m-1)$

$\therefore S(a_1)=S(a_2)$ (거짓)

ㄷ. $\mathrm{E}(X)=m$이라 하면 $\sum_{i=1}^{n} p_i=1$이므로

$$S(a)=\sum_{i=1}^{n}(x_i^2-2ax_i+a^2)p_i$$
$$=\mathrm{E}(X^2)-2am+a^2$$
$$=\mathrm{V}(X)+m^2-2am+a^2$$
$$=\mathrm{V}(X)+(m-a)^2$$

따라서 $a=m$일 때 최소이다. (참)

따라서 옳은 것은 ㄱ, ㄷ이다. 답 ③

02

[전략] 가능한 점프를 →, ↑, ↗로 나타낼 때, 경우의 수는 →, ↑, ↗를 나열하는 경우의 수이다.

가능한 점프를 각각 →, ↑, ↗로 나타내면 X로 가능한 값은 4, 5, 6, 7이다.

(ⅰ) $X=4$일 때, ↗가 3회, →가 1회이므로

경우의 수는 $\frac{4!}{3!}=4$

(ⅱ) $X=5$일 때, ↗가 2회, →가 2회, ↑가 1회이므로

경우의 수는 $\frac{5!}{2!2!}=30$

(ⅲ) $X=6$일 때, ↗가 1회, →가 3회, ↑가 2회이므로

경우의 수는 $\frac{6!}{3!2!}=60$

(ⅳ) $X=7$일 때, →가 4회, ↑가 3회이므로

경우의 수는 $\frac{7!}{4!3!}=35$

(ⅰ)~(ⅳ)에서 모든 경우의 수는

$4+30+60+35=129$

따라서 X의 확률분포를 표로 나타내면 다음과 같다.

X	4	5	6	7	합계
$\mathrm{P}(X=x)$	$\frac{4}{129}$	$\frac{30}{129}$	$\frac{60}{129}$	$\frac{35}{129}$	1

$$\therefore \mathrm{E}(X)=4\times\frac{4}{129}+5\times\frac{30}{129}+6\times\frac{60}{129}+7\times\frac{35}{129}$$
$$=\frac{257}{43}$$

답 $\frac{257}{43}$

03

[전략] 주머니에서 m이 적힌 공을 꺼낼 때 얻은 점수를 X_m이라 하고 $\mathrm{E}(X_1)$, $\mathrm{E}(X_2)$, $\cdots$, $\mathrm{E}(X_{10})$이 확률변수인 확률분포의 평균이 구하는 기댓값이다.

주머니에서 꺼낸 공에 적힌 수가 m이고 주사위를 m번 던질 때, 주사위의 눈이 짝수인 횟수를 확률변수 Y_m, 이때 얻은 점수를 확률변수 X_m이라 하자.

Y_m은 이항분포 $\mathrm{B}\left(m, \frac{1}{2}\right)$을 따르므로

$$\mathrm{E}(Y_m)=\frac{m}{2}$$

또 $X_m=100Y_m-50(m-Y_m)=150Y_m-50m$이므로

$$\mathrm{E}(X_m)=150\mathrm{E}(Y_m)-50m$$
$$=150\times\frac{m}{2}-50m$$
$$=25m$$

한편 주머니 속에 들어 있는 공의 개수는

$$1+2+3+\cdots+10=\frac{10\times 11}{2}=55$$

이므로 주머니에서 한 개를 꺼낼 때 공에 적힌 수가 m일 확률은 $\frac{m}{55}$이다.

따라서 받은 점수를 확률변수 X라 하면

$$\mathrm{E}(X)=\sum_{m=1}^{10}\mathrm{E}(X_m)\times\frac{m}{55}$$
$$=\sum_{m=1}^{10}25m\times\frac{m}{55}$$
$$=\frac{5}{11}\sum_{m=1}^{10}m^2$$
$$=\frac{5}{11}\times\frac{10\times 11\times 21}{6}=175$$

답 ④

04

[전략] X가 이항분포 $\mathrm{B}\left(n, \frac{3}{4}\right)$을 따른다. 주어진 식을 전개하고 $\mathrm{E}(X)$와 $\mathrm{V}(X)$를 이용하여 나타낸다.

X는 이항분포 $\mathrm{B}\left(n, \frac{3}{4}\right)$을 따르므로

$$\mathrm{E}(X)=\frac{3}{4}n,\ \mathrm{V}(X)=\frac{3}{4}n\times\frac{1}{4}=\frac{3}{16}n$$

이때

$$\sum_{x=0}^{n}\left(x-\frac{n}{2}\right)(x-n)\mathrm{P}(X=x)$$
$$=\sum_{x=0}^{n}\left(x^2-\frac{3}{2}nx+\frac{n^2}{2}\right)\mathrm{P}(X=x)$$
$$=\sum_{x=0}^{n}x^2\mathrm{P}(X=x)-\frac{3}{2}n\sum_{x=0}^{n}x\mathrm{P}(X=x)+\frac{n^2}{2}\sum_{x=0}^{n}\mathrm{P}(X=x)$$
$$=\mathrm{E}(X^2)-\frac{3}{2}n\mathrm{E}(X)+\frac{n^2}{2}$$
$$=\left\{\frac{3}{16}n+\left(\frac{3}{4}n\right)^2\right\}-\frac{3}{2}n\times\frac{3}{4}n+\frac{n^2}{2}$$
$$=-\frac{1}{16}\left(n-\frac{3}{2}\right)^2+\frac{9}{64}$$

n은 0 이상의 정수이므로 주어진 식의 최댓값은 n이 1 또는 2일 때, $\frac{1}{8}$이다. 답 ④

05

[전략] 450번 시행에서 6의 약수가 나온 횟수를 확률변수 X라 하고, 파란 구슬과 빨간 구슬의 개수를 X로 나타낸다.

450번의 시행에서 6의 약수가 나온 횟수를 확률변수 X라 하면 6의 약수가 나오지 않은 횟수는 $(450-X)$이므로

시행이 끝난 후 빨간 구슬의 개수는 X,

파란 구슬의 개수는 $(450-X)+(450-X)=900-2X$이다.

빨간 구슬과 파란 구슬의 개수의 차가 30 이하이면

$$|900-2X-X|\le 30$$
$$-30\le 900-3X\le 30,\ -930\le -3X\le -870$$

$\therefore 290\le X\le 310$

한편 확률변수 X는 이항분포 $\mathrm{B}\left(450,\ \frac{2}{3}\right)$를 따르므로

$$\mathrm{E}(X)=450\times\frac{2}{3}=300$$

$$\mathrm{V}(X)=450\times\frac{2}{3}\times\frac{1}{3}=100$$

이때 450은 충분히 크므로 X는 근사적으로 정규분포 $\mathrm{N}(300,\ 10^2)$을 따른다.

따라서 구하는 확률은

$$\begin{aligned}\mathrm{P}(290\le X\le 310)&=\mathrm{P}\left(\frac{290-300}{10}\le Z\le\frac{310-300}{10}\right)\\&=\mathrm{P}(-1\le Z\le 1)\\&=2\mathrm{P}(0\le Z\le 1)\\&=2\times 0.3413\\&=0.6826\end{aligned}$$

답 ④

06

[전략] 주어진 부등식과 확률밀도함수 $f(x)$의 그래프가 직선 $x=m$에 대하여 대칭임을 이용하여 $y=f(x)$의 그래프를 그리고 m의 값의 범위를 구한다.

곡선 $y=f(x)$는 직선 $x=m$에 대하여 대칭이므로 주어진 부등식이 성립하는 그래프는 다음과 같다.

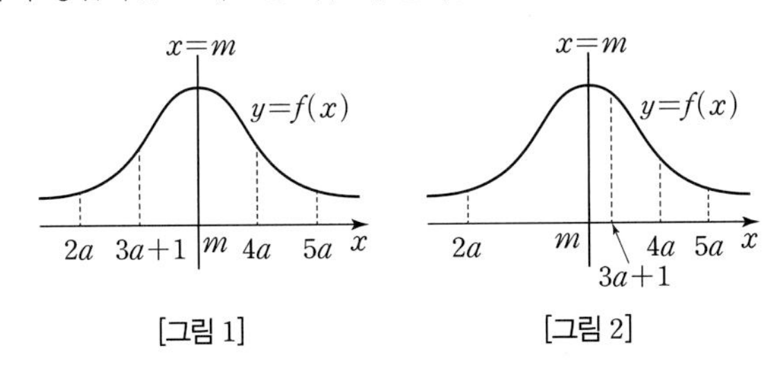

[그림 1] [그림 2]

[그림 1]에서 $m<\frac{3a+1+5a}{2}$이고,

[그림 2]에서 $m>\frac{2a+4a}{2}=3a$이므로

$$3a<m<4a+\frac{1}{2}$$

a와 m이 자연수이므로 $m=3a+1,\ 3a+2,\ \cdots,\ 4a$

이때 m이 5개이므로 $a=5$이고 $16\le m\le 20$

따라서 $\mathrm{P}(12\le X\le m)$의 최댓값은 $m=20$일 때이므로

$$\begin{aligned}\mathrm{P}(12\le X\le 20)&=\mathrm{P}\left(\frac{12-20}{10}\le Z\le\frac{20-20}{10}\right)\\&=\mathrm{P}(-0.8\le Z\le 0)\\&=\mathrm{P}(0\le Z\le 0.8)\\&=0.288\end{aligned}$$

최솟값은 $m=16$일 때이므로

$$\begin{aligned}\mathrm{P}(12\le X\le 16)&=\mathrm{P}\left(\frac{12-16}{10}\le Z\le\frac{16-16}{10}\right)\\&=\mathrm{P}(-0.4\le Z\le 0)\\&=\mathrm{P}(0\le Z\le 0.4)\\&=0.155\end{aligned}$$

따라서 최댓값과 최솟값의 합은

$$0.288+0.155=0.443$$

답 ③

07

[전략] 이 도시 학생의 통학 시간을 확률변수 X라 하고, 통학 시간이 35분 이상인 학생의 수를 확률변수 Y라 하여 두 확률변수가 어떤 관계가 있는지 파악한다.

통학 시간을 확률변수 X라 하면 X는 정규분포 $\mathrm{N}(25,\ 5^2)$을 따르므로

$$\begin{aligned}p_1&=\mathrm{P}(X\ge 35)\\&=\mathrm{P}\left(Z_1\ge\frac{35-25}{5}\right)\\&=\mathrm{P}(Z_1\ge 2)\\&=0.5-\mathrm{P}(0\le Z_1\le 2)\\&=0.5-0.48=0.02\end{aligned}$$

따라서 학생 2500명 중에서 통학 시간이 35분 이상인 학생의 수를 확률변수 Y라 하면 Y는 이항분포 $\mathrm{B}(2500,\ 0.02)$를 따른다.

$$\mathrm{E}(Y)=2500\times 0.02=50$$

$$\mathrm{V}(Y)=2500\times 0.02\times 0.98=49$$

이때 2500은 충분히 크므로 Y는 근사적으로 정규분포 $\mathrm{N}(50,\ 7^2)$을 따른다.

$$\therefore p_2=\mathrm{P}(Y\ge n)=\mathrm{P}\left(Z_2\ge\frac{n-50}{7}\right)$$

$p_1=p_2$이므로

$$\mathrm{P}\left(Z_2\ge\frac{n-50}{7}\right)=0.5-\mathrm{P}\left(0\le Z_2\le\frac{n-50}{7}\right)=0.02$$

$$\mathrm{P}\left(0\le Z_2\le\frac{n-50}{7}\right)=0.48$$

표준정규분포표에서 $\mathrm{P}(0\le Z\le 2)=0.48$이므로

$$\frac{n-50}{7}=2\qquad\therefore n=64$$

답 64

08

[전략]

세 확률변수 $X,\ Y,\ W$는 각각 정규분포 $\mathrm{N}(20,\ 4^2),\ \mathrm{N}(45,\ 6^2),\ \mathrm{N}(80,\ 8^2)$을 따른다.

ㄱ. $\mathrm{P}\left(\left|\frac{X-20}{100}\right|<\frac{1}{10}\right)=\mathrm{P}\left(\left|\frac{X-20}{4}\right|<\frac{25}{10}\right)=\mathrm{P}(|Z|<2.5)$

$\mathrm{P}\left(\left|\frac{W-80}{400}\right|<\frac{1}{10}\right)=\mathrm{P}\left(\left|\frac{W-80}{8}\right|<\frac{50}{10}\right)=\mathrm{P}(|Z|<5)$

$\therefore \mathrm{P}\left(\left|\frac{X}{100}-\frac{1}{5}\right|<\frac{1}{10}\right)<\mathrm{P}\left(\left|\frac{W}{400}-\frac{1}{5}\right|<\frac{1}{10}\right)$ (참)

ㄴ. $\mathrm{P}\left(\left|\frac{Y-45}{225}\right|<\frac{1}{25}\right)=\mathrm{P}\left(\left|\frac{Y-45}{6}\right|<\frac{225}{150}\right)=\mathrm{P}(|Z|<1.5)$

$\therefore \mathrm{P}\left(\left|\frac{X}{100}-\frac{1}{5}\right|<\frac{1}{10}\right)>\mathrm{P}\left(\left|\frac{Y}{225}-\frac{1}{5}\right|<\frac{1}{25}\right)$ (거짓)

ㄷ. $\mathrm{P}\left(\left|\frac{W-80}{400}\right|<\frac{1}{25}\right)=\mathrm{P}\left(\left|\frac{W-80}{8}\right|<\frac{50}{25}\right)=\mathrm{P}(|Z|<2)$

$\therefore \mathrm{P}\left(\left|\frac{Y}{225}-\frac{1}{5}\right|<\frac{1}{25}\right)<\mathrm{P}\left(\left|\frac{W}{400}-\frac{1}{5}\right|<\frac{1}{25}\right)$ (참)

따라서 옳은 것은 ㄱ, ㄷ이다.

답 ③

06. 통계적 추정

step A 기본 문제 66~69쪽

01 ⑤	02 ④	03 ②	04 ③	05 ②
06 ⑤	07 ②	08 ①	09 ②	10 ②
11 ②	12 16	13 ③	14 ②	15 ④
16 ②	17 51	18 ③	19 ①	20 ⑤
21 385	22 ③	23 ①		

01

모표준편차가 14이므로

$\sigma(\overline{X})=\frac{14}{\sqrt{n}}=2$, $\sqrt{n}=7$

$\therefore n=49$

답 ⑤

02

확률의 합은 1이므로

$\frac{1}{6}+a+b=1 \quad \therefore a+b=\frac{5}{6}$ … ❶

$E(X^2)=\frac{16}{3}$이므로

$0^2\times\frac{1}{6}+2^2\times a+4^2\times b=\frac{16}{3}$

$\therefore a+4b=\frac{4}{3}$ … ❷

❶, ❷를 연립하여 풀면 $a=\frac{2}{3}$, $b=\frac{1}{6}$

$\therefore E(X)=0\times\frac{1}{6}+2\times\frac{2}{3}+4\times\frac{1}{6}=2$

따라서 $V(X)=E(X^2)-\{E(X)\}^2=\frac{16}{3}-2^2=\frac{4}{3}$이고,

표본의 크기가 20이므로

$V(\overline{X})=\frac{1}{20}V(X)=\frac{1}{20}\times\frac{4}{3}=\frac{1}{15}$

답 ④

03

상자에서 꺼낸 공에 적힌 수를 확률변수 X라 할 때 X의 확률분포를 표로 나타내면 다음과 같다.

X	1	2	3	합계
$P(X=x)$	$\frac{1}{6}$	$\frac{1}{2}$	$\frac{1}{3}$	1

$E(X)=1\times\frac{1}{6}+2\times\frac{1}{2}+3\times\frac{1}{3}=\frac{13}{6}$

$V(X)=1^2\times\frac{1}{6}+2^2\times\frac{1}{2}+3^2\times\frac{1}{3}-\left(\frac{13}{6}\right)^2$

$=\frac{31}{6}-\frac{169}{36}=\frac{17}{36}$

$\sigma(X)=\sqrt{\frac{17}{36}}=\frac{\sqrt{17}}{6}$

$\therefore \sigma(\overline{X})=\frac{\sigma(X)}{\sqrt{17}}=\frac{1}{\sqrt{17}}\times\frac{\sqrt{17}}{6}=\frac{1}{6}$

답 ②

04

모집단이 정규분포 $N(85, 6^2)$을 따르고, 표본의 크기가 16이므로 표본평균 $\overline{X}$는 정규분포 $N\left(85, \frac{6^2}{16}\right)$, 곧 $N\left(85, \frac{9}{4}\right)$를 따른다.

$P(\overline{X}\geq k)=0.0228$에서 $P\left(Z\geq\frac{k-85}{\frac{3}{2}}\right)=0.0228$

$P(Z\geq 2)=0.5-P(0\leq Z\leq 2)=0.0228$이므로

$\frac{k-85}{\frac{3}{2}}=2 \quad \therefore k=88$

답 ③

05

모집단이 정규분포 $N(45, 8^2)$을 따르고, 표본의 크기가 16이므로 표본평균 $\overline{X}$는 정규분포 $N\left(45, \frac{8^2}{16}\right)$, 곧 $N(45, 2^2)$을 따른다.

$\therefore P(44\leq\overline{X}\leq 47)=P\left(\frac{44-45}{2}\leq Z\leq\frac{47-45}{2}\right)$

$=P(-0.5\leq Z\leq 1)$

$=P(0\leq Z\leq 0.5)+P(0\leq Z\leq 1)$

$=0.1915+0.3413$

$=0.5328$

답 ②

06

모집단이 정규분포 $N(201.5, 1.8^2)$을 따르고 표본의 크기가 9이므로 표본평균 $\overline{X}$는 정규분포 $N\left(201.5, \frac{1.8^2}{9}\right)$, 곧 $N(201.5, 0.6^2)$을 따른다.

$\therefore P(\overline{X}\geq 200)=P\left(Z\geq\frac{200-201.5}{0.6}\right)$

$=P(Z\geq -2.5)=P(Z\leq 2.5)$

$=0.5+P(0\leq Z\leq 2.5)$

$=0.5+0.4938$

$=0.9938$

답 ⑤

07

모집단이 정규분포 $N(m, 10^2)$을 따르고 표본의 크기가 25이므로 표본평균 $\overline{X}$는 정규분포 $N\left(m, \frac{10^2}{25}\right)$, 곧 $N(m, 2^2)$을 따른다.

따라서 $P(\overline{X}\geq 2000)=0.9772$에서

$P\left(Z\geq\frac{2000-m}{2}\right)=0.9772$

그런데

$P(Z\geq -2)=0.5+P(-2\leq Z\leq 0)$

$=0.5+P(0\leq Z\leq 2)$

$=0.9772$

이므로

$$\frac{2000-m}{2}=-2 \qquad \therefore m=2004$$

답 ②

08

수분크림 한 개의 무게를 확률변수 X라 하면 X는 정규분포 $N(m, \sigma^2)$을 따른다.

$P(X \geq 50)=0.1587$이므로

$$P\left(Z \geq \frac{50-m}{\sigma}\right)=0.1587$$

그런데

$$P(Z \geq 1)=0.5-P(0 \leq Z \leq 1)=0.1587$$

이므로

$$\frac{50-m}{\sigma}=1,\ 50-m=\sigma$$

또 임의추출한 4개 무게의 평균을 $\overline{X}$라 하면 $\overline{X}$는 정규분포 $N\left(m, \frac{\sigma^2}{2^2}\right)$을 따른다.

$$\begin{aligned}\therefore P(\overline{X} \geq 50)&=P\left(Z \geq \frac{50-m}{\frac{\sigma}{2}}\right)\\&=P\left(Z \geq \frac{\sigma}{\frac{\sigma}{2}}\right)\\&=P(Z \geq 2)\\&=0.5-P(0 \leq Z \leq 2)\\&=0.5-0.4772\\&=0.0228\end{aligned}$$

답 ①

09

모집단이 정규분포 $N(196.8,\ 10^2)$을 따르고 표본의 크기가 4이므로 표본평균 $\overline{X}$는 정규분포 $N\left(196.8,\ \frac{10^2}{4}\right)$, 곧 $N(196.8,\ 5^2)$을 따른다.

$P(\overline{X}>L)=0.8770$이므로

$$P\left(Z>\frac{L-196.8}{5}\right)=0.8770$$

그런데

$$\begin{aligned}P(Z \geq -1.16)&=0.5+P(-1.16 \leq Z \leq 0)\\&=0.5+P(0 \leq Z \leq 1.16)=0.8770\end{aligned}$$

이므로

$$\frac{L-196.8}{5}=-1.16 \qquad \therefore L=191$$

답 ②

10

모집단이 정규분포 $N(70,\ 2.5^2)$을 따르고 표본의 크기가 16이므로 표본평균 $\overline{X}$는 정규분포 $N\left(70,\ \frac{2.5^2}{16}\right)$, 곧 $N\left(70,\ \frac{25}{64}\right)$를 따른다.

$P(|\overline{X}-70| \leq a)=0.9544$에서

$$\begin{aligned}(\text{좌변})&=P\left(\left|\frac{\overline{X}-70}{\frac{5}{8}}\right| \leq \frac{8}{5}a\right)\\&=P\left(|Z| \leq \frac{8}{5}a\right)\\&=2P\left(0 \leq Z \leq \frac{8}{5}a\right)\end{aligned}$$

이므로

$$2P\left(0 \leq Z \leq \frac{8}{5}a\right)=0.9544$$

$$\therefore P\left(0 \leq Z \leq \frac{8}{5}a\right)=0.4772$$

표준정규분포표에서 $\frac{8}{5}a=2$

$$\therefore a=1.25$$

답 ②

11

모집단이 정규분포 $N(250,\ 20^2)$을 따르고 표본의 크기가 n이므로 표본평균 $\overline{X}$는 정규분포 $N\left(250,\ \frac{20^2}{n}\right)$을 따른다.

$P(242 \leq \overline{X} \leq 258) \leq 0.9544$에서

$$\begin{aligned}&P\left(\frac{242-250}{\frac{20}{\sqrt{n}}} \leq Z \leq \frac{258-250}{\frac{20}{\sqrt{n}}}\right)\\&=2P\left(0 \leq Z \leq \frac{2\sqrt{n}}{5}\right) \leq 0.9544\end{aligned}$$

$$\therefore P\left(0 \leq Z \leq \frac{2\sqrt{n}}{5}\right) \leq 0.4772$$

표준정규분포표에서 $\frac{2}{5}\sqrt{n} \leq 2 \qquad \therefore n \leq 25$

따라서 n의 최댓값은 25이다.

답 ②

12

모집단이 정규분포 $N(50,\ \sigma^2)$을 따르고 표본의 크기가 16이므로 표본평균 $\overline{X}$는 정규분포 $N\left(50,\ \frac{\sigma^2}{16}\right)$을 따른다.

$P(50 \leq \overline{X} \leq 56)=0.4332$에서

$$P\left(\frac{50-50}{\frac{\sigma}{4}} \leq Z \leq \frac{56-50}{\frac{\sigma}{4}}\right)=P\left(0 \leq Z \leq \frac{24}{\sigma}\right)=0.4332$$

표준정규분포표에서 $\frac{24}{\sigma}=1.5$

$$\therefore \sigma=\frac{24}{1.5}=16$$

답 16

13

모집단이 정규분포 $N(8,\ 2^2)$을 따르고 표본의 크기가 4이므로 표본평균 $\overline{X}$는 정규분포 $N(8,\ 1^2)$을 따른다.

4통의 통화 시간의 합이 30분 이상이면 평균은 $\frac{30}{4}=7.5$(분) 이상이므로

$$\mathrm{P}(\overline{X}\geq 7.5)=\mathrm{P}\left(Z\geq\frac{7.5-8}{1}\right)$$
$$=\mathrm{P}(Z\geq -0.5)$$
$$=0.5+\mathrm{P}(0\leq Z\leq 0.5)$$
$$=0.5+0.192=0.692$$

답 ③

14

모집단이 정규분포 $\mathrm{N}(50,\ 5^2)$을 따르고 표본의 크기가 100이므로 표본평균 $\overline{X}$는 정규분포 $\mathrm{N}\left(50,\ \frac{5^2}{100}\right)$, 곧 $\mathrm{N}(50,\ 0.5^2)$을 따른다.

포장한 상자의 무게가 5300 g 미만이면 키위 한 개의 평균이 $\frac{5300-400}{100}=49$ (g) 미만이므로

$$\mathrm{P}(\overline{X}<49)=\mathrm{P}\left(Z<\frac{49-50}{0.5}\right)$$
$$=\mathrm{P}(Z<-2)$$
$$=0.5-\mathrm{P}(0\leq Z\leq 2)$$
$$=0.5-0.4772=0.0228$$

답 ②

15

석류의 무게를 확률변수 X라 하면 X는 정규분포 $\mathrm{N}(m,\ 40^2)$을 따른다.

따라서 표본의 크기가 64인 표본평균의 값이 $\overline{x}$이므로

모평균 m에 대한 신뢰도 99 %의 신뢰구간은

$$\overline{x}-2.58\times\frac{40}{\sqrt{64}}\leq m\leq\overline{x}+2.58\times\frac{40}{\sqrt{64}}$$

$$\therefore c=2.58\times 5=12.9$$

답 ④

16

수박의 무게를 확률변수 X라 하면 X는 정규분포 $\mathrm{N}(m,\ 1.4^2)$을 따른다.

임의추출한 49개의 표본평균의 값을 $\overline{x}$라 하면

모평균 m에 대한 신뢰도 95 %의 신뢰구간은

$$\overline{x}-1.96\times\frac{1.4}{\sqrt{49}}\leq m\leq\overline{x}+1.96\times\frac{1.4}{\sqrt{49}}$$

$\overline{x}+1.96\times 0.2=7.992$이므로 $\overline{x}=7.6$

$$\therefore a=\overline{x}-1.96\times 0.2=7.208$$

답 ②

17

크기가 n인 표본의 표본평균의 값을 $\overline{x}$라 하면 모평균 m에 대한 신뢰도 95 %의 신뢰구간은

$$\overline{x}-1.96\times\frac{\sigma}{\sqrt{n}}\leq m\leq\overline{x}+1.96\times\frac{\sigma}{\sqrt{n}}$$

이므로

$$\overline{x}-1.96\times\frac{\sigma}{\sqrt{n}}=100.4 \quad \cdots ❶$$

$$\overline{x}+1.96\times\frac{\sigma}{\sqrt{n}}=139.6 \quad \cdots ❷$$

❶, ❷를 연립하여 풀면

$$\overline{x}=120,\ \frac{\sigma}{\sqrt{n}}=10$$

따라서 모평균 m에 대한 신뢰도 99 %의 신뢰구간은

$$\overline{x}-2.58\times\frac{\sigma}{\sqrt{n}}\leq m\leq\overline{x}+2.58\times\frac{\sigma}{\sqrt{n}}$$

이므로

$$120-2.58\times 10\leq m\leq 120+2.58\times 10$$
$$\therefore 94.2\leq m\leq 145.8$$

따라서 자연수 m은 95, 96, ⋯, 145의 51개이다.

답 51

18

크기가 16인 표본평균이 12.34이므로

모평균 m에 대한 신뢰도 95 %의 신뢰구간은

$$12.34-1.96\times\frac{\sigma}{\sqrt{16}}\leq m\leq 12.34+1.96\times\frac{\sigma}{\sqrt{16}}$$

$12.34-1.96\times\frac{\sigma}{4}=11.36$이므로

$$0.49\sigma=0.98 \qquad \therefore \sigma=2$$

$$\therefore a=12.34+1.96\times\frac{\sigma}{4}=12.34+0.98=13.32$$

$$\therefore a+\sigma=15.32$$

답 ③

19

임의추출된 n명의 하루 여가 활동 시간의 표본평균의 값을 $\overline{x}$라 하면 모평균 m에 대한 신뢰도 95 %의 신뢰구간은

$$\overline{x}-1.96\times\frac{10}{\sqrt{n}}\leq m\leq\overline{x}+1.96\times\frac{10}{\sqrt{n}}$$

이므로

$$\overline{x}-1.96\times\frac{10}{\sqrt{n}}=38.08 \quad \cdots ❶$$

$$\overline{x}+1.96\times\frac{10}{\sqrt{n}}=45.92 \quad \cdots ❷$$

❷－❶을 하면 $2\times 1.96\times\frac{10}{\sqrt{n}}=7.84$

$$\sqrt{n}=5 \qquad \therefore n=25$$

답 ①

20

크기가 64인 표본을 임의추출하여 얻은 표본평균의 값을 $\overline{x}$라 하면 모평균 m에 대한 신뢰도 95 %의 신뢰구간은

$$\overline{x}-1.96\times\frac{\sigma}{\sqrt{64}}\leq m\leq\overline{x}+1.96\times\frac{\sigma}{\sqrt{64}}$$

$\beta-\alpha=9.8$이므로

$$2\times 1.96\times\frac{\sigma}{8}=9.8 \qquad \therefore \sigma=20$$

답 ⑤

21

크기가 n인 표본을 임의추출하여 얻은 표본평균의 값을 $\overline{x}$라 하면 모평균 m에 대한 신뢰도 95 %의 신뢰구간은

$$\overline{x}-1.96\times\frac{5}{\sqrt{n}}\le m\le\overline{x}+1.96\times\frac{5}{\sqrt{n}}$$

신뢰구간의 길이가 1 kg 이하이면

$$2\times1.96\times\frac{5}{\sqrt{n}}\le1$$

$$\sqrt{n}\ge19.6,\ n\ge384.16$$

따라서 표본의 크기의 최솟값은 385이다. 답 385

22

모평균 m에 대한 신뢰도 99 %의 신뢰구간은

$$\overline{x}-2.58\times\frac{\sigma}{\sqrt{n}}\le m\le\overline{x}+2.58\times\frac{\sigma}{\sqrt{n}}$$

신뢰구간의 길이가 $\frac{1}{5}\sigma$ 이하이므로

$$2\times2.58\times\frac{\sigma}{\sqrt{n}}\le\frac{1}{5}\sigma$$

$$\sqrt{n}\ge25.8,\ n\ge665.64$$

따라서 n의 최솟값은 666이다. 답 ③

23

주어진 표에서 당도의 평균을 $\overline{x}$라 하면

$$\overline{x}=10\times\frac{4}{9}+11\times\frac{2}{9}+12\times\frac{2}{9}+13\times\frac{1}{9}=11$$

따라서 모평균 m에 대한 신뢰도 95 %의 신뢰구간은

$$11-1.96\times\frac{1.5}{\sqrt{9}}\le m\le11+1.96\times\frac{1.5}{\sqrt{9}}$$

$$\therefore 10.02\le m\le11.98$$

답 ①

step B 실력 문제 70~72쪽

01 $\frac{19}{7}$	**02** ⑤	**03** 36	**04** ①	**05** 25
06 ③	**07** ④	**08** $p=0.0139,\ q=0.0359$		
09 ①	**10** ③	**11** ①	**12** ④	**13** ⑤
14 ③	**15** 25	**16** 12	**17** ⑤	
18 $n=49,\ \overline{x_2}=75$				

01

[전략] $P(\overline{X}=1)=\frac{1}{49}$을 이용하여 $E(X)$의 값을 구하고, $E(\overline{X})=E(X)$임을 이용한다.

$\overline{X}=1$이면 시행 2번에서 나온 두 수가 모두 1이다.

또 1번 시행에서 1이 나올 확률이 $\frac{1}{n+1}$이므로

$$P(\overline{X}=1)=\left(\frac{1}{n+1}\right)^2=\frac{1}{49}\qquad\therefore n=6$$

이때 $E(X)=1\times\frac{1}{7}+3\times\frac{6}{7}=\frac{19}{7}$이므로

$$E(\overline{X})=E(X)=\frac{19}{7}$$

답 $\frac{19}{7}$

02

[전략] $\overline{X}=2$이면 꺼낸 공 2개의 평균이 2이다. 따라서 가능한 경우부터 찾는다.

처음 꺼낸 공에 적힌 수를 a, 두 번째 꺼낸 공에 적힌 수를 b라 하면 $\overline{X}=2$이므로 $a+b=4$이다.

(i) $a=1,\ b=3$일 확률은 $\frac{1}{8}\times\frac{5}{8}=\frac{5}{64}$

(ii) $a=2,\ b=2$일 확률은 $\frac{2}{8}\times\frac{2}{8}=\frac{4}{64}$

(iii) $a=3,\ b=1$일 확률은 $\frac{5}{8}\times\frac{1}{8}=\frac{5}{64}$

(i)~(iii)에서 $P(\overline{X}=2)=\frac{5}{64}+\frac{4}{64}+\frac{5}{64}=\frac{7}{32}$ 답 ⑤

03

[전략] $P\left(\overline{X}-1748\le\frac{5.44}{\sqrt{n}}\right)\le0.05$를 $Z=\frac{\overline{X}-m}{\sigma}$으로 표준화하고, 주어진 표준정규분포의 값을 이용한다.

모집단이 정규분포 $N(1750,\ 4^2)$을 따르고 표본의 크기가 n이므로 표본평균 $\overline{X}$는 정규분포 $N\left(1750,\ \frac{4^2}{n}\right)$을 따른다.

$P\left(\overline{X}-1748\le\frac{5.44}{\sqrt{n}}\right)\le0.05$에서

$$P\left(\overline{X}\le1748+\frac{5.44}{\sqrt{n}}\right)\le0.05$$

$$P\left(Z\le\frac{\frac{5.44}{\sqrt{n}}-2}{\frac{4}{\sqrt{n}}}\right)\le0.05$$

$P(0\le Z\le1.64)=0.45$에서 $P(Z\le-1.64)=0.05$이므로

$$\frac{\frac{5.44}{\sqrt{n}}-2}{\frac{4}{\sqrt{n}}}\le-1.64,\ \frac{12}{\sqrt{n}}\le2$$

$$\therefore n\ge36$$

따라서 n의 최솟값은 36이다. 답 36

04

[전략] 1. $P(m \le X \le a)=0.3413$에서 a의 값 또는 a와 m의 관계를 구한다.
2. 구하는 확률은 $P(\overline{X} \ge a-2)$이다.

제품의 길이는 정규분포 $N(m, 4^2)$을 따르고
$P(m \le X \le a)=0.3413$이므로

$$P\left(0 \le Z \le \frac{a-m}{4}\right)=0.3413$$

표준정규분포표에서

$$\frac{a-m}{4}=1, \ a-m=4$$

또 $\sigma(\overline{X})=\frac{\sigma(X)}{\sqrt{16}}=\frac{4}{\sqrt{16}}=1$이므로 $\overline{X}$는 정규분포 $N(m, 1^2)$을 따른다.

따라서 구하는 확률은

$$\begin{aligned}P(\overline{X} \ge a-2)&=P\left(Z \ge \frac{a-2-m}{1}\right)=P(Z \ge 2)\\&=0.5-P(0 \le Z \le 2)\\&=0.5-0.4772=0.0228\end{aligned}$$

답 ①

05

[전략] $\overline{X}$의 평균과 표준편차를 구하고, $P(7.76 \le \overline{X} \le 8.24) \ge 0.6826$을 표준화하여 나타낸다.

모집단이 정규분포 $N(8, 1.2^2)$을 따르고 표본의 크기가 n이므로 표본평균 $\overline{X}$는 정규분포 $N\left(8, \frac{1.2^2}{n}\right)$을 따른다.

$P(7.76 \le \overline{X} \le 8.24) \ge 0.6826$에서

$$P\left(\frac{7.76-8}{\frac{1.2}{\sqrt{n}}} \le Z \le \frac{8.24-8}{\frac{1.2}{\sqrt{n}}}\right)$$

$$=P\left(-\frac{\sqrt{n}}{5} \le Z \le \frac{\sqrt{n}}{5}\right)$$

$$=2P\left(0 \le Z \le \frac{\sqrt{n}}{5}\right) \ge 0.6826$$

곧, $P\left(0 \le Z \le \frac{\sqrt{n}}{5}\right) \ge 0.3413$이므로

$$\frac{\sqrt{n}}{5} \ge 1, \ n \ge 25$$

따라서 n의 최솟값은 25이다.

답 25

06

[전략] $\overline{X}$와 $\overline{Y}$의 평균과 표준편차를 구하고, $P(\overline{X} \ge 1)$, $P(\overline{Y} \le a)$를 표준화하여 비교한다.

$\overline{X}$는 정규분포 $N\left(0, \frac{4^2}{3^2}\right)$을 따르므로

$$P(\overline{X} \ge 1)=P\left(Z \ge \frac{1}{\frac{4}{3}}\right)=P\left(Z \ge \frac{3}{4}\right)$$

$\overline{Y}$는 정규분포 $N\left(3, \frac{1^2}{2^2}\right)$을 따르므로

$$P(\overline{Y} \le a)=P\left(Z \le \frac{a-3}{\frac{1}{2}}\right)=P(Z \le 2(a-3))$$

따라서 $P(\overline{X} \ge 1)=P(\overline{Y} \le a)$이면

$$2(a-3)=-\frac{3}{4} \qquad \therefore a=\frac{21}{8}$$

답 ③

07

[전략] $\overline{X}$의 평균과 분산을 구하고, 이를 이용하여 $P(\overline{X}<100)$을 표준화하여 나타낸다.

모평균을 m, 모표준편차를 σ라 하면 모집단이 정규분포 $N(m, \sigma^2)$을 따르므로 표본의 크기가 4인 표본평균 $\overline{X}$는 정규분포 $N\left(m, \frac{\sigma^2}{2^2}\right)$을 따른다.

$P(\overline{X}<100)=0.001$이므로

$$P\left(Z<\frac{100-m}{\frac{\sigma}{2}}\right)=P\left(Z<\frac{2(100-m)}{\sigma}\right)=0.001$$

그런데

$$\begin{aligned}P(Z \le -3)&=P(Z \ge 3)=0.5-P(0 \le Z \le 3)\\&=0.5-0.499=0.001\end{aligned}$$

이므로

$$\frac{2(100-m)}{\sigma}=-3, \ \frac{100-m}{\sigma}=-1.5$$

따라서 비누 1개를 검사할 때 불량품으로 판정될 확률은

$$\begin{aligned}P(X<100)&=P\left(Z<\frac{100-m}{\sigma}\right)\\&=P(Z<-1.5)\\&=0.5-P(0 \le Z \le 1.5)\\&=0.5-0.433=0.067\end{aligned}$$

답 ④

08

[전략] 두 상자 A, B 무게의 평균이 다르므로 A 상자의 표본평균을 $\overline{X}$, B 상자의 표본평균을 $\overline{Y}$라 하고, $\overline{X}$와 $\overline{Y}$의 분포를 따로 구한다.

A 상자에 들어 있는 제품의 무게를 확률변수 X라 하면 X는 정규분포 $N(16, 6^2)$을 따르므로 A 상자에서 임의추출한 제품 16개의 표본평균 $\overline{X}$는 정규분포 $N(16, 1.5^2)$을 따른다.

$$\begin{aligned}\therefore p&=P(\overline{X}<12.7)=P\left(Z_1<\frac{12.7-16}{1.5}\right)\\&=P(Z_1<-2.2)=P(Z_1>2.2)\\&=0.5-P(0 \le Z_1 \le 2.2)\\&=0.5-0.4861=0.0139\end{aligned}$$

B 상자에 들어 있는 제품의 무게를 확률변수 Y라 하면 Y는 정규분포 $N(10, 6^2)$을 따르므로 B 상자에서 임의추출한 제품 16개의 표본평균 $\overline{Y}$는 정규분포 $N(10, 1.5^2)$을 따른다.

$$\begin{aligned}\therefore q&=P(\overline{Y} \ge 12.7)=P\left(Z_2 \ge \frac{12.7-10}{1.5}\right)\\&=P(Z_2 \ge 1.8)=0.5-P(0 \le Z_2 \le 1.8)\\&=0.5-0.4641=0.0359\end{aligned}$$

답 $p=0.0139$, $q=0.0359$

09

[전략] $\overline{X}$, $\overline{Y}$의 분포를 구하고, $P(\overline{X}\le 53)+P(\overline{Y}\le 69)=1$을 표준화하면 σ에 대한 조건을 찾을 수 있다.

$\sigma(\overline{X})=\dfrac{8}{\sqrt{16}}=2$이므로 $\overline{X}$는 정규분포 $N(50, 2^2)$을 따르고,

$\sigma(\overline{Y})=\dfrac{\sigma}{\sqrt{25}}=\dfrac{\sigma}{5}$이므로 $\overline{Y}$는 정규분포 $N\left(75, \dfrac{\sigma^2}{25}\right)$을 따른다.

따라서 $P(\overline{X}\le 53)+P(\overline{Y}\le 69)=1$에서

$$P(\overline{X}\le 53)=P\left(Z_1\le\frac{53-50}{2}\right)=P(Z_1\le 1.5)$$

$$P(\overline{Y}\le 69)=P\left(Z_2\le\frac{69-75}{\frac{\sigma}{5}}\right)=P\left(Z_2\le-\frac{30}{\sigma}\right)$$

이므로

$$P(Z_1\le 1.5)+P\left(Z_2\le-\frac{30}{\sigma}\right)=1$$

$$\therefore -\frac{30}{\sigma}=-1.5,\ \sigma=20$$

$\overline{Y}$는 정규분포 $N(75, 4^2)$을 따르므로

$$\begin{aligned}P(\overline{Y}\ge 71)&=P\left(Z_2\ge\frac{71-75}{4}\right)=P(Z_2\ge -1)\\&=0.5+P(0\le Z_2\le 1)\\&=0.5+0.3413=0.8413\end{aligned}$$

답 ①

10

[전략] 9명 몸무게의 평균이 $\dfrac{549}{9}$ kg 이상이면 경고음이 울린다. 따라서 크기가 9인 표본평균을 $\overline{X}$라 하고, 확률을 구한다.

모집단이 정규분포 $N(60, 6^2)$을 따르고 표본의 크기가 9이므로 표본평균 $\overline{X}$는 정규분포 $N\left(60, \dfrac{6^2}{9}\right)$, 곧 $N(60, 2^2)$을 따른다.

$\overline{X}$가 $\dfrac{549}{9}=61$ 이상이면 경고음이 울리므로 구하는 확률은

$$\begin{aligned}P(\overline{X}\ge 61)&=P\left(Z\ge\frac{61-60}{2}\right)\\&=P(Z\ge 0.5)\\&=0.5-P(0\le Z\le 0.5)\\&=0.5-0.1915=0.3085\end{aligned}$$

답 ③

11

[전략] $X\ge 3240$일 확률은 크기가 9인 표본평균 $\overline{X}\ge\dfrac{3240}{9}$일 확률과 같다. $Y\ge 2008$도 같은 방법으로 식을 세운다.

사과의 무게는 정규분포 $N(350, 30^2)$을 따르고 표본의 크기가 9이므로 표본평균 $\overline{X}$는 정규분포 $N\left(350, \dfrac{30^2}{9}\right)$, 곧 $N(350, 10^2)$을 따른다.

사과 9개 무게의 합이 3240 g 이상이면 $\overline{X}\ge\dfrac{3240}{9}=360$이므로 확률은

$$\begin{aligned}P(\overline{X}\ge 360)&=P\left(Z_1\ge\frac{360-350}{10}\right)\\&=P(Z_1\ge 1)\\&=0.5-P(0\le Z_1\le 1)\\&=0.5-0.34=0.16\end{aligned}$$

배의 무게는 정규분포 $N(490, 40^2)$을 따르고 표본의 크기가 4이므로 표본평균 $\overline{Y}$는 정규분포 $N\left(490, \dfrac{40^2}{4}\right)$, 곧 $N(490, 20^2)$을 따른다.

배 4개 무게의 합이 2008 g 이상이면 $\overline{Y}\ge\dfrac{2008}{4}=502$이므로 확률은

$$\begin{aligned}P(\overline{Y}\ge 502)&=P\left(Z_2\ge\frac{502-490}{20}\right)\\&=P(Z_2\ge 0.6)\\&=0.5-P(0\le Z_2\le 0.6)\\&=0.5-0.23=0.27\end{aligned}$$

사과의 무게와 배의 무게는 독립이므로 $X\ge 3240$이고 $Y\ge 2008$일 확률은

$$0.16\times 0.27=0.0432$$

답 ①

12

[전략] 과자 4개의 무게의 평균은 크기가 4인 표본의 평균이라 생각할 수 있다.

모집단이 정규분포 $N(10, 2^2)$을 따르고 표본의 크기가 4이므로 표본평균 $\overline{X}$는 정규분포 $N(10, 1)$을 따른다.

철수가 선택한 과자 4개의 무게의 평균이 9 이상이고 13 이하일 확률을 p라 하면

$$\begin{aligned}p&=P(9\le\overline{X}\le 13)\\&=P\left(\frac{9-10}{1}\le Z\le\frac{13-10}{1}\right)\\&=P(-1\le Z\le 3)\\&=P(0\le Z\le 1)+P(0\le Z\le 3)\\&=0.3413+0.4987=0.84\end{aligned}$$

마찬가지로 영희가 선택한 과자 4개의 무게의 평균이 9 이상이고 13 이하일 확률도 p이다.

따라서 구하는 확률은

$$2p-p^2=2\times 0.84-0.84^2=0.9744 \quad \cdots ❶$$

답 ④

Note

❶은 여사건의 확률에서 $1-(1-p)^2$을 계산해도 된다.

13

[전략] $\overline{X}$의 분포를 찾고, 정규분포의 성질을 이용한다

ㄱ. $V(X)=4$이고, $\overline{X}$는 크기가 n인 표본의 표본평균이므로

$$V(\overline{X})=\frac{V(X)}{n}=\frac{4}{n}\ \text{(참)}$$

ㄴ. $\overline{X}$는 정규분포 $N\left(10, \dfrac{4}{n}\right)$를 따른다.

따라서 $\overline{X}$의 확률밀도함수는 직선 $x=10$에 대칭이므로

$P(\overline{X}\le 10-a)=P(\overline{X}\ge 10+a)$ (참)

ㄷ. $P(\overline{X}\ge a)=P(Z\le b)$에서

$P(\overline{X}\ge a)=P\left(Z\ge \dfrac{a-10}{\frac{2}{\sqrt{n}}}\right)$이므로

$\dfrac{a-10}{\frac{2}{\sqrt{n}}}=-b,\ a-10=-\dfrac{2}{\sqrt{n}}b$

$\therefore a+\dfrac{2}{\sqrt{n}}b=10$ (참)

따라서 옳은 것은 ㄱ, ㄴ, ㄷ이다. 답 ⑤

14

[전략] X, $\overline{X}$의 확률분포를 구하고, $P(X\le m+30k)$와 $P(\overline{X}\ge m-30k)$를 표준화하면 $G(k)$와 $H(k)$를 비교할 수 있다.

X가 정규분포 $N(m,\ 30^2)$을 따르고 표본의 크기가 9이므로 표본평균 $\overline{X}$는 정규분포 $N\left(m,\ \dfrac{30^2}{9}\right)$, 곧 $N(m,\ 10^2)$을 따른다.

ㄱ. $G(0)=P(X\le m)=P(Z\le 0)=0.5$

$H(0)=P(\overline{X}\ge m)=P(Z\ge 0)=0.5$

$\therefore G(0)=H(0)$ (참)

ㄴ. $G(3)=P(X\le m+90)$

$=P(Z\le 3)$

$=0.5+P(0\le Z\le 3)$

$H(1)=P(\overline{X}\ge m-30)$

$=P(Z\ge -3)$

$=P(Z\le 3)$

$=0.5+P(0\le Z\le 3)$

$\therefore G(3)=H(1)$ (참)

ㄷ. $G(1)=P(X\le m+30)=P(Z\le 1)$

$H(-1)=P(\overline{X}\ge m+30)=P(Z\ge 3)$

$\therefore G(1)+H(-1)<1$ (거짓)

따라서 옳은 것은 ㄱ, ㄴ이다. 답 ③

15

[전략] 모평균 m에 대한 신뢰도 95 %의 신뢰구간은

$\bar{x}-1.96\times\dfrac{\sigma}{\sqrt{n}}\le m\le \bar{x}+1.96\times\dfrac{\sigma}{\sqrt{n}}$

모평균 m에 대한 신뢰도 95 %의 신뢰구간은

$\bar{x}-1.96\times\dfrac{\sigma}{\sqrt{49}}\le m\le \bar{x}+1.96\times\dfrac{\sigma}{\sqrt{49}}$

이므로

$\bar{x}-1.96\times\dfrac{\sigma}{7}=\bar{x}-0.28\sigma=1.73$ … ❶

$\bar{x}+1.96\times\dfrac{\sigma}{7}=\bar{x}+0.28\sigma=1.87$ … ❷

❶, ❷를 연립하여 풀면 $\bar{x}=1.8,\ \sigma=0.25$이므로

$180k=180\times\dfrac{0.25}{1.8}=25$ 답 25

16

[전략] 모평균 m에 대한 신뢰도 95 %의 신뢰구간은

$\bar{x}-1.96\times\dfrac{\sigma}{\sqrt{n}}\le m\le \bar{x}+1.96\times\dfrac{\sigma}{\sqrt{n}}$

모평균 m에 대한 신뢰도 99 %의 신뢰구간은

$\bar{x}-2.58\times\dfrac{\sigma}{\sqrt{n}}\le m\le \bar{x}+2.58\times\dfrac{\sigma}{\sqrt{n}}$

$\bar{x}=75,\ n=16$일 때, 모평균 m에 대한 신뢰도 95 %의 신뢰구간은

$75-1.96\times\dfrac{\sigma}{4}\le m\le 75+1.96\times\dfrac{\sigma}{4}$

$\bar{x}=77,\ n=16$일 때, 모평균 m에 대한 신뢰도 99 %의 신뢰구간은

$77-2.58\times\dfrac{\sigma}{4}\le m\le 77+2.58\times\dfrac{\sigma}{4}$

$b=75+1.96\times\dfrac{\sigma}{4},\ d=77+2.58\times\dfrac{\sigma}{4}$이고

$d-b=3.86$이므로

$2+0.62\times\dfrac{\sigma}{4}=3.86 \qquad \therefore \sigma=12$ 답 12

17

[전략] $P(|Z|\le c)=\dfrac{\alpha}{100}$이면 모평균 m의 신뢰도 α %의 신뢰구간은

$\bar{x}-c\times\dfrac{\sigma}{\sqrt{n}}\le m\le \bar{x}+c\times\dfrac{\sigma}{\sqrt{n}}$

임의추출한 25개의 표본평균을 $\bar{x}$라 하면 모평균 m에 대한 신뢰도 95 %의 신뢰구간은

$\bar{x}-c\times\dfrac{\frac{1}{2}}{\sqrt{25}}\le m\le \bar{x}+c\times\dfrac{\frac{1}{2}}{\sqrt{25}}$

$\bar{x}-\dfrac{c}{10}\le m\le \bar{x}+\dfrac{c}{10}$

$a\le m\le b$이므로 $a=\bar{x}-\dfrac{c}{10},\ b=\bar{x}+\dfrac{c}{10}$

$b-a=\dfrac{c}{5} \qquad \therefore c=5(b-a)$ 답 ⑤

다른 풀이

표본평균을 $\bar{x}$라 할 때, 신뢰도 95 %의 신뢰구간은

$P(|Z|\le c)=0.95$에서

$P\left(\dfrac{|m-\bar{x}|}{\frac{\sigma}{\sqrt{25}}}\le c\right)=0.95$이므로

$\dfrac{|m-\bar{x}|}{\frac{\sigma}{\sqrt{25}}}\le c,\ \bar{x}-\dfrac{c}{10}\le m\le \bar{x}+\dfrac{c}{10}$

$a\le m\le b$이므로 $a=\bar{x}-\dfrac{c}{10},\ b=\bar{x}+\dfrac{c}{10}$

$b-a=\dfrac{c}{5} \qquad \therefore c=5(b-a)$

18

[전략] $\overline{x_1}$, $\overline{x_2}$를 이용하여 모평균 m의 신뢰구간을 구하고, 주어진 구간과 비교한다.

25명을 임의추출하여 조사한 표본평균이 $\overline{x_1}$이므로

모평균 m에 대한 신뢰도 95 %의 신뢰구간은

$$\overline{x_1}-1.96\times\frac{5}{\sqrt{25}}\le m\le\overline{x_1}+1.96\times\frac{5}{\sqrt{25}}$$

$$\overline{x_1}-1.96\le m\le\overline{x_1}+1.96$$

$80-a\le m\le 80+a$와 비교하면

$$\overline{x_1}=80,\ a=1.96$$

또 n명을 임의추출하여 조사한 표본평균이 $\overline{x_2}$이므로

모평균 m에 대한 신뢰도 95 %의 신뢰구간은

$$\overline{x_2}-1.96\times\frac{5}{\sqrt{n}}\le m\le\overline{x_2}+1.96\times\frac{5}{\sqrt{n}}$$

$\frac{15}{16}\overline{x_1}-\frac{5}{7}a\le m\le\frac{15}{16}\overline{x_1}+\frac{5}{7}a$와 비교하면

$$\overline{x_2}=\frac{15}{16}\overline{x_1},\ \frac{5}{7}a=1.96\times\frac{5}{\sqrt{n}}$$

$\overline{x_1}=80$이므로 $\overline{x_2}=\frac{15}{16}\times80=75$

$a=1.96$이므로

$$\frac{1}{7}=\frac{1}{\sqrt{n}}\qquad\therefore n=49$$

답 $n=49$, $\overline{x_2}=75$

step C 최상위 문제 73쪽

01 ③ **02** ① **03** ⑤

01

[전략] 모표준편차를 σ라 하면 c를 σ로 나타낼 수 있다.

택시의 연간 주행거리의 모표준편차를 σ라 하자.

표본평균이 $\bar{x}$, $n=16$이므로 모평균 m의 신뢰도 95 %의 신뢰구간은

$$\bar{x}-1.96\times\frac{\sigma}{\sqrt{16}}\le m\le\bar{x}+1.96\times\frac{\sigma}{\sqrt{16}}$$

$\bar{x}-c\le m\le\bar{x}+c$와 비교하면 $c=0.49\sigma$이다.

택시 1대의 연간 주행거리를 확률변수 X라 하면 X는 정규분포 $\mathrm{N}(m, \sigma^2)$을 따르므로 구하는 확률은

$$\begin{aligned}\mathrm{P}(X\le m+c)&=\mathrm{P}\left(Z\le\frac{m+c-m}{\sigma}\right)\\&=\mathrm{P}\left(Z\le\frac{0.49\sigma}{\sigma}\right)=\mathrm{P}(Z\le0.49)\\&=0.5+\mathrm{P}(0\le Z\le0.49)\\&=0.5+0.1879\\&=0.6879\end{aligned}$$

답 ③

02

[전략] $\mathrm{P}(|Z|\le1.5)=\frac{\alpha}{100}$일 때, 모평균 m의 신뢰도 α %의 신뢰구간은

$$\bar{x}-1.5\times\frac{\sigma}{\sqrt{n}}\le m\le\bar{x}+1.5\times\frac{\sigma}{\sqrt{n}}$$

$\mathrm{P}(-1.5\le Z\le1.5)=\frac{\alpha}{100}$이고, 표본평균이 $\bar{x}$, $\sigma=2$, 표본의 크기가 n이므로 모평균 m의 신뢰도 α %의 신뢰구간은

$$\bar{x}-1.5\times\frac{2}{\sqrt{n}}\le m\le\bar{x}+1.5\times\frac{2}{\sqrt{n}}$$

$$\bar{x}-\frac{3}{\sqrt{n}}\le m\le\bar{x}+\frac{3}{\sqrt{n}}$$

$5.25\le m\le6.75$와 비교하면

$$\bar{x}-\frac{3}{\sqrt{n}}=5.25,\ \bar{x}+\frac{3}{\sqrt{n}}=6.75$$

두 식을 연립하여 풀면 $\bar{x}=6$, $n=16$

연구원의 일주일 동안 자기 계발 시간을 확률변수 X라 하면 X는 정규분포 $\mathrm{N}(m, 2^2)$을 따르고 X가 $\bar{x}-c$보다 클 확률이 $\frac{1}{2}+\frac{\alpha}{200}$이므로

$$\mathrm{P}(X>\bar{x}-c)=\frac{1}{2}+\frac{\alpha}{200}$$

$$\mathrm{P}\left(Z>\frac{6-c-m}{2}\right)=\frac{1}{2}+\frac{\alpha}{200}$$

그런데 조건에서 $\mathrm{P}(-1.5\le Z\le1.5)=\frac{\alpha}{100}$이므로

$$\frac{(6-c)-m}{2}=-1.5,\ m+c=9$$

$$\therefore m+c+n=(m+c)+n=9+16=25$$

답 ①

Note

$\mathrm{P}\left(Z>\frac{6-c-m}{2}\right)=\frac{1}{2}+\frac{\alpha}{200}>\frac{1}{2}$이므로 $\frac{6-c-m}{2}<0$이다.

03

[전략] $\mathrm{P}(|Z|\le k)=\frac{\alpha}{100}$이면 모평균 m의 신뢰도 α %의 신뢰구간은

$$\bar{x}-k\frac{\sigma}{\sqrt{n}}\le m\le\bar{x}+k\frac{\sigma}{\sqrt{n}}$$

ㄱ. 표준편차가 작은 표본 B의 분포가 더 고르다. (참)

ㄴ. $\mathrm{P}(|Z|\le k)=\frac{\alpha}{100}$라 하면

A의 신뢰구간의 길이는 $2k\times\frac{12}{\sqrt{n_1}}$,

B의 신뢰구간의 길이는 $2k\times\frac{10}{\sqrt{n_2}}$

주어진 표에서 A, B의 신뢰구간의 길이가 각각 6, 4이므로

$$k\times\frac{12}{\sqrt{n_1}}=3,\ k\times\frac{10}{\sqrt{n_2}}=2$$

$$\sqrt{n_1}=4k,\ \sqrt{n_2}=5k$$

곧, $n_1=16k^2$, $n_2=25k^2$이므로 $n_1<n_2$ (참)

ㄷ. 신뢰도를 크게 하면 신뢰구간의 길이가 길어진다. (참)

따라서 옳은 것은 ㄱ, ㄴ, ㄷ이다.

답 ⑤

Memo

절대등급

정답 및 풀이

확률과 통계

내신 1등급 문제서

절대등급